Forstliches Rechnen

Ein Übungs- und Aufgabensammlungsbuch für angehende Forstleute

von

Fritz Jütte

Forstschul-Oberlehrer in Spangenberg

Mit 75 Textabbildungen
und 6 Vermessungsblättern im Anhang

Springer-Verlag Berlin Heidelberg GmbH

ISBN 978-3-642-89920-1 ISBN 978-3-642-91777-6 (eBook)
DOI 10.1007/978-3-642-91777-6

Vorwort.

Schon mancher junge Mensch, der mit übersteigerten Vorstellungen von der „Romantik des Försterberufs“ in die Forstlehre kam, hat zu seinem Leidwesen erfahren müssen, daß der Förster ein sehr guter Rechner sein muß. Die Sachverhalte in seinem Berufsleben setzen schon eine hohe Sicherheit im rechnerischen Erfassen der Situation, im Schätzen voraus und machen ein unbedingt genaues und sicheres Rechnen bei der Durchführung des gesamten Verrechnungswesens im Hauungs-, Kultur-, Wegebau-, Verlohnungsbetrieb usw. zur Pflicht.

Die Regierungsforstämter haben darum bei der Auswahl und Annahme der Forstlehrlinge besonderen Wert auf die Note im Rechnen gelegt. Noch mehr kommt die Bedeutung des „Rechnenkönnens“ zur Geltung in der Bestimmung der Prüfungsordnung für die preußischen Forstanwärter, wonach die Prüfung unbedingt für „nicht bestanden“ zu erklären ist, wenn der Prüfling im Rechnen versagt.

Bei der Kürze des Forstschulausbildungsjahres ist es in der Regel nicht möglich, einem schlecht veranlagten Schüler das Rechnen, vielleicht gar noch die fehlende Sicherheit im „Einmaleins“ und den vier Grundrechnungsarten im normalen Wettbewerbe einer Klasse beizubringen. Das bedeutet für den Fortgang in einer Klasse auch eine ganz außerordentliche Belastung. Hier in Spangenberg sind darum seit Jahren für die schwächeren Rechner besondere Übungsstunden angesetzt, in denen sie planmäßig gefördert werden konnten. Diese Arbeit wird ganz abhängig sein von dem jeweiligen Urteil des Fachlehrers. Er wird also nach eignem Ermessen Rechenstoffe auswählen, und nach gewonnener Einsicht in das Verfahren werden die Schüler so lange üben, bis eine größere Rechenfertigkeit erreicht ist.

Das vorliegende Rechenbuch ist von mir hauptsächlich als Übungsbuch und als Aufgabensammlung gedacht. Es bildet die geradlinige Fortentwicklung der „Forstlichen Rechenaufgaben“ von Otto Grothe, die seit 1881 in einer Reihe von Auflagen bei Julius Springer, Berlin, aufgelegt wurden, künftig aber nicht mehr erscheinen werden. Ich habe mich überall bemüht, den Anforderungen der Gegenwart, denen das Grothesche Buch nicht mehr entsprechen konnte, gerecht zu werden. Mein Buch enthält deshalb im wesentlichen den Stoff, den ich im Laufe einer achtjährigen Unterrichtstätigkeit als Lehrer an der Forstschule ausgewählt und mit den Schülern bearbeitet habe. Die Beispiele entstammen der Praxis oder sind an Ergebnisse der Praxis angelehnt. Daraus ergab sich auch die Gliederung nach Sachgebieten wie Hauungsbetrieb, Wegebau usw. Sehr oft haben auch die Schüler Fragen aus anderen Unterrichtsfächern oder aus der von ihnen bearbeiteten forstlichen Literatur, forstlichen Handbüchern, dem Neudammer Försterlehrbuch, dem Westermeier usw. in der Rechenstunde aufgeworfen, wenn sie allein nicht damit fertig wurden. Solche Aufgaben habe ich in manchen Fällen im Interesse der Schüler in meine Sammlung aufgenommen. Wenn der eine oder andere den Autorenhinweis vermissen sollte, dann bitte ich, dies aus der Sachlage heraus zu beurteilen und entschuldigen zu wollen.

Bei den Kostensätzen ist stets zu beachten, daß diese „lokal" bedingt sind und nicht ohne weiteres „stur" auf anders geartete Verhältnisse übertragen werden können. Sie werden aber als Richt- und Verhältniszahlen gute Dienste leisten können.

Freuen würde ich mich, wenn der eine oder andere bei der Benutzung des Buches angeregt würde, die natürliche Scheu zu überwinden und praktische Vorschläge zu seiner Verbesserung zu machen. Ich lasse es mit dem Wunsche hinausgehen, daß es allen werdenden Forstleuten gute Hilfe bei der Vorbereitung für ihre Prüfungen leisten möchte und sie zum Erfolg führen hilft.

Spangenberg, den 30. Januar 1936.

Fritz Jütte.

Inhaltsverzeichnis.

1. Das metrische Maß- und Gewichtssystem.

Münzeinheit ist die Reichsmark (*RM*); 1 *RM* = 100 *Rpf*.

Längeneinheit ist das Meter (m). $1\ \text{m} = \frac{1}{40\,000\,000}$ des Äquators.

Gewichtseinheit ist das Kilogramm (kg). 1 kg ist das Gewicht eines dm^3 reinen Wassers bei 4° C im luftleeren Raume.

Längenmaße: m, dm, cm, mm; km.
1 km = 1000 m; 1 m = 10 dm; 1 dm = 10 cm; 1 cm = 10 mm.
1 m = 100 cm = 1000 mm.

Flächenmaße: qkm, ha, a, qm, qdm, qcm, qmm.
1 qkm = 100 ha; 1 ha = 100 a; 1 a = 100 qm;
1 qm = 100 qdm; 1 qdm = 100 qcm; 1 qcm = 100 qmm;
1 ha = 10 000 qm = 4 Morgen; 1 Morgen = 2500 qm.

Körpermaße: cbm, cdm, ccm, cmm; rm, fm.
1 cbm = 1000 cdm; 1 cdm = 1000 ccm; 1 ccm = 1000 cmm.

Hohlmaße: hl, l.
1 hl = 100 l; 1 l = 1 cdm; 10 hl = 1000 l = 1000 cdm = 1 cbm.

Gewichtsmaße: t, kg, g, mg; Ztr., dz, Pfd.
1 t = 1000 kg; 1 kg = 1000 g; 1 g = 1000 mg.
1 dz = 100 kg; 1 Ztr. = 100 Pfd; 1 kg = 2 Pfd.
1 cbm Wasser wiegt 1 t; 1 cdm = 1 l Wasser wiegt 1 kg; 1 ccm Wasser wiegt 1 g.

1. Miß die Länge des Schulzimmers bis auf Zentimeter „genau"! Wiederhole die Messung zwei-, dreimal! Mehrere Messungen derselben Strecke liefern meist nicht dasselbe Ergebnis!

2. Landmesser messen im Felde jede Strecke zweimal. Zwischen den beiden Messungen dürfen folgende Unterschiede bestehen:

Gemessene Länge	10	50	100	200	300	400	500	1000 m
Zulässiger Unterschied .	8	18	26	39	50	60	70	116 cm
Zulässiger Unterschied .								%

Berechnete Fläche	1	2	4	6	8	10	20	50a	1 ha	2 ha
Zulässige Abweichung . .	8	11	16	19	22	25	35	55	79	113 qm
Zulässige Abweichung . .										%

2. Alte Maße und Gewichte.

Längenmaße:
1 Rute = 12 Fuß 1 Fuß = 12 Zoll 1 Zoll = 12 Linien.

Flächenmaße:
1 Morgen = 180 □ Ruten 1 □ Fuß = 144 □ Zoll
1 □ Rute = 144 □ Fuß 1 □ Zoll = 144 □ Linien.

Körpermaße:

1 Klafter	= 108 Kubikfuß	1 Tonne	= 4 Scheffel
1 Kubikfuß	= 1728 Kubikzoll	1 Wispel	= 24 Scheffel
1 Schachtrute	= 144 Kubikfuß	1 Scheffel	= 16 Metzen

1 Massenklafter = 100 Kubikfuß feste Holzmasse.

1 Rute (⁰)	= 3,7662 m	1 □ Rute	= 14,185 m²
1 Fuß (′)	= 0,31385 m	1 □ Fuß	= 0,0985 m²
1 Zoll (″)	= 2,615 cm	1 □ Zoll	= 6,8406 cm²
1 Linie (‴)	= 2,18 mm	1 □ Linie	= 4,7504 mm²

1 Morgen = 180 □ Ruten = 0,25532 ha

1 Kubikfuß	= 0,0309 m³	1 Wispel	= 13,191 hl
1 Kubikzoll	= 17,891 cm³	1 Scheffel	= 54,961 l
1 Klafter Holz	= 3,3389 m³	1 Metze	= 3,435 l
1 Schachtrute	= 4,4519 m³	1 Quart	= 1,145 l

3. Eine Försterbestallung aus 1682.

1. „philipps claus, anno 1682 zum Reidenden förster bestallt", macht in der Forstbeschreibung des Amts Spangenberg 1682 über seine Besoldung folgende Angaben:

„Ahn Geld . . . . 14 Thaler
item
für Heu, Stroh, Beschlag u. Kleydunge 11 Thaler
Summa . 25 Thaler.

Meine haußbestallung ist ahn
Korn . . 12 }
Gersten . . 2 } Virthel
Hafer . . 26 }
Erbsen . . 4 metzen
Holtz . . 12 Klafter

Die accidentien sind in allem und zwar von einem
Eichenstamm ahnzuweisen . . . . 7 biß 8 albus.
Von einem Eichen Einstämmling . . . . 5 alb.
Vom loh deßelben
Von einer Klafter felgen holtz . . . . 4 alb.
Von einem büchenstamm . . . . 7 alb.
Von ständigem Haußforst worzu alt Lager Holtz und stöcke
wie auch des reißig genommen wird vom Klafter Holtz
Von jedem Manne . . . . 2 alb.
Von einer Klafter . . . . 1 alb.
Von einem Bauern zum Kirchhoff . . . . 4 alb.
Von einem Kettner daselbst . . . . 2 alb.
Von unständigem Klafterholtz von jeder Klafter aus
ihren gebräuchlich oder halben Forst . . . . . . 2 alb.
Von denen so in dem gantzen Forst hauen von Jeder Klafter 2 alb.
Von einem Schwein zur Mast Zeit . . . . 1 alb. Kopfgeldt,
wo Von der H. oberforstmeister 3 Heller, der Forstverwalter 1 Heller, der Renthmeister 3 Heller und der Förster 5 Heller bekommt

1 Thaler = 26 albus; 12 Heller = 1 alb.

2. ich habe nur einen schützen unter mir, welcher 1 Thaler und 1 Virthel Korn nebst 2 Klafter Holz Jährlich bekompt, schreckpülver 2 und mehr Pfund wan es die Noth erfordert, auch ein gantzer Busch lunden".

Rechne die kurhessischen Maße um und urteile!

1 Viertel Getreide	= 160,739 l	1 Metze Getreide	= 10,046 l
1 Scheffel „	= 80,369 l	1 Klafter Holz	= 3,339 cbm

4. Die Prozentrechnung.

Es ist Regel geworden, im praktischen Leben die Zahl 100 als Vergleichszahl zu benutzen, um Zahlenangaben auf allen Lebensgebieten anschaulicher zu machen.

„100%" = 100 Prozent bezeichnet die ganze Summe, den Grundwert,
1% oder 1 v. H. = 0,01 des Grundwertes (lies $\frac{1}{100}$),
2% „ 2 v. H. = 0,02 (lies $\frac{2}{100}$) vom Grundwert.

1. Welchen Teil des Grundwertes bilden 50%, 25%, 10%, 20%, 40%, 60%, 80%, 30%, 70%, 4%, 12%, 5%, 15%, 3%, 6%, 7%?
2. Gib in Prozenten an: $\frac{1}{2}$, $\frac{1}{3}$, $\frac{2}{3}$, $\frac{1}{4}$, $\frac{3}{4}$, $\frac{1}{5}$, $\frac{2}{5}$, $\frac{3}{5}$, $\frac{4}{5}$, $\frac{1}{6}$, $\frac{5}{6}$, $\frac{1}{7}$, $\frac{1}{8}$, $\frac{3}{8}$, $\frac{5}{8}$, $\frac{7}{8}$, $\frac{1}{9}$, $\frac{1}{10}$, $\frac{1}{12}$, $\frac{1}{16}$, $\frac{1}{20}$, $\frac{1}{25}$, $\frac{1}{30}$, $\frac{1}{40}$, $\frac{1}{50}$ des Grundwertes.
3. Suche 1% von 700, 1500, 267, 354, 36, 97, 138, 18, 9, 6, 4, 1 *RM*.
4. Suche a) 2%, b) 3%, c) 7%, d) $2\frac{1}{2}$%, e) $3\frac{1}{3}$%, f) $4\frac{1}{4}$%, g) 3,8%, h) 15,9%, i) 115%, k) 234,3% von 400 *RM*, 132 *RM*, 84 *RM*, 18 *RM*, 9,60 *RM*, 7,54 *RM*, 48 m, 256 m, 84,32 m, 3,60 m, 36 kg, 12,5 kg, 0,4 kg, 24 cbm, 36,51 cbm.
5. Berechne

Berechne	7%	0,8%	18%	1,8%	3,6%	114%	25,5%
von	22 m	48 m	83 *RM*	12 kg	154 hl	256 g	38 l

6. Berechne

Berechne	14%	35%	61%	43,4%	4,75%	3,16%
von	9,17 m	134,5 fm	250 rm	135,66 fm	3,60 *RM*	24,88 m

7. Berechne 7%, 0,7%, 70% von 350 *RM*,
   13%, 1,3%, 130% „ 15 m,
   24%, 2,4%, 240% „ 209,99 *RM*!
8. Berechne auf die bequemste Weise:

5%	von	24 *RM*	3%	von	5,25 *RM*	$3^1/_2$%	von	240 t
15%	„	36 *RM*	$6^2/_3$%	„	3 t	15%	„	54 l
$3^1/_3$%	„	4,80 m	$33^1/_3$%	„	21 dz	$6^1/_4$%	„	480 fm
$12^1/_2$%	„	136 kg	4%	„	125 ha	$8^1/_3$%	„	72 cm
25%	„	280 Pflanzen	$16^2/_3$%	„	96 fm	$2^1/_2$%	„	800 *RM*

9. Rechne schriftlich:

42,37%	von	315,86 fm,	5,04 fm,	21,98 fm,	14,23 fm
9,13%	„	14,7 ha,	3,6 ha,	20,04 ha,	0,45 ha
0,81%	„	101,24 *RM*,	15,9 *Rpf*,	31,84 *RM*,	328,76 *RM*
99,09%	„	192,00 fm,	8,4 fm,	54,72 fm,	247,21 fm.

Forstliche Prozentbegriffe.

Im forstlichen Betriebe unterscheidet man das **Keimprozent**, das **Pflanzenprozent**, das **Nachbesserungsprozent**, die **Sortimentsprozente**, besonders das **Derbholz-** und das **Nutzholzprozent**, das **Verkaufsprozent**, das **Gefällprozent**, das **Zuwachsprozent** usw. In den meisten Fällen ist der Prozentsatz erst zu suchen:

10. Bei einer Keimprobe mit 100 Kiefernsamen keimen 85 (90, 95, 96, 80, 65) Körner. Welches Keimprozent besitzt der Samen?
11. Im kg sind 160000 Kiefernsamenkörner. Wieviel Keimlinge erhalte ich also aus Samen mit 85 (88, 90, 95, 80, 65) % Keimkraft?

12. Wieviel Keimlinge liefern 3,6 kg 95%igen Kiefernsamens? (2,4 kg 92%igen Samens?)

13. Auf 1 qm Saatbeet im Kamp sollen 4 g 85%igen Samens gesät werden. Wieviel Keimlinge gibt es also je qm?

14. Aus 160000 Samenkörnern entwickeln sich 40000 (45000, 48000) brauchbare Pflanzen. Welches Pflanzenprozent?

15. Auf einer Fläche müssen von 4444 Fichten 615 nachgebessert werden. Welches Nachbesserungsprozent?

16. In einer Fichtenkultur ging durch Hallimasch und Rüsselkäferfraß jede 3. Pflanze ein.

17. Ein Förster hat auf einer Kulturfläche 24216 Kiefern und stellt die Notwendigkeit von 14% Nachbesserung fest.

18. In einem Bestand ist der Einschlag auf 240 fm Nutzholz, 65 fm Brennscheitholz, 42 fm Knüppel und 13 fm Reisig geschätzt.

Wieviel % vom Gesamtanfall sind Derbholz bzw. Reisig? Mit wieviel % sind die einzelnen Sortimente am Gesamtanfall beteiligt? Wieviel % vom Derbholz sind Nutzholz?

19. Der nach dem Hauungsplan vorgesehene Solleinschlag soll möglichst erfüllt werden. Der Isteinschlag soll nicht um mehr als 10% nach oben oder unten vom Solleinschlag abweichen. Bestimme die obere und die untere Grenze des zulässigen Isteinschlages bei einem Solleinschlag von 250 fm!

20.

Solleinschlag:	24,0 fm	116,00 fm	354,00 fm	196,0 fm	230,00 fm
Isteinschlag:	21,6 „	132,84 „	419,04 „	181,2 „	215,40 „

Um wieviel % weicht der Isteinschlag jedesmal nach oben oder unten ab?

21. Nach dem Hauungsplan sollen aus dem 80jähr. Buchenbestande Distrikt 94a mit 4,8 ha Fläche je ha 20 fm Derbholz gehauen werden. Wie groß ist der Solleinschlag? Es werden tatsächlich 109,54 fm Derbholz gehauen. Rechne!

22. Man schätzt den Anfall auf 1440 fm Derbholz im Distrikt 105 und erwartet 60% Nutzholz, 25% Brennscheit und 15% Brennknüppel. Das Derbholz macht 90% des Gesamtanfalls aus. Rechne!

23. Ein Schlag liefert: 240 fm Buchenlangholz, 420 fm Buchenbrennderbholz und 30 fm Brennreisig I. Kl.

Bestimme das Derbholz- und das Reisigprozent vom Gesamtanfall!
„ „ Nutzholzprozent vom Derbholz!

24. Ein Fichtenschlag wird geschätzt auf 448 fm Fichtennutzholz, und zwar je 1/4 Langholz, Grubenstempel I., II. und III. Kl., 63 fm Brennscheit und 24 fm Brennreis III. Kl.

Mit wieviel % sind die Sortimente am Gesamtanfall beteiligt? Bestimme das Derbholz- und das Nutzholzprozent!

25. Im Distrikt 73a wurden bei einer Fichtendurchforstung aufgearbeitet: 32,48 fm Langholz, 75 Stangen I. Kl., 36 rm Papierholz II. Kl., 25 rm Brennknüppel, 10 rm Nutzreisig. Rechne!

26. Im Distrikt 73b fielen an: 80,40 fm Fichtenlangholz Kl. 1a + b, 15,64 fm Kl. 2a + b, 278,17 fm Kl. 3a + b, 181,96 fm Kl. 4a + b, 250 rm Schicht-

nutzholz I. Kl., 315 rm Schichtnutzholz II. Kl., 432 rm Brennkloben, 218 rm Brennknüppel, 27 fm Reisig.

Berechne: Gesamtmasse, Derbholzmasse, Reisigmasse, Nutzderbholz- und Brennderbholzmasse! Sortiments-, Derbholz-, Nutzholzprozente!

27. Ein Bachlauf hat auf 300m Länge 4,5 m Gefälle. Wieviel % sind das?

28. Ein Weg hat 150 m weit 5% Steigung. Wieviel m liegt der Endpunkt höher als der Anfangspunkt?

29. Eine Bestandesmasse von 250 fm vermehrt sich durch den Jahreszuwachs um 7,50 fm. Wie groß ist das Zuwachsprozent?

30. Im großen Durchschnitt schätzt man das Nutzholzprozent des Gesamtanfalles bei Eiche mit 73%, Buche mit 36%, Fichte mit 95%, Kiefer mit 80%. Der Gesamtanfall Eiche (Buche, Kiefer, Fichte) möge betragen: 200; 360; 84; 216,50; 184,36; 914,23 fm. Wieviel fm Nutzholz sind jedesmal dabei?

31. Durch den Einbau eines Wasserspülklosetts im Forsthaus Dörnbach hat sich der 20%ige Abzug für bauliche Mängel vom Bruttowerte der Friedensmiete auf 10% verringert. Der Friedensmietwert beträgt 427,14 *RM*. Setze den Mietwert neu fest!

Zu diesem neuen Wert kommt ein Aufschlag von 30% und dann wird die Jahresmiete auf volle *RM* abgerundet. Rechne!

32. Nach dem Tarifvertrage sollen die Arbeiter im 8stündigen Arbeitstage bis zu 25% über den Zeitlohn von 0,49 *RM* hinaus verdienen. Welcher Stücklohn muß für den rm Papierholz vereinbart werden, wenn nach der Zeitstudie 2,50 rm im 8-Stundentag aufgearbeitet werden?

33. Für die Forstinspektionen Reinhardswald und Rotenburg ergaben sich ohne Berücksichtigung der Soziallastenanteile folgende durchschnittlichen Hauerlöhne: je fm Laublangholz 1,10 bzw. 0,97 *RM*, je rm Laubbrennscheit 1,68 bzw. 1,57 *RM*, je rm Laubreisig III. Kl. 0,35 bzw. 0,30 *RM*, je fm Nadelholzlangholz Kl. 1a und 1b und Grubenlangholz 1,38 bzw. 1,19 *RM*, je fm Nadelholzlangholz Kl. 2a aufwärts 0,77 bzw. 0,69 *RM*. Stundenverdienst ohne Sozialzulagen usw. 0,60 bzw. 0,56 *RM*.

Um wieviel % lagen die Löhne in der Inspektion Rotenburg unter den höheren Löhnen der Inspektion Reinhardswald?

34. 100jährige Kiefernbestände haben nach einer Vorratsermittlung in X. auf den Standortsklassen I—V:

	470	398	323	260	203 fm	Gesamtmasse,
dabei	429	358	283	222	163 „	Derbholz.

Zeige den prozentualen Abfall der Ertragsleistung a) beim Gesamtanfall, b) beim Derbholz bei den 5 Standortsklassen! Berechne auch das jedesmalige Derbholzprozent!

35. Führe dieselbe Rechnung für Eiche auf den Standortsklassen I—III durch:

a) 100 jähriger Bestand	Gesamtmasse:	331	272	220	fm
	Derbholz:	301	243	193	„
b) 150 „ „	Gesamtmasse:	398	335	273	„
	Derbholz:	366	304	245	„
c) 200 „ „	Gesamtmasse:	435	363	297	„
	Derbholz:	402	332	269	„

36. Bei den Vertrauensratswahlen haben von 195 Wahlberechtigten der Gefolgschaft Forstamt Sp. 183 ihre Stimme abgegeben. 181 Stimmen waren gültig.
Von den 181 Stimmen waren 176 Ja-Stimmen und 5 Nein-Stimmen.
Wie groß war die prozentuale Wahlbeteiligung?
Wieviel % der abgegebenen Stimmen waren gültig?
Wieviel % der gültigen Stimmen waren Ja- bzw. Nein-Stimmen?
Wieviel % der Wahlberechtigten überhaupt stimmten für Ja, für Nein?

37. Auf einer Blitzschlagfläche von 450 qm Größe zählte ich nach 2 Jahren folgende Jungpflanzen:
1 Eiche, 2 Buchen, 3 Vogelbeeren, 5 Eschen, 11 Lärchen, 18 Kiefern, 21 Birken und 25 Fichten.
Mit wieviel % sind die einzelnen Holzarten an der Ausfüllung des Blitzloches beteiligt? Wieviel qm Wuchsraum hat jede Pflanze?

38. Deine Winterkleidung macht 10% vom Körpergewicht aus! Rechne!

39. Der Winterhaarpelz der Tiere macht nur 1,5% aus! Schätze das Gewicht bekannter Tiere und rechne!

40. Wenn aus 1 Ztr. Roggen 70 Pfd. Mehl gemahlen werden, dann ist der Roggen „zu 70% ausgemahlen".
Wieviel Mehl erhält man von 125, 150, 60, 80, 75, 90, 225 Pfd., 2 Ztr. 40 Pfd., 1 dz, 72 kg Roggen?

41. Aus 6 dz Rüben wurde 1910 1 dz Zucker, 1840 aber erst aus 17 dz 1 dz Zucker gewonnen. Rechne!

42. Förster N. versichert bei einer genossenschaftlichen Viehversicherung
1 Pferd mit 800 *RM*, Prämienzahlung 3,5%,
3 Kühe mit 1200 *RM*, „ 8‰,
5 Schweine mit 500 *RM*, „ 1,5%.

43. Ein Haus ist mit 9600 *RM*, die Möbel usw. sind mit 12000 *RM* gegen Feuer versichert. Die Prämie beträgt fürs Haus $1\frac{1}{2}$‰, für das Mobiliar $2\frac{1}{2}$‰.

44. Für 6000 *RM* Versicherungssumme zahlt Förster B. 9 *RM* Hagelversicherungsprämie!

45. Für die Haftpflichtversicherung als Hausbesitzer mit Schadenersatz bis 30000 *RM* zahlt B. 13,50 *RM* Prämie jährlich.

46. Bei einer Hypothek von 4500 *RM* betragen die halbjährlichen Zinsen einschließlich Abtrag (1% fürs Jahr) 123,75 *RM*!

47. C. kauft ein Grundstück für 8500 *RM* und muß 5% Grunderwerbssteuer zahlen.

48. Ein Grundstück, 4000 qm groß, wurde seinerzeit für 7000 *RM* gekauft und nach 5 Jahren mit einem Gewinn von 210% weiterverkauft. Von dem „Verdienst" muß der Bodenspekulant 21% Wertzuwachssteuer bezahlen!

5. Richtiges Rechnen durch richtiges Schließen!

Wer richtig rechnen will, der muß die Sachverhältnisse richtig einschätzen können! Bringe darum die folgenden Begriffe aus dem praktischen Leben in Sätze mit: je . . . desto . . . !

Warenmenge	: Preis	Wegelänge	: Unterhaltungskosten
"	: Gewicht	Schlagfläche	: Hauungsdauer
Warengüte	: Preis	Kulturfläche	: Kulturzeit
Arbeitszeit	: Verdienst	Alter des Bestandes	: Derbholz
Arbeitskräfte	: Arbeitsleistung	" " "	: Reisholz
"	: Arbeitsdauer	Arbeitskräfte	: Arbeitslohn
Pflanzverband	: Pflanzenzahl	Lohnsumme	: Haumeistergebühr
Verschulverband	: "	Übung	: Leistung
"	: Kulturfläche	Arbeitsjahr	: Arbeitsstunden
Dünnsaat	: Saatmenge	Quadratseite	: Fläche
Dichtsaat	: "	Forstamtsgröße	: Beamtenzahl
Keimkraft	: Pflanzenzahl	Ackerfläche	: Ernteertrag
Pflanzverband	: Kulturkosten	Bilde selber weitere Beispiele!	

16 Arbeiter schachten eine Baugrube in 6 Tagen bei 8stündiger Arbeitszeit aus. a) Es arbeiten 10 Arbeiter täglich 9 Std. b) 8 Arbeiter werden in 16 Tagen fertig. c) Bei 12stündiger Arbeitszeit wird die Arbeit in 8 Tagen fertig.

Bilde aus dem praktischen Leben Beispiele zu obigen Sätzen und rechne! Regeldetrie oder Schlußrechnen!

6. Allgemeine Prozentaufgaben.

1. Die Krankenkasse in Melsungen berechnet 6% Krankenkassenbeiträge von der Lohnsumme. Davon bezahlt der Versicherungsnehmer 4%, die Forstverwaltung als Arbeitgeber 2%. Fertige eine Tabelle für die Beitragszahlungen für Lohnsummen von 1—120 RM an!

2. Eine Hausangestellte mit 30 RM Monatslohn und 37,50 RM Anrechnungswert von Kost und Wohnung hat welchen Krankenkassenbeitrag zu zahlen?

3. Die Haumeistergebühr beträgt 3% von der Lohnsumme.
   Lohnsumme 21,—, 48,—, 105,—, 17,60, 49,84, 386,72, 192,47, 76,90, 88,79, 109,03, 216,31, 179,85 RM.

   Berechne die Haumeistergebühr!

4. Der Akkordsatz ist normal im Sinne des Tarifvertrages, wenn die Arbeiter bis 25% mehr verdienen als im Tagelohn. Berechne den Stundenverdienst mit 20% (15%, 18%, 21%, 24%, 25%) Akkordzuschlag, wenn der tarifmäßige Stundenlohn im Tagelohn 0,50 RM (0,49, 0,48, 0,47 RM) beträgt!

5. Zu den reinen Stücklöhnen kommt noch der Anteil der Staatsforstverwaltung an den Soziallasten mit 8—15% von den Stücklöhnen. Berechne danach die Werbungskosten für eine Lohnsumme von 50,—, 80,—, 72,—, 108,—, 180,—, 540,—, 1200,—, 1364,—, 268,—, 91,60, 76,84, 179,96 RM, wenn der Soziallastenanteil 8% (10%, 10,5%, 12%, 15%) beträgt!

6. Im Akkordsatz erreichten die Arbeiter einen Stundenlohn von 0,60 RM (0,64, 0,56, 0,72, 0,50 RM). Ist dieser Stundenlohn im Sinne des Tarifvertrages richtig, wenn der Grundlohn 0,50 RM (0,51, 0,52, 0,49 RM) beträgt?

7. Bemiß alle Abschlags- und Vorschußzahlungen richtig! Mancher Beamte hat überzahlte Vorschüsse aus eigner Tasche bezahlen müssen:

Die Arbeiter haben verdient 100,—, 120,—, 165,—, 190,—, 208,—, 304,—, 48,—, 72,—, 500,—, 440,—, 156,— RM! Geh bei Vorschußzahlungen nicht über 90% hinaus! Rechne!

8. Das Arbeitsdienstlager F. weist 356 Lohntagewerke nach, je 2 RM, und bittet um Anweisung von 90% Vorschuß!

9. Dasselbe Lager hat 772 Tagewerke nachgewiesen und 1400 RM Vorschuß erhalten!

10. Vom Forstamt Spangenberg liegen in der Gemarkung Spangenberg 1996,4310 ha, und zwar 1981,7875 ha forstlich genutzte und .... ha landwirtschaftlich genutzte Fläche. Von der auf 2464,68 RM festgesetzten Grundvermögenssteuer erhebt die Stadt Sp. 260%, der Staat 200%. Wieviel ist im ganzen zu zahlen? Wie groß ist die Belastung je ha?

11. Durch Ministerial-Erlaß ist die Höhe der Umsatzsteuer für Losholz (Berechtigungsholz in Kurhessen) für die ersten 15% des Kaufgeldes auf 2½% und für die restlichen 85% auf 2% festgesetzt.

Die Stadt Spangenberg hat für 1622,55 RM Losholz erhalten.
Es sind zu versteuern:

15% von 1622,55 RM = ... RM mit 2½% = ... RM
85% „ 1622,55 „ = ... RM „ 2% = ... RM

Der Betrag von ...... RM

für Umsatzsteuer ist binnen 8 Tagen an die Forstkasse in Sp. zu zahlen!

12. Berechne die Umsatzsteuer für die Gemeinden A, B, C, D mit 554,13, 267,93, 996,40 und 672,05 RM Losholz!

7. Holzverkauf.

1. Beim Holzverkauf hat der Händler 10% oder 15% des vorläufigen Holzkaufgeldes als Angeld sofort zu zahlen. Wieviel Angeld (10 bzw. 15%) sind zu zahlen, wenn das vertraglich genannte Kaufgeld 800,–, 960,—, 1500,—, 2340,—, 3600,—, 5940,— RM beträgt?

2. Bei einem Brennholzverkauf will der Forstmeister den Zuschlag nur jedesmal erteilen, wenn das Gebot höchstens 10% (5%) hinter der Taxe zurückbleibt. Die Taxe für Buchenbrennscheit beträgt 6,— RM je rm. Es werden nacheinander ausgeboten: 20 rm, 18 rm, 15 rm, 10 rm, 8 rm, 14 rm, 9 rm, 6 rm, 4 rm, 3 rm, 2 rm. Bei welchem Gebote ist jedesmal die Mindestgrenze für den Verkaufspreis erreicht?

3. Auf einen Posten von 300 Stück Fichtenstangen werden 224,— RM geboten. Darf der Zuschlag erteilt werden, wenn die Taxe von 0,80 RM je Stück nicht um mehr als 10% unterschritten sein soll?

4. Kiefernlangholz, nach Homa N, ohne Rinde vermessen, brachte im Verkaufstermin je fm:

Klasse 1a	8,50 RM	bei 10 RM Taxe	Klasse 3a	16,50 RM	bei 18 RM Taxe
„ 1b	9,75 „	„ 11 „ „	„ 3b	18,00 „	„ 20 „ „
„ 2a	12,00 „	„ 14 „ „	„ 4a	22,00 „	„ 22 „ „
„ 2b	13,50 „	„ 16 „ „	„ 4b	24,80 „	„ 24 „ „
			„ 5	27,00 „	„ 26 „ „

Wieviel % lagen die Verkaufspreise in jedem Falle über bzw. unter der Taxe?

5. Die Höchstpreise, die für einzelne Stücke überhaupt erzielt wurden, brachten für die bei Aufgabe 4 aufgeführten Klassen: 9,—, 10,50, 14,—, 17,—, 18,—, 20,80, 24,—, 26,30 und 36,— je fm, lagen also wieviel % unter bzw. über der Taxe?

6. Auf einen Block von 1,44 fm Eichen(Furnier)holzes mit einem Schätzungswert von 120,— RM werden im Verkaufstermin nacheinander geboten: 90,—, 96,—, 100,—, 105,—, 110,—, 114,—, 120,— RM, bei 136,— RM wird zuletzt der Zuschlag erteilt.

Wieviel % der Taxe macht das bei jedem Gebot?

7. Ein Holzhändler kauft in einer Submission das Los Nr. 2 zum Durchschnittspreise von 22,30 RM je fm.

Er erhält geliefert:

3	Buchen	N	Stämme	Kl.	2	mit	1,03 fm
82	„	„	„	„	3	„	39,89 „
96	„	„	„	„	4	„	60,40 „
21	„	„	„	„	5	„	22,46 „
2	„	„	„	„	6	„	2,49 „
zus. ..	Buchen	N	Stämme	Kl.	2—6	mit	..,.. fm

Die Taxe betrug zu den Klassen 2—6: 17,—, 20,—, 23,—, 26,— RM und 30,— RM.

1. Welchen Taxwert hatte das ganze Holz?
2. Welche Durchschnittstaxe gilt für 1 fm des Loses?
3. Wieviel zahlt der Käufer insgesamt?
4. Wieviel % zahlt der Käufer über Taxe?

8. Beim Los Nr. 1 waren ausgeschrieben rund: 43 fm Buchen N Stämme Kl. 3, 60 fm Kl. 4, 30 fm Kl. 5, 2 fm Kl. 6. Die Taxe betrug zu den Klassen 3—6: 18,—, 21,—, 24,—, 28,— RM. Welchen Preis zahlt der Holzhändler durchschnittlich, wenn sein Gebot 8% unter der Durchschnittstaxe dieses Loses liegt?

9. Holzhändler A. bietet auf 29,72 fm Kiefernstämme Kl. 3a und 8,30 fm Kl. 2b einen Durchschnittspreis von 17,50 RM je fm.

Holzhändler B. bietet für dasselbe Holz klassenweise, und zwar für Kl. 3a 18,— RM, für Kl. 2b 16,— RM je fm.

Welches Gebot ist das vorteilhaftere, und um wieviel % übersteigt es das ungünstigere Gebot?

10. Welchen Taxwert haben die folgenden Lose in einer Submission:

Los 1	Fichtenstämme	Kl. 1b	37,09 fm	Los 8	Fichtenstämme	Kl. 1b	6,24 fm
„ 2	Kiefernstämme	Kl. 1b	27,63 „		„	Kl. 2a	24,17 „
„ 3	Fichtenstämme	Kl. 2a	72,34 „	„ 9	Kiefernstämme	Kl. 2b	24,26 „
„ 4	„	Kl. 2b	30,86 „		Fichtenstämme	Kl. 2b	12,89 „
„ 5	„	Kl. 2a	23,15 „	„ 10	„	Kl. 1a	0,67 „
„ 6	„	Kl. 2b	18,26 „		„	Kl. 1b	18,91 „
„ 7	Kiefernstämme	Kl. 2a	19,00 „	„ 11	„	Kl. 2a	51,98 „
	„ abschnitte	Kl. 2a	10,04 „	„ 12	„	Kl. 2b	59,92 „
	„ stämme	Kl. 2b	16,14 „	„ 13	Kiefernstämme	Kl. 2a	17,87 „
	„ abschnitte	Kl. 2b	4,48 „		„	Kl. 2b	22,60 „

Die Taxe beträgt:

für Fichtenstämme Kl. 1a 12,— *RM*, Kl. 1b 14,— *RM*, Kl. 2a 16,— *RM*, Kl. 2b 18,— *RM* je fm,

für Kiefernstämme Kl. 1b 11,— *RM*, Kl. 2a 14,— *RM*, Kl. 2b 16,— *RM* je fm,

für Kiefernabschnitte Kl. 2a 12,— *RM*, Kl. 2b 17,— *RM* je fm.

Berechne auch die Durchschnittstaxe für 1 fm der Lose Nr. 7, 8, 9, 10, 13!

Bestimme den Gesamtwert nach der Taxe und die Durchschnittstaxe für 1 fm des ganzen Holzes! Gib die Grenze für das Mindestgebot an, das höchstens 10% unter der Durchschnittstaxe liegen soll!

11. Auf ein Submissionslos mit 5,94 fm Eichenschwellen I. Kl., 20,05 fm Eichen-Weichenschwellen, 62,50 fm Buchenschwellen I. Kl. und 3,34 fm Buchen-Weichenschwellen bietet die Firma H. 13,50 *RM* je fm.

Berechne die Durchschnittstaxe, die als Richtpreis nicht um mehr als 10% unterschritten werden soll, wenn die Taxe zu den vier ausgeschriebenen Sortimenten 16,—, 18,—, 12,—, 14,— *RM* je fm beträgt. Beurteile das Angebot!

12. Für das Langnutzholz bei einem Fichtenschlage bietet der Sägewerksbesitzer A. je fm Kl. 2a 15,40 *RM*, Kl. 2b 18,— *RM*, Kl. 3a 21,— *RM*, Kl. 3b 22,50 *RM*, Kl. 4a 24,— *RM*.

Die Holzgroßhandlung B. bietet für den gesamten Langholzanfall des Schlages ohne Rücksicht auf die Stärkeklassen 20,50 *RM* je fm und erhält vor Beginn des Abtriebes den Zuschlag.

Es werden aufgearbeitet: 80,40 fm Kl. 2a, 115,63 fm Kl. 2b, 154,64 fm Kl. 3a, 205,86 fm Kl. 3b und 146,71 fm Kl. 4a.

Welches Holzgeld hat B. zu zahlen? Welcher Gewinn bzw. Verlust entsteht für die Forstverwaltung durch die Ablehnung des Angebotes des A.?

13. Ein Holzhändler kauft 50,4 fm Buchenschwellenholz für 12,20 *RM* je fm und 120,20 fm für 10,45 *RM* je fm.

Welchen Durchschnittspreis hat er gezahlt für den fm? Dasselbe Holz hätte 1 Jahr später 17,05 *RM* je fm im Durchschnitt gekostet. Um wieviel % sind die Schwellenpreise also gestiegen?

14. Der Holzhändler A. kauft 150 rm Eichen Nutzscheit II. Kl. ungespalten für 9,36 *RM* je rm. Vor dem Weiterverkauf sortiert er alle zu gut ausgehaltenen Rollen über 25 cm Zopf aus und verlädt sie mit einer Ladung Nutzrollen I. Kl.

Welchen Bargewinn hat er (welchen Verlust hat die Forstverwaltung durch falsche Aushaltung), wenn er 18 rm Nutzrollen I. Kl., die im Ankauf 12,60 *RM* je rm kosten, aus den 150 rm Rollen II. Kl. aussortieren kann und Kosten dafür unmittelbar beim Verladen nicht entstehen?

15. Der Holzhändler B. will den gesamten Anfall an Douglasienderbstangen eines Forstamts übernehmen und bietet für den fm 18,— *RM*.

Nach den Marktverhältnissen würde die Stange I. Kl. 2,00 *RM*, II. Kl. 1,20 *RM* und III. Kl. 0,80 *RM* bringen.

Bei der Aufarbeitung fallen 750 Stangen I. Kl., 2250 Stangen II. Kl. und 6750 Stangen III. Kl. an.

Welcher Durchschnittspreis für den fm ergibt sich für den Stangenanfall nach den Marktverhältnissen?

Um wieviel % ist das Angebot des Händlers besser bzw. schlechter als der nicht freihändige Stangenverkauf?

16. Die Firma B. erhält zu einem Durchschnittspreis von 9,72 *RM* je fm 3341,84 fm Grubenlangholz, 292,86 fm Grubenderbstempel und 498,46 fm Reiserstempel. Als Angeld sind 15% des Holzgeldes zu zahlen. Berechne Gesamtwert und Angeld!

17. Am 24. Juli 1935 wird dem Käufer mitgeteilt, daß für ihn folgender Holzzettel zur Forstkasse gegeben ist:

Distrikt	95	Nr. 3886—3894	= 9 Stück	= 7,10 fm	Buchenstämme	Kl. 4,
„	122a	„ 2625	= 1 „	= 0,53 „	„	„ 4,
„	126a	„ 2060—2063	= 4 „	= 3,54 „	„	„ 4.

1 fm kostet 16,— *RM*. Berechne das Holzgeld und den allgemeinen Zahlungstag (**AZT**) = 21. Tag nach der Zuschlagserteilung!

18. Bei Holzverkäufen am 30. September 1930 brachten die folgenden Holzmengen in öffentlicher Versteigerung:

20,40 fm	Eichenstämme N Kl. 2	je fm	12,60 *RM*
30,46 „	„ „ „ 3	„ „	16,80 „
25,28 „	„ „ „ 4	„ „	18,20 „
17,26 „	„ „ „ 5	„ „	20,60 „
9,28 „	„ „ „ 6	„ „	24,50 „
24,76 „	Buchen A und N Stämme 3. Kl.	je fm	12,00 *RM*
31,25 „	„ „ „ „ „ 4.	„ „ „	14,50 „
12,21 „	„ „ „ „ „ 5.	„ „ „	16,32 „
7,23 „	„ „ „ „ „ 6.	„ „ „	17,57 „
76,78 „	Fichtenlangholz N Kl. 1a	je fm	11,60 *RM*
92,35 „	„ „ „ 1b	„ „	13,35 „
108,44 „	„ „ „ 2a	„ „	14,28 „
206,51 „	„ „ „ 2b	„ „	15,79 „
212,34 „	„ „ „ 3a	„ „	17,39 „
198,56 „	„ „ „ 3b	„ „	18,57 „
98,75 „	„ „ „ 4a	„ „	18,93 „
56,34 „	„ „ „ 4b	„ „	20,30 „

345 rm Fichtennutzrollen I. Kl. 7,39 *RM* je rm
436 „ „ II. „ 5,51 „ „ „

1000 rm Fichtenpapierholz ungeschält 6,80 *RM* je rm
675 fm Fichtengrubenstempel 8,89 *RM* je fm

54,60 Hdt	Fichtenstangen I. Kl.	je Hdt.	109,00 *RM*
102,66 „	„ II. „	„ „	59,00 „
215,81 „	„ III. „	„ „	29,06 „
435,50 „	„ IV. „	„ „	12,00 „

Berechne den Gesamtwert des Eichenlangholzes und den Durchschnittspreis für 1 fm! Ebenso für Buchen- und Fichtenlangholz! Was kostet jedesmal 1 Stange I.—IV. Kl.? Berechne noch den gesamten Versteigerungserlös! Bestimme den AZT.!

19. Die Firma B. überweist das Kaufgeld für folgendes Grubenholz:

	Laubholz	Derbstempel	Reiserstempel
Revierförsterei Glasebach:	108,29 fm	86,64 fm	61,96 fm
„ Mörshausen:	—	4,06 „	2,32 „
„ Kaltenbach:	118,94 „	7,51 „	7,16 „
Zus.:			

Es mußten gezahlt werden für das gesamte Los 10,30 *RM* je fm, anzurechnen waren 20% Angeld, schon am 4. Juni 1935 gezahlt. B. bittet um Ausstellung der Holzzettel für das bezahlte Holz. Rechne!

20. Der Forstmeister überweist aus Distrikt 106b der Revierförsterei M. am 29. Juli 1935 für den Käufer X. Nr. 4698 = 1 Stück = 0,48 fm Fichten Stammholz Kl. 1b für 7,48 *RM* Holzkaufgeld. Bestimme den Festmeterpreis und den AZT.!

21. Am 20. Juli 1935 werden die Holzzettel aus Distrikt 108b der Forstkasse übergeben und dem Käufer Z. wird mitgeteilt, daß seine Holzzettel über
Nr. 366 8,22 fm Fichtenstämme Kl. 3a = 161,11 *RM*,
„ 378 4,59 „ „ „ 3b = 94,55 „
bei der Forstkasse eingelöst werden können. Bestimme den AZT. und den Preis für 1 fm Kl. 3a bzw. 3b!

22. Nach der Holzaufmaßliste erhält das Sägewerk X. zugewiesen: 16 Stück Fichtenstämme Kl. 1a = 3,18 fm, 57 Stück Kl. 1b = 19,44 fm, 14 Stück Kl. 2a = 7,38 fm, 23 Stück Kl. 2b = 28,25 fm, 13 Stück Kl. 3a = 20,80 fm, 2 Stück Kl. 3b = 4,20 fm und 1 Kiefernstamm Kl. 2a = 0,41 fm.

Die in der Liste aufgeführten Stämme kosten in derselben Stammklassenfolge je fm 12,80, 14,65, 16,60, 18,60, 20,60, 22,60, 16,61 *RM*.

Welches Holzgeld ist im ganzen zu zahlen und welcher Betrag ist noch zu bringen, wenn der Käufer aus einer andern Überweisung noch 303,67 *RM* bei der Forstkasse guthat?

23. Zimmermeister B. kauft in einem Termin Fichtenstämme Kl. 1a 10,76 fm, Kl. 1b 38,06 fm, Kl. 2a 24,14 fm, Kl. 2b 19,30 fm, Kl. 1b 13,24 fm, Kl. 2a 4,08 fm, Kl. 2b 7,59 fm und Kl. 2b nochmal 20,99 fm.

Wieviel fm hat er aus jeder Stammklasse und überhaupt?

Das Holz kostet im Durchschnitt 15,80 *RM* je fm. Um wieviel *RM* hat er sich verkalkuliert, wenn er höchstens für 2000 *RM* Holz kaufen wollte?

24. Aus der Holzverkaufsliste eines Forstamts wird ersichtlich, daß 3850 fm Holz insgesamt verkauft sind. Von dieser Masse sind 54% Nutzholz, von diesem Nutzholz sind 20% Schwellen und bei den Schwellen sind 7% Schwellen II. Kl.

Wieviel Nutzholz, Schwellen I. und II. Kl. sind demnach innerhalb des Zeitabschnitts verkauft?

25. Rindenlos vermessen lieferte ein Schlag 216,40 fm Eiche. Für die Rinde von Eiche sind 15% zur rindenlos ermittelten Masse zuzuschlagen.

Berechne den Gesamtanfall Eiche mit Rinde!

26. Rindenlos aufgemessen wurden 184,94 fm Fichte. Bei Fichte (Buche, Tanne, Kiefer, Lärche) werden für Rinde 10% zur rindenlos ermittelten Masse zugeschlagen.

Berechne den Gesamtanfall Fichte mit Rinde!

27. Mit Rinde vermessen lieferte ein Schlag 290,00 fm Eiche, das sind 100 + 15 = 115% der Masse ohne Rinde. Ohne Rinde sind zum Verkauf zu stellen 100% = ... fm.

28. Ein Fichtenschlag lieferte mit Rinde aufgemessen 64,48 fm, das sind 100 + 10 = 110% der Masse ohne Rinde. Wie groß ist also die Masse ohne Rinde?

29. Berechne den Rindenaufschlag für:
0,84; 8,64; 12,31; 109,01; 324,99; 750,36 fm Eiche; 2,31; 5,56; 0,91; 46,05; 96,66; 109,18 fm Fichte!

30. Berechne die Masse ohne Rinde, wenn mit Rinde aufgemessen wurden:
2,48; 109,80; 51,13; 236,66; 956,23 fm Eiche mit Rinde,
0,50; 21,96; 7,33; 63,84; 157,94 fm Fichte mit Rinde!

31. In einem 130jährigen Buchenbestande fielen auf 3 ha Fläche 180,81 fm Derbholz an. Um einen Überblick zu erhalten über den Verlust, den die Staatsforstverwaltung durch die Vermessung ohne Rinde erleidet, wurden sämtliche Nutzholzstämme auch mit Rinde aufgemessen und dabei ergab sich:

Nutzholzstämme	Kl. 3	21,82 fm	mit	Rinde,	20,60 fm	ohne	Rinde,
"	" 4	20,51	"	"	"	19,46	"	"	"
"	" 5	7,36	"	"	"	7,04	"	"	"
"	" 6	3,46	"	"	"	3,31	"	"	"

Die Taxe für das Holz der Kl. 3—6 war mit 11,—; 13,—; 15,—; 17,— RM je fm festgesetzt. Beim Verkauf wurden keine besseren Preise für rindenlos vermessenes Holz erzielt.

Der Hauerlohn betrug für die angefallenen Nutzholzstämme gleichmäßig 1,20 RM je fm.

Bei den Werbungskosten würden 3% von den Stücklöhnen für den Haumeister und 16% von der Lohnsumme = 16% von Stücklöhnen + Haumeistergebühr für den Soziallastenanteil zu berücksichtigen sein.

1. Wie groß ist die Nutzholzmasse mit Rinde?
2. " " " " " ohne " ?
3. " " " der Verlust im ganzen und je ha?
4. Wieviel % der mit Rinde gemessenen Nutzholzmasse gehen also verloren? (Masse mit Rinde = 100%, alte Messung als Vergleichsbasis.)
5. Wie groß ist der Verlust bei den einzelnen Klassen überhaupt und prozentual?
6. Wie groß ist der Geldverlust beim Holzverkauf überhaupt und je ha, wenn man die Ersparnis bei den Werbungskosten berücksichtigt?

32. Das Forstamt Sp. verkauft vor dem Einschlag 1936 1200 rm Fichtenpapierholz in nicht entrindetem Zustande. Das Holz soll in 2 m Längen als Nutzscheit II. Kl., das ist Papierholz I. Kl. (etwa 1/4 der Gesamtmasse) und als Nutzknüppel, das ist Papierholz II. Kl. nach der Homa ausgehalten werden.

Der Käufer muß einen Mehreinschlag bis zu 10% abnehmen und kann auch bei einem geringeren Gesamtanfall bei Lieferung von wenigstens 90% der vereinbarten Masse nicht aus dem Vertrag zurücktreten.

Als Verkaufspreis wird ein um 12% höherer Preis, als ihn die Taxe vorsieht, vertraglich vereinbart.

Die Taxe für Fichten Nutzscheit II. Kl. beträgt 8 RM je rm,
" Fichten Nutzknüppel 6,50 RM je rm.

Als Angeld sollen 15% des vorläufigen Holzgeldes bis zum 11. Januar 1936 gezahlt werden.

Wie hoch ist der vorläufige Kaufpreis?

Welcher Betrag ist am 11. Januar 1936 bei der Forstkasse fällig? Welches Holzkaufgeld ist überhaupt zu zahlen, wenn auf Grund des Vertrages geliefert wurden: 327 rm Papierholz I. Kl. und 836 rm Papierholz II. Kl.?

33. In einem Schlage sind 377 fm Fichtenstammholz, 126 fm Buchenstammholz, sowie 914 rm Buchenscheit und Buchenknüppel angefallen. Das Nutzholz ist mit Rinde gemessen.

a) Wie hoch wäre der Gesamtanfall in fm, wenn beim Fichtenstammholz für Rindenverlust 10%, beim Buchenstammholz 12% abgezogen werden sollen?

b) Wie hoch ist das Rindenverlustprozent bezogen 1. auf den Gesamtnutzholzanfall, 2. auf den Gesamtholzanfall?

34. Auf 29,72 fm Kiefernstämme Kl. 3a und 8,30 fm Kl. 2b, beide Posten mit Rinde vermessen, bietet A. ohne Rücksicht auf die Stärkeklassen 19,— *RM* je fm, ist aber der Meinung, daß es sich um rindenlos aufgemessenes Holz handele ($\frac{10}{110}$ sind Rinde!).

Welches Gebot hätte er sonst abgegeben?

35. Was wird der Käufer für 1 fm Buchenschwellenholz zahlen?

Eine abnahmefertige Buchenschwelle I. Kl. kostet verladen etwa 6,— *RM*, II. Kl. etwa 4,80 *RM*. Aus 1 fm Rundholz werden 5—7 Schwellen, meist 6 Schwellen, darunter 20% Schwellen II. Kl. gewonnen. Als Durchschnittspreis ergibt sich für die Schwelle I. Kl. ein Betrag von $0{,}8 \times 6{,}—$ und $0{,}2 \times 4{,}80 =$ ...... *RM*.

An Unkosten ruhen auf einer Schwelle etwa 0,80 *RM* für Behauen, 0,50 *RM* für Fuhrlohn, 0,50 *RM* für Verladen, nicht Abgenommene usw., zusammen ...... *RM*.

Berechne jetzt den Wert der verladenen Schwellen aus 1 fm Rundholz bei einer Ausbeute von 5, 6, 7 Schwellen je fm!

Setze von diesem Werte noch $33^1/_3$% für Unkostenersatz und Käufergewinn ab, dann erhälst du den **Rundholzwert** für 1 fm im Walde! (11,87, 15,77, 18,48 *RM* je fm wird der Käufer anlegen!)

36. Aus einem 140jährigen Kiefernstamm von 16 m Länge und 38 cm Mittendurchmesser, also ...... fm Inhalt, wurden

0,58 m³ Stammbretter je m³ 125,— *RM*,
0,38 m³ Mittelbretter „ „ 85,— „
0,29 m³ Zopfbretter „ „ 70,— „ geschnitten.

Wie groß ist das Ausnutzungsprozent?

Was kostet 1 m³ Bretter aus dieser Kiefer im Durchschnitt?

Es soll nun der Rundholzwert dieser Kiefer errechnet werden: Der Transport vom Sägewerk zum Käufer der Bretter kostet 5,— *RM* je cbm, also hat 1 cbm Bretter vor dem Verlassen des Sägewerkes ...... *RM* Wert.

Wieviel fm Rundholz sind nun zum Gatter geschickt, um 1 cbm Brettware zu haben?

Diese Rundholzmasse kostet 4,50 *RM* zu schneiden und 2,50 *RM* Anfuhr aus dem Walde je fm.

Bestimme den Waldwert dieser Rundholzmasse, die 1 cbm Schnittware liefert!

Der Holzhändler zahlt höchstens 70% des eben errechneten Waldwertes, weil er für Unkostenersatz und Gewinn 30% absetzt.

Was kostet also 1 fm Kiefer loco Wald? (schätzungsweise 40,— *RM*).

37. Für den fm Eiche Kl. 3 wurden 32,— *RM* bezahlt, wenn das Holz mit Rinde vermessen war.

Wie teuer müßte 1 fm dieses Holzes, rindenlos vermessen, mindestens bezahlt werden, wenn die Staatsforstverwaltung nicht benachteiligt werden soll?

(Der Käufer zahlt für 115% Holz + Rinde 32,— *RM*, also für $\frac{100}{115}$ fm reines Holz 32,— *RM*, demnach für 1 fm Holz ohne Rinde ...... *RM*, also muß 1 fm ohne Rinde ...... mal so viel kosten wie 1 fm mit Rinde.)

38. Die Grubenholzfirma H. kauft im Forstamt Sp. 2000 fm Fichtengrubenholz für 13,— *RM* je fm. 15% des Kaufgeldes sollen als Angeld bis zum 1. April 19.. gezahlt werden. 60% von 2000 fm sollen als Grubenlangholz, der Rest nach **Lehnpfuhl** als Derb- und Reiserstempel ausgeformt geliefert werden, wobei die Firma folgende Maße und Längen vorschreibt und ausbedingt, daß die Messung der Zopfdurchmesser unter 20 cm nur durch einmaliges Kluppen, von oben her erfolgt:

Grubenstempel nach Lehnpfuhl je Hundert Stück

Sortiment Nr.	Länge und Zopfdurchmesser	Kiefer fm	Fichte fm
1	1,25 m lang, 5/8 cm Zopf	0,49	0,51
2	1,10 „ „ 8/10 „ „	0,78	0,78
3	1,55 „ „ 10/12 „ „	1,67	1,66
4	2,20 „ „ 12/14 „ „	—	3,42
5	2,75 „ „ 12/14 „ „	4,43	4,33
6	2,50 „ „ 14/16 „ „	5,22	5,12
7	2,20 „ „ 16/18 „ „	5,75	5,64
8	2,50 „ „ 18/20 „ „	8,25	8,03
9	2,75 „ „ 20/22 „ „	11,11	10,79
10	2,50 „ „ 22/24 „ „	11,81	11,51

Auf Grund des Vertrages wurden geliefert: 4436 Fichtengrubenholzstämme Kl. 1a mit 808,15 fm, 1544 Stämme Kl. 1b mit 316,19 fm und außerdem an Stempeln zu Sortimentsnummer 1. 524,05 Hundert und nochmal 276,58 Hundert Fichtenreiserstempel; zu 2. 16514 Fichtengrubenderbstempel; zu 3. 12312; zu 4. 8058; zu 5. 3589; zu 6. 1671; zu 7. 945; zu 8. 824; zu 9. 639; zu 10. 355 Fichtengrube..derbstempel.

Berechne das Angeld! Die gesamte Lieferungsmasse nach Stückzahl und fm! Das ganze Holzgeld!

Wieviel % der Lieferung sind Langholz, Derbstempel und Reiserstempel?

Errechne noch die Werbungskosten, wenn je fm Grubenlangholz Kl. 1a 1,20 *RM*, Kl. 1b 1,— *RM*, Reiserstempel 5—8 cm Zopf

5,— *RM*, Derbstempel III. Kl. 8—10 cm Zopf 4,— *RM*, II. Kl. 10—14 cm Zopf 3,50 *RM* und I. Kl. 14—24 cm Zopf 2,70 *RM* gezahlt wurden und die Haumeistergebühr mit 3% von den Stücklöhnen, der Soziallastenanteil mit 12% von der Lohnsumme berücksichtigt werden!

39. Ein Grubenholzkäufer ist bereit, je 100 fm Kiefernstangen I. bis IV. Kl. zum Grubenholzpreise von 8,— *RM* je fm mitzuübernehmen.

Welche Stückpreise ergeben sich unter Zugrundelegung der Homa für 1 Stange I. bis IV. Kl.?

Wieviel % von der Taxe für die Stangen (0,90, 0,60, 0,30, 0,10 *RM*) bezahlt er?

40. Ein Forstmeister verkaufte einen Posten Fichtenstangen: 400 Stangen I. Kl., 1200 Stangen II. Kl., 5000 Stangen III. Kl. an den Holzhändler A. für 2067,20 *RM*, also den fm für ...... *RM*.

Wie teuer verkauft er eine Stange aus den 3 Sortimenten, wenn man dasselbe Preisverhältnis annimmt wie die Holztaxe, nämlich 1,— *RM* für die Stange I. Kl., 0,50 *RM* für die Stange II. und 0,25 *RM* für die Stange III. Kl.?

Welchen Betrag hätten die Stangen mindestens bringen müssen, wenn der Verkaufspreis nur 10% unter der Taxe liegen soll? Welchem Mindestpreise für den fm entspricht das?

Wieviel % bleibt der erzielte Preis unter der Taxe?

41. In drei Aufsichtswaldungen, die zu einem Forstamt gehörten, wurden 198 fm, 2430 fm und 560 fm Fichtennutzholz aufgearbeitet. Die Lieferung erfolgte an denselben Holzhändler auf Grund eines gemeinsamen Lieferungsvertrages. Mit wieviel % sind die 3 Waldungen an der Lieferung beteiligt?

42. Im Distrikt 71 fielen 60 fm Fichtenlangholz an. Um wieviel % ist es **unvorteilhafter**, dies Langholz als Grubenstempelholz auszuhalten, wenn für Grubenstempel I. Kl. 7,50 *RM* je rm, für Grubenstempel II. Kl. 6,30 *RM* je rm geboten wurden, für Langholz gleicher Stärken durchschnittlich 8,40 *RM* je fm.

2/3 des Langholzes könnte zu Grubenstempeln I. Kl., der Rest zu Grubenstempeln II. Kl. aufgearbeitet werden.

Lohnsätze: Langholz . . . 1,25 *RM* je fm.
Grubenstempel I. 1,80 „ „ rm.
„ II. 2,45 „ „ „

Zu den Stücklöhnen sind 15% für den Soziallastenanteil der Forstverwaltung zu rechnen!

43. In einem Forstamt ist ein Posten Buchennutzscheit für 9,40 *RM* je rm verkaufbar (Faßfabrik).

Die Stücklöhne betragen 1,80 *RM* je rm Nutzscheit, aber nur 1,20 *RM* je fm Langholz. Die Werbungskosten erhöhen sich durch die Haumeistergebühr um 3% und durch den Soziallastenanteil um etwa 12% von der Lohnsumme.

Was muß der Holzhändler mindestens je fm Langholz geben, wenn die Staatsforstverwaltung denselben Reinertrag erzielen will?

44. In einer Revierförsterei sind 1483 Fichtenstangen I. Kl., 2006 Fichtenstangen II. Kl. und 4918 Fichtenstangen III. Kl. angefallen. Sie sollen als Grubenholz verkauft werden.

Was ist günstiger, stückweiser Verkauf zum Preise von 0,90 RM für die Stange I. Kl., 0,48 RM für die Stange II. Kl. und 0,26 RM für die Stange III. Kl. oder Verkauf nach fm für 9,50 RM je fm? Wieviel RM bringt der eine Verkauf mehr als der andere und wieviel % sind das mehr?

45. Wie tief darf der Nutzholzpreis sinken, ehe die Brennholzaushaltung vorteilhafter wird, wenn für Buchenbrennscheit je rm 8,— RM bezahlt werden, die Hauerlöhne für den fm Langholz 1,25 RM betragen, für den rm Buchenscheit dagegen auf 1,75 RM steigen und zu den reinen Akkordlöhnen und der Haumeistergebühr noch 15% Soziallastenanteil gerechnet werden müssen?

46. Ist es vorteilhafter, in einem Fichtenschlage an Stelle des Langholzes der Kl. 1b Papierholz auszuhalten, wenn sich 60% des Langholzes Kl. 1b als Papierholz I. Kl., 30% als Papierholz II. Kl. und der Rest nur als Brennholz verwerten lassen.

Im Verkauf werden erzielt:

je fm	Langholz Kl. 1b	13,35 RM
„ rm	Papierholz I. Kl.	8,84 „
„ „	„ II. „	6,96 „
„ „	Brennholz	3,50 „

Die Lohnsätze betragen:

je fm Langholz 1,15 RM,
„ rm Papierholz I., II. Kl. und Brennholz 1,75 RM.

Der Reingewinn verringert sich in jedem Falle durch den Soziallastenanteil der Forstverwaltung, der 14% von der Lohnsumme erreicht.

47. Mittendurchmesser und Holzpreis in derselben Güteklasse (Zahlen nach Prof. Dr. Meyer-Wegelin in „Wappes, Wald und Holz"):

Durchmesserstufen:	12,5	17,5	22,5	**27,5**	32,5	37,5	42,5	47,5 cm
Kiefer:	62	70	84	**100**	120	134	145	151
Fichte:	77	83	92	**100**	110	116	121	122

Durchmesserstufen:	15	25	**35**	45	55	65 cm
Eiche:	62	76	**100**	138	178	220
Buche:	68	83	**100**	122	141	156

Berechne den fm = Waldpreis für Kiefer, wenn für 1 fm mit 27,5 cm Mittendurchmesser 16,— RM, bei Fichten 18,— RM bezahlt werden!

Berechne ebenso den fm = Waldpreis für die andern Durchmesserstufen, wenn für den fm Eiche mit 35 cm Mittendurchmesser 20,— RM, für Buche 13,— RM bezahlt werden!

48. Der Durchschnittspreis für 1 fm Holz aus den Preuß. Staatsforsten betrug 1913 12,80 RM, 1929 16,31 RM. In der gleichen Zeit stiegen die Hauerlöhne je fm von 1,57 auf 3,56 RM.

Wie veränderten sich a) die Holzpreise, b) die Hauerlöhne überhaupt und prozentual und um wieviel % ging der Reingewinn am fm zurück?

8. Rabatt und Skonto.

Rabatt = Preisnachlaß, Preisermäßigung, Abzug bei Barzahlung, Belohnung für Barzahlung.

1.

Kaufsumme	100	120	240	84	36	5,50	36,24	81,99	RM
Rabatt . . .	1	2	3	4	1,5	2,5	3,5	2,4	%
Barzahlung									RM

2.

Kaufsumme	50	84	8,40	63	272,80	196,36	72	"
Barzahlung	49	83,16	8,04	61,49	271,43	188,51	58,60	RM
Rabatt . . .								%

Skonto ist eine Vergütung für nicht ausgenützten Kredit, also für eine Zahlung vor dem gesetzten Rechnungsziele.

3.

Rechnungssumme	100	150	200	80	96	44	25,24	136,84	RM
Skonto	2%	1,5%	1,25%	4%	5%	1%	1,4%	2%	
Barzahlung									RM

4. Auch die Preuß. Staatsforstverwaltung gibt lt. Rd. Erl. d. M. Präs. vom 10. Oktober 1934 — 13334 Rabatt oder Skonto, und zwar 2 von jedem vollen Hundert bei Barzahlung des gesamten, mehr als 100,— RM betragenden Kaufgeldes aus einem Holzverkaufe vor dem „Allgemeinen Zahlungstag" (AZT.). Der AZT. ist der auf den Verkaufs- oder Zuschlagstag folgende 21. Tag!

a) Berechne den AZT.:

Verkaufstag	1. 9.	5. 9.	2. 6.	27. 6.	31. 1.	28. 2.	24. 5.	14. 12.	15. 8.	23. 3.	17. 4.	21. 11.
AZT												

b) Der Holzhändler A. kauft am 15. Februar für 216,84 RM Holz, am 21. Februar für 84,96 RM und zahlt beide Posten am 1. März. Rechne!

c) Welcher Rabatt (2%) wird gewährt bei rechtzeitiger Zahlung vor dem AZT. bei einer Holzgeldsumme von 244,80 RM, 194,36 RM, 108,96 RM, 88,44 RM, 99,98 RM, 100,25 RM, 726,36 RM?

d) Der Tischler A. erhält eine Holzrechnung über 540 RM. Auf der Rechnung steht: „Ziel 6 Monate. Bei Barzahlung $4\frac{1}{2}$% Diskont für das Jahr." Er zahlt a) sofort bar, b) nach 3 Monaten, c) nach 6 Monaten, d) nach 8 Monaten?

5. Das Forstamt Sp. erhält von P. & P., Halstenbek, folgende Rechnung über 950 Höhenkiefern 2jährig verschult 12,— RM je Tausend; 3600 Fichten 4jährig verschult, 20—40 cm, 14,— RM; 950 Weißtannen, 4jährig verschult, 12—25 cm, 18,— RM; 1500 grüne Douglasien 3jährig verschult, 20—40 cm, 38,— RM; 950 Bergahorn 2jährig verschult, 40—65 cm, 26,— RM; 950 Eschen 2jährig verschult, 40—65 cm, 32,— RM; 5450 Buchen 2jährig verschult, 20—40 cm, 34,— RM, alle Preise je Tausend frei Bahnstation Spangenberg, sofort zahlbar mit 5% Rabatt. Rechne!

6. Der Großkamp W. hat sein anerkanntes Kiefernsaatgut teilweise nach Halstenbek abgegeben und bezieht die Kiefernsämlinge auf dem Lohn-

zuchtwege für 1,85 RM je Tausend. Welchen Wert haben demnach 800000 Kiefernsämlinge? Aus wieviel Samen und auf welcher Fläche können sie gezogen sein, wenn je a 0,4 kg gesät werden und aus 1 kg 20000 brauchbare Sämlinge hervorgehen? Als Großabnehmer hat der Kamp in W. 2% Skonto. Rechne!

9. Zinsrechnung.

Erkläre: **Kapital, Zinsen, Zinsfuß, Zeit; Schuldner, Gläubiger, Kredit; Darlehen, Schuldschein, Hypothek. Das Zinsjahr hat 360 Tage, jeder Monat 30 Tage!**

Berechne die Zinsen nach der **Kip.-Regel!** d. h. **Kapital × Zeit in Jahren × Prozentsatz : 100 = Zinsen.**

1. 1 Monat = $\frac{1}{12}$ Jahr; 1 Tag = $\frac{1}{360}$ Jahr!
   Übe: 3 Monate, 5, 11, 13, 17 Monate, 1 Jahr 5 Monate!
   1 Tag, 2, 3, 5, 17, 60, 72, 90, 108 Tage!
   1 Monat 5 Tage, 5 Monate 17 Tage, 1 Jahr 7 Monate 21 Tage!

2. Zinsen = Zs. Kapital = K. Zeit = i. Zinsfuß = p.

$$Zs = \frac{Kip}{100}. \qquad K = \frac{Zs \cdot 100}{i \cdot p}.$$

$$i = \frac{Zs \cdot 100}{K \cdot p}. \qquad p = \frac{Zs \cdot 100}{K \cdot i}.$$

Leite diese Formeln selbst aus der Kip-Regel ab!

3.

Kapital RM	Zinsfuß %	Zeit	Zinsen RM
200	4	2 Jahre	—
360	$3^1/_2$	1,5 „	—
540,64	$3^5/_8$	5 Mon.	—
84	4,4	7,5 „	—
236	3,6	21 Tage	—
28,99	5	7 Mon. 6 Tg.	—
14,80	5,25	11 „ 14 „	—
217	4	—	4,34
800	—	3 Jahre	192
1440	—	$1^1/_4$ Jahr	64,80
528	—	8 Monate	35,20
—	4	2 Jahre	20,80
—	5	7 Monate	4,20
—	$4^1/_4$	36 Tage	36,13
240	$3^3/_4$	—	0,68
96	$3^1/_3$	—	0,43
654,28	$4^1/_2$	—	17,67

4. Ein Haus brachte bei 4%iger Verzinsung jährlich 540,— RM Miete!

5. B. kann von den Zinsen seines Geldes leben. Er hat jeden Tag 3,60 RM zu verzehren. Die Kasse gibt 4% Zinsen.

6. Ein Hilfsförster fängt mit .... (72,— RM) monatlich an. Welchen Kapitalwert hat er sich bis dahin schon erarbeitet. Rechne mit 3,5% bei der Sparkasse!

7. Welchen Zinsfuß hat eine Kasse in Anrechnung gebracht, bei der ich für 320,— RM, die ich 4 Monate geliehen hatte, 7,56 RM Zinsen zahlen mußte?

8. Welchen Betrag muß ich nach 8 Monaten zurückzahlen, wenn ich heute 240,— RM borge und 5% Zinsen zahlen soll?

9. R. kaufte ein Haus für 18000,— RM. An Grundsteuern, Abgaben und Reparaturen hat er jährlich 524,— RM aufzubringen. Für eine vermietete Wohnung erhält er monatlich 48,— RM und seine eigne Wohnung im Hause muß er mit 54,— RM monatlich anrechnen.
Wie hoch verzinst sich das angelegte Kapital?

10. Welchen Kapitalwert hat ein Anteil am Interessentenwald in S., wenn dort jeder Anteiler jährlich 8 rm Buchenscheite je 7,50 RM, 4 rm Buchenknüppel je 4,80 RM und 10 rm Buchenbrennreis III. Kl. je rm 0,55 RM als Sachlieferung erhält und außerdem aus dem Nutzholzverkauf noch 36,80 RM an jeden zur Verteilung kommen? Betrachte den ganzen jährlichen Nutzen als eine 3,5%ige Rente eines bei der Sparkasse vorhandenen Kapitals!

11. Eine Schule in N. erhält jährlich aus dem Staatswald unentgeltlich an Berechtigungsholz $3^3/_4$ Klaftern (1 Klafter = 3,339 rm) Buchenbrennscheit, $4^1/_2$ Klaftern Brennknüppel und 6 Klaftern Buchenbrennreisig III. Kl.
Die Verkaufspreise in N. betragen je rm Scheite 7,20 RM, je rm Knüppel 5,— RM und je rm Brennreis III. Kl. 0,45 RM.
Wie hoch ist der Kapitalwert der Berechtigung, wenn man sich die jährliche Holzlieferung als den $3^1/_2$%igen Zinsertrag eines Kapitals vorstellt?

12. Der Revierförster A. hat eine Jahreseinnahme von 3600,— RM, und zwar entstammt diese mit 85% aus seinem Gehalt, mit 3% aus dem Raubzeugfang, mit $5^1/_2$% aus den Erträgen seiner Landwirtschaft, mit $1^3/_4$% aus dem Nutzen, den seine Imkerei abwirft, der Rest kommt aus den Zinsen eines Sparguthabens bei der Spar- und Darlehnskasse, welche ihm 4,5% Zinsen jährlich gibt. Rechne!

13. Welches Kapital entspricht dem Werte eines Ackers, der jährlich 28,25 Ztr. Weizen als Reinertrag liefert, den Ztr. zu 9,50 RM, wenn dieser Nutzen als 4%ige Verzinsung des Kapitalwertes angesehen wird?

14. Revierförster W. ist in den Ruhestand versetzt und hat sich für 9600,— RM ein Einfamilienhaus gebaut. Wie teuer wohnt er, wenn er für das hineingesteckte Kapital $3^5/_8$% Verzinsung rechnet und noch monatlich 9,71 RM städtische Abgaben zu zahlen hat?

15. Ein Kaufmann hat 3 Kapitalien kurzfristig auf Zinsen liegen, und zwar 10560,— RM zu 5%, 4320,— RM zu $3^3/_4$% und 9280,— RM zu $4^1/_2$%. Bei langfristiger Anlage bietet ihm die Bank für die gesamte Kapitalsumme 360,— RM mehr an Zinsen. Welchem Zinsfuß entspricht dies letzte Angebot?

16. Der Kaufpreis eines von der Stadt Rostock veräußerten Rentengutes setzt sich wie folgt zusammen:
Grund und Boden = 36 Morgen = 9 ha, je ha 1800,— RM = ... RM,
Gebäude 10000,— RM, Inventar 3800,— RM.

Von dem Bodenpreis übernimmt die Münstersche Rentenbank 60%, von dem Gebäudepreis die Hälfte gegen 1. Hypothek. Der Käufer hat

9600,— *RM* bares Geld. Den Rest erhält er als 2. und 3. Hypothek gegen 4,5% Zinsen. Die Rentenbank berechnet 4% Zinsen und ½% Verwaltungsgebühren. An Steuern, Versicherungsbeiträgen usw. sind jährlich je ha 30,— *RM* aufzubringen. Abtrag soll außer acht gelassen werden.

Wie groß ist die noch aufzubringende Zinssumme fürs Jahr und die Belastung je ha?

Bankmäßige Zinsrechnung.

Sparkassen und Banken berechnen Tageszinsen nach der Formel für

$$\textbf{Tageszinsen} = \frac{\frac{1}{100}\ \textbf{Kap.} \times \textbf{Tage}}{\textbf{360:p}} = \frac{\textbf{Zinszahl}}{\textbf{Zinsdivisor}}.$$

1. Berechne Zinszahlen: 720 *RM* 10 Tage, 240 *RM* 15 Tage, 613,70 *RM* 69 Tage, 716,86 *RM* 18 Tage, 193,75 *RM* 31 Tage! Runde dabei $^1/_{100}$ Kap. auf 2 Stellen ab und gib nur volle Zinszahlen an!
2. Berechne den Zinsdivisor für 2% 3% 4% 4½% 5% 6% 2,4% 2,5% 3⅓% 3½% 4¼%!
3. Berechne die Zahl der Zinstage!
   a) vom 1. IX.—23. IX. = 23 — 1 = 22 Tage.
   b) vom 7.—28. jeden Monats = 28 — 7 = 21 Tage.
   c) vom 7.—30. (31.) jeden Monats = 30 — 7 = 23 Tage.
   d) vom 14. IV.—18. VI = 18. VI.—14. IV. = 4. II. = 64 Tage.
   e) vom 28. II.—9. V. = 39. IV. — 28. II. = 11. II. = 71 Tage.
4. Wieviel Zinstage sind es vom
   14. VI.—23. VI.; 17. VIII.—31. VIII.; 20. IV.—27. V.; 2. V.—4. XI.; 13. V.—4. VII.; 29. X.—31. XII.?
5. Berechne bankmäßig die Zinsen von

368,— *RM* zu 4% für 91 Tage		106,— *RM* zu 3⅓% für 184 Tage	
183,80 „ „ 3% „ 23 „		217,33 „ „ 3,6% „ 42 „ !	

6. 5% Zinsen! 1513 *RM* vom 16. V.—7. VIII., 377 *RM* vom 2. III. bis 21. V., 954 *RM* vom 28. IV.—6. XI., 267 *RM* vom 23. IX. bis 16. XI., 540 *RM* vom 10. VII.—1. XII.!
7. Die Sparkasse stellt mir folgenden **Kontoauszug** zu:

1935 Monat	Tag		Betrag *RM*	*Rpf*	Tage	Zinszahlen 3 %
Dez. 1934 .	31	Guthaben	540	63	10	54
Januar. . .	10	zu	92	74		
		Guthaben	633	37	7	44
	17	ab	200			
		Guthaben	433	37	64	277
März . . .	21	zu	156	40		
		Guthaben	589	77	....	.....

1935 Monat	Tag		Betrag RM	Rpf	Tage	Zinszahlen 3 %
		Guthaben	589	77	......	......
Mai	15	zu	32	49		
		Guthaben	622	26		
Juni	28	ab	330	00		
		Guthaben	292	26		
Juni	30	zu	Zinsen ...	..		: 120
		Guthaben	...	..	180	... Zinsen

Vervollständige den Kontoauszug durch Berechnung der Zinszahlen, der Zinsen des Guthabens beim Halbjahresabschluß am 30. Juni!

8. Zur Berechnung von **Zinseszinsen** benutze die folgende Tabelle!

1 RM wächst mit Zinseszinsen an

nach Jahren	bei 3 % auf RM	bei $3^1/_3$ % auf RM	bei $3^1/_2$ % auf RM	bei 4 % auf RM	bei $4^1/_2$ % auf RM	bei 5 % auf RM
1	**1,0300**	**1,0333**	**1,0350**	**1,0400**	**1,0450**	**1,0500**
2	1,0609	1,0678	1,0712	1,0816	1,0920	1,1025
3	1,0927	1,1034	1,1087	1,1249	1,1412	1,1576
4	1,1255	1,1402	1,1475	1,1699	1,1925	1,2155
5	1,1593	1,1782	1,1877	1,2167	1,2462	1,2763
6	**1,1941**	**1,2174**	**1,2293**	**1,2653**	**1,3023**	**1,3401**
7	1,2299	1,2580	1,2723	1,3159	1,3609	1,4071
8	1,2668	1,3000	1,3168	1,3686	1,4221	1,4775
9	1,3048	1,3436	1,3629	1,4233	1,4861	1,5513
10	1,3439	1,3881	1,4106	1,4802	1,5530	1,6289
11	**1,3842**	**1,4343**	**1,4600**	**1,5395**	**1,6229**	**1,7103**
12	1,4258	1,4821	1,5111	1,6010	1,6959	1,7959
13	1,4685	1,5315	1,5640	1,6651	1,7722	1,8856
14	1,5126	1,5826	1,6187	1,7317	1,8519	1,9799
15	1,5580	1,6353	1,6753	1,8009	1,9353	2,0789
16	**1,6047**	**1,6898**	**1,7340**	**1,8730**	**2,0224**	**2,1829**
17	1,6528	1,7462	1,7947	1,9479	2,1134	2,2920
18	1,7024	1,8094	1,8575	2,0358	2,2085	2,4066
19	1,7535	1,8650	1,9225	2,1068	2,3079	2,5270
20	1,8061	1,9267	1,9898	2,1911	2,4117	2,6533

9. Berechne den Wert von 200,— RM Kulturkosten bei 3%iger Verzinsung nach 10, nach 20 Jahren! Quadriere den Wert von 1,— RM nach 20 Jahren und du hast ihren Wert nach 40 Jahren; wenn du diesen Wert nochmal ins Quadrat erhebst, dann ist es der Wert nach 80 Jahren usf. Z. B. 1,— RM wächst bei $3^1/_2$% mit Zinseszinsen in 20 Jahren auf 1,9898, rund 2,— RM an; in 40 Jahren auf 4,— RM, in 80 Jahren auf 16,— RM. Verursacht 1 ha heute 200,— RM Kulturkosten, so bedeutet das, daß vom 80jährigen Bestand schon 200 × 16 = 3200,— RM durch die Kulturkosten aufgezehrt sind!

10. Stelle dir zur Tabelle selbständig Aufgaben!

Verzugs- und Stundungszinsen.

11. Ein Käufer hat am 10. Februar 1935 für 540,— *RM* Holz gekauft. Er zahlt erst am 14. März, hat darum vom AZT. ab Verzugszinsen: Reichsbankdiskont + 2% = 6% zu zahlen.

    Bestimme den AZT. und berechne dann die Verzugszinsen! (Zinsbeträge unter 1,— *RM* werden von den Forstkassen nicht erhoben!)

12. A. hat am 17. Februar 1935 den Zuschlag auf Holz im Werte von 960,— *RM* erhalten und sofort Antrag auf zinsfreie Verlängerung der dreiwöchigen Zahlungsfrist auf insgesamt 6 Wochen gestellt und bewilligt erhalten (möglich bei Holzgeldern von mehr als 300,— bis 1000,— *RM*).
    a) Bis zu welchem Termin muß er jetzt zahlen?
    b) Er zahlt am 30. März.
    c) Er zahlt erst am 11. April und muß nun für die ganze Zeit ab AZT. 6% Verzugszinsen zahlen!

13. B. hat am 18. April für 2500,— *RM* Holz gekauft und innerhalb 2 Wochen nach der Zuschlagserteilung den Stundungsantrag auf 6 Monate Zahlungsfrist nach dem AZT. gestellt (möglich bei Bezahlung von Teilbeträgen bei Holzgeldern über 500,— *RM*). Da er bis zum AZT. 20% des Holzgeldes bar gezahlt hat, wird ihm die Stundung bewilligt.

    Um Holz abfahren zu können, zahlt er am 24. Mai 600,— *RM*, am 20. Juni 200,— *RM*, am 8. August 250,— *RM*, den Rest am 30. Oktober. Er braucht erst Zinsen zu zahlen gegen den Stundungszinsfuß von 5% vom Beginn des 4. Monats nach dem AZT. ab. Rechne!

14. Für eine Schuldsumme, die am 30. Juni 1935 fällig wurde und 3000,— *RM* betrug, ist gegen Entrichtung von Stundungszinsen Stundung vom 1. Juli bis 30. September bewilligt worden.

    Am 21. Juli hat der Schuldner 1000,— *RM* bezahlt. Der Stundungszinsfuß beträgt bis 15. August 5%, vom 16. August ab 4% jährlich. Wieviel Zinsen sind am 1. Oktober mit dem Restkapital fällig?

15. 2400,— *RM* waren am 21. Mai fällig. Auf Antrag wurde Stundung vom 22. Mai bis zum 1. September bewilligt. Am 18. Juni bezahlt der Schuldner 450,— *RM*, am 15. Juli 360,— *RM*. Es wurde ein Stundungszinsfuß von $4^1/_2$% berechnet. Da der Schuldner den Zahlungstermin zum 1. September nicht einhält, muß er für die Zeit vom 1. September bis 13. September einschließlich 6% Verzugszinsen zahlen. Rechne!

10. Zahlen aus der Statistik.

I. Unser deutsches Vaterland.

1. **Lage und Grenzen:**

Nördlichster Punkt (Ostpreußen) . .	55° 18′ nördlicher Breite
Südlichster Punkt (Bayern) . . .	47° 16′ 〃 〃
Westlichster Punkt (Rheinprovinz) .	5° 52′ östlich von Greenwich
Östlichster Punkt (Ostpreußen) . .	22° 53′ 〃 〃 〃
Größte Ostwest-Ausdehnung . . .	1155 km (85 km im Poln. Korridor)
Größte Nordsüd-Ausdehnung . . .	894 〃

2. **Gesamtlänge der Grenzen:**

Ostsee 1165 km, Nordsee 564 km, Landgrenzen 6383 km, im ganzen 8112 km.

3. **Spangenberg:** Geographische Breite: 51° 6′ 15″ nördlicher Breite
" Länge: 9° 39′ 51″ östlich von Greenwich.
Jährliche Niederschlagsmenge 690 mm.
Mittlere Jahrestemperatur 8,4° C.
Mittlerer Barometerstand 744,8 mm.

4. **Gebirge und höchste Gipfel:**

Zugspitze (Bayr. Alpen)	2963 m	Wasserkuppe (Rhön)	950 m
Schneekoppe (Riesengeb.)	1605 "	Gr. Feldberg (Taunus)	880 "
Feldberg (Schwarzwald)	1493 "	Kahler Asten (Rothaargeb.)	827 "
Großer Arber (Böhmerw.)	1457 "	Erbeskopf (Hunsrück)	816 "
Glatzer Schneeberg	1424 "	Tauffstein (Vogelsberg)	770 "
Fichtelberg (Erzgebirge)	1214 "	Hohe Meißner	750 "
Brocken (Harz)	1142 "	Hohe Acht (Eifel)	746 "
Hinterberg (Isergeb.)	1127 "	Hohentwiel	688 "
Schneeberg (Fichtelgeb.)	1027 "	Donnersberg (Nordpfalz)	687 "
Hohe Eule (Eulengeb.)	1014 "	Fuchskauten (Westerw.)	657 "
Großer Beerberg (Thür. Wald)	983 "	Hohes Gras (Habichtswald)	597 "
Inselsberg (Thür. Wald)	917 "	Schloß Spangenberg	352 "

Bahnhof Spangenberg . . 243, 814 m N. N.

5. **Flüsse:**

	Gesamtlänge km	Davon in Deutschland km		Gesamtlänge km	Davon in Deutschland km
Donau	2 850	647	Weser	480	480
Rhein	1 326	698	Ems	441	441
Elbe	1 163	761	Saale	427	427
Oder	903	829	Spree	403	403
Memel	788	112	Neckar	367	367
Main	524	524	Havel	345	345
Mosel	505	505			

6. **Größte Seen:**

Bodensee	539 qkm
Müritzsee	138 "
Spirdingsee	123 "
Mauersee	105 "
Chiemsee	85 "
Lebasee	76 "
Schweriner See	63 "
Starnberger See	57 "
Dammscher See	54 "

7. **Gebiet und Bevölkerung:** Nach dem Stande von 1925, aber einschließlich Saargebiet, Preußen einschließlich Waldeck.

Länder	Fläche qkm	Einwohner Tsd.	Länder	Fläche qkm	Einwohner Tsd.
Deutsches Reich 1914 .	541 208	67 790			
Deutsches Reich . . .	470 671				
Preußen (Saar u. Waldeck) .	294 250	38 846	Oldenburg	6 424	545
Bayern (Saaranteile) .	76 420	7 478	Braunschweig	3 672	502
Sachsen	14 993	4 992	Anhalt	2 314	351
Württemberg	19 508	2 580	Bremen	256	339
Baden	15 071	2 312	Lippe	1 215	164
Thüringen	11 751	1 609	Lübeck	298	128
Hessen	7 693	1 347	Mecklenburg-Strelitz .	2 929	110
Hamburg	415	1 153	Schaumburg-Lippe . .	340	48
Mecklenburg-Schwerin .	13 122	674	. . . .	. . . . .	. . .

Vervollständige die Nachweisung und ermittle, wieviel Einwohner in jedem Lande auf 1 qkm kommen!

8. **Deutschlands Verluste durch den Gewaltfrieden von Versailles:**

	Größe qkm	Einwohner	Davon deutschsprachige	Wieviel % der Bevölkerung?
Elsaß-Lothringen an Frankreich . . .	14 522	1 874 014	1 634 260	
Eupen-Malmedy an Belgien	1 036	60 003	49 494	
Nordschleswig an Dänemark	3 993	166 348	40 172	
Teile von Posen, West-, Ostpreußen, Schlesien an Polen	46 142	3 855 498	1 364 342	
Hultschiner Ländchen an Tschechei . .	316	48 469	6 574	
Memelgebiet an Litauen	2 657	141 238	71 781	
Freie Stadt Danzig	1 914	330 630	315 336	
zus.				

Stelle den Gesamtverlust an Land und Leuten fest und vergleiche ihn mit dem gegenwärtigen Besitzstand des Deutschen Reiches!

An Waldfläche verlor das Deutsche Reich von 14 221 172 ha 1 634 147 ha durch Versailles! Rechne!

9. Im oberschlesischen Abstimmungsgebiete stimmten von 1186758 Abstimmungsberechtigten 701 640 für Deutschland, also wieviel %?

10. Die **Sach- und Barleistungen** Deutschlands bis zum 30. Dezember 1922 betrugen nach den Angaben des Statistischen Reichsamtes:

1. Leistungen aus vorhandenen Beständen (Staats- und Privateigentum, Eisenbahnmaterial, Schiffe usw.) . . . . 36,798 Milliarden ℳ
2. Leistungen durch Lieferung von Kohlen, Vieh, Farben usw. . . . . 3,752 „ „
3. Barleistungen . . . . 2,230 „ „

Wieviel macht das im ganzen und auf den Kopf der Bevölkerung?

11. Über das **Wachstum der deutschen Bevölkerung** seit 1860 unterrichtet die folgende Übersicht:

Jahr	1860	1870	1880	1890	1900	1910	1920	1930	1933
Einwohner . .	37,6	40,8	45,1	49,2	56,0	64,7	61,8	64,0	
Aufstieg in %	100%								

Ergänze die Tabelle!

12. **Berufsgliederung** (Erwerbstätige und Berufszugehörige):

Jahr	Land- und Forstwirtschaft Tsd.	%	Industrie und Handwerk Tsd.	%	Handel und Verkehr Tsd.	%	Verwaltung und freie Berufe Tsd.	%	Sonstige Tsd.	%	Bevölkerungszahl
1882	15 939		13 947		3 877		1 711		2 509		45 719
1895	15 442		17 848		5 207		2 165		2 441		52 001
1907	14 918		23 175		7 409		2 531		2 516		62 013
1925	14 373		25 781		10 562		3 157		2 875		62 411

Gib an, wieviel % der Bevölkerung jedesmal zu den einzelnen Berufsgruppen gehörten! Die fehlenden % entfallen auf Berufslose!

13. Im Jahre 1925 entfielen **hauptberuflich Erwerbstätige** auf die Wirtschaftsabteilung Land- und Forstwirtschaft 9762400, Industrie und Handwerk 13239200, Handel und Verkehr 5273500, Verwaltung und freie Berufe 1502400, Sonstige 2231800. Ermittle die Zahl der Erwerbstätigen überhaupt und gib den prozentualen Anteil der Berufsgruppen an der Gesamtzahl der Erwerbstätigen an!

14. Von den 9762400 Erwerbstätigen in der Land- und Forstwirtschaft gehörten 159050 Erwerbstätige im Hauptberufe zur Forstwirtschaft und Fischerei, die übrigen zur Landwirtschaft, Gärtnerei und Viehzucht. Rechne!

15. Von 14433800 Arbeitern waren beschäftigt in Land- und Forstwirtschaft 2607300, in Industrie und Handwerk 9781400, der Rest in den sonstigen Wirtschaftsgruppen. Wieviel % von den 32009300 Erwerbstätigen sind demnach Arbeiter und wieviel % Arbeiter entfallen wieder auf die drei angeführten Wirtschaftsgruppen?

16. Nach der statistischen Erhebung über die **Bodenbenutzung 1927** waren von der gesamten Fläche des Deutschen Reiches (ohne Saargebiet) landwirtschaftlich genutzt 29409400 ha, **Forsten und Holzungen 12 738 900 ha**, weder land- noch forstwirtschaftlich genutzt 4710400 ha, das sind jedesmal wieviel % der Gesamtfläche?

17. Eine statistische Bearbeitung aus 1929 gibt für die Gesamtfläche des Reiches mit Saargebiet 470671 qkm an: Ackerland 45%, Wiesen 11,7%, Weiden 5,3%, **Nadelwald 19,2%**, **Laubwald 7,8%**, Wege, Gewässer, Öd- und Unland 10%, Haus- und Hofraum 1%! Vergleiche die Zahlen mit den Ergebnissen der Aufgabe 16!

18. 1927 verteilt sich die weder land- noch forstwirtschaftlich genutzte Fläche auf:

Unkultiviertes Land . . . . 1882000 ha
Wege, Parkanlagen, Friedhöfe, Eisenbahnen, Sport- und Flugplätze . . . . 1430400 „
Gewässer . . . . 781000 „
Haus- und Hofräume . . . . 617000 „

Mit wieviel % sind die einzelnen Gruppen an der nicht landwirtschaftlich oder forstlich genutzten Fläche beteiligt?

18a. Von 1878 bis 1900 sind 123000 ha Ödland aufgeforstet, durchschnittlich je Jahr also?

19. Von den 1882000 ha unkultiviertem Land waren 412000 ha Moorfläche, 251000 ha kulturtaugliches Öd- und Unland, der Rest untaugliches Ödland. Rechne!

20. 1913 soll die Laubholz-Waldfläche 4,3 Millionen ha, die Nadelholzfläche 10,0 Millionen ha groß gewesen sein. Vergleiche die Zahlen mit Aufgabe 16 und 17! Wieviel % der Waldfläche sind 1913 bzw. 1927 mit Laubholz bestockt?

21. 1883 machte der Anteil des Laubholzes an der Waldfläche noch 34,5% aus.

22. 1777 waren in der Göhrde nach einer Zählung der haubaren Stämme bei der Bestandsaufnahme vorhanden: 47% Eichen, 19% Buchen, 25% Birken und Aspen und **9**% Nadelholz. 1833 beträgt der Nadelholzanteil 20% und 1894 ergibt sich das folgende Bild: 9% Eichen, 3% Buchen, 2% Birken und Aspen und **86**% Nadelholz. Zeichne zwei Schaubilder für 1777 und 1894, benutze für die Säulendarstellung die Farben, wie sie für die Wirtschaftskarte vorgeschrieben sind! (Eichen gelb usw.)

23. Nach dem Ortsnamenverzeichnis leiten sich von 6905 Namen im deutschen Sprachgebiet 6115 vom Laubholz, nur 790 vom Nadelholz her. Rechne und folgere!

24. Von der auf das heutige Reichsgebiet für 1913 berechneten Waldfläche von 12,7 Millionen ha entfielen 45,5% auf Kiefern, 21,5% auf Fichten, 2,9% auf Tannen und 0,2% auf Lärchen. Rechne die Flächen aus! Gib das Nadelholz-%, das Laubholz-% an!

25. Von 2745420 ha preußischem Staatswald waren 626790 ha Laubholz, 1737400 ha Kiefern und Lärchen, 377970 ha Fichten und 3260 ha Tannen. Bestimme den Anteil der Holzarten!

26. **Holzartenverbreitung im Reich bzw. Preußen:**

Holzarten	Reich 1913		Reich 1927		Preußen 1927		. . . .	
	ha	%	ha	%	ha	%	ha	%
Kiefer	6462540		5525202		4032002			
Fichte	3055035		3110089		1117936			
Tanne	414829		311010		20810			
Lärche	29697		26820		7200			
Sonstige Nadelh.	—		37040		22777			
Nadelholz zus.. .	. . . .	. . . .	. . . .	. . . .	. . . .	. . . .	. . . .	. . . .

Holzarten	Reich 1913 ha	Reich 1913 %	Reich 1927 ha	Reich 1927 %	Preußen 1927 ha	Preußen 1927 %	.... ha	.... %
Nadelholz zus. ..	....	....	....	....	....	....	....	....
Eichen-Hochwald .	728986		665516		449738			
Buchen und andre harte Laubhölzer	1868382		1671469		880796			
Birke, Erle, Aspe und andre weiche Laubhölzer . .	392194		307079		230971			
Eichen-Schälwald	300031		232875		184913			
Weidenheger . .	22989		10592		6262			
Sonst. Niederwald	405179		315232		212621			
Mittelwald . . .	540887		441253		205658			
Laubholz zus. . .	....	....	....	....	....	....	....	....
Holzbodenfläche .		100,0%		100,0%		100,0%		100,0%

Vervollständige die Übersicht, berechne den prozentualen Holzartenanteil! Trage nach der forstlichen Literatur den neuesten Stand ein!

27. **Die Holzfläche der einzelnen Länder** umfaßt 1927 in ha:

Preußen: 7371684 ha, davon Ostpreußen 676726, Berlin 15817, Brandenburg 1351634, Pommern 678042, Grenzmark 264644, Niederschlesien 769071, Oberschlesien 268935, Sachsen 552481, Schleswig-Holstein 114472, Hannover 711357, Westfalen 556715, Hessen-Nassau 619421, Rheinprovinz 753003, Hohenzollern 39366 ha.

Bayern 2479227, Sachsen 370083, Württemberg 604195, Baden 581961, Thüringen 386673, Hessen 230165, Hamburg 1409, Mecklenburg-Schwerin 250514, Oldenburg 64575, Braunschweig 109451, Anhalt 58453, Lippe 30964, Lübeck 4036, Mecklenburg-Strelitz 63892, Waldeck 40300, Schaumburg-Lippe 6595.

Berechne den **Waldanteil der einzelnen Länder an der Gesamtfläche** (siehe Aufgabe 7, dort ist Waldeck in Preußen eingerechnet)!

Die Provinz Hessen-Nassau ist 16759 qkm groß und hatte 2453000 Einwohner. Waldanteil?

Berechne auch den **Waldanteil auf den Kopf der Bevölkerung** für jedes Land!

28. Im Mai 1930 wurde die preußische Staatswaldfläche nach der Eingliederung Waldecks mit 2469931 ha angegeben. Das sind wieviel % der Waldfläche Preußens, des Reiches?

29. Von der Waldfläche waren 1927

	Staatswald ha	Reichsforsten ha	Gemeindewald ha	Stiftungsforsten ha	Genossenschaftswald ha	Privatwald gebunden ha	Privatwald frei ha
Preußen . .	2 247 249	22 429	987 142	90 420	223 188	1 119 063	2 682 193
Bayern . .	831 455	3 969	319 856	60 368	30 844	166 915	1 065 821
Anhalt . . .	31 962	1	1 015	3 367	2	4 842	17 265
Reich . . .	4 098 810	32 615	1 965 799	204 854	300 185	1 631 919	4 419 994
Hess.-Nassau.	255 765	2 856	214 952	10 126	36 029	42 572	57 120

Berechne den Besitzanteil in % der Gesamtfläche (Aufgabe 27)!

30. **Der Gesamteinschlag** betrug:

1913 auf	3029725 ha	preußischem	Staatswald	10,8	Millionen fm
1927 „	2247249 „	„	„	—	„ „
1929 „	2461081 „	„	„	10,3	„ „
1930 „	2469931 „	„	„	10,4	„ „

Berechne den Durchschnittsertrag je ha!

31. **Der Durchschnittsertrag je ha** betrug:

in	Preußen	Bayern	Sachsen	Württemberg	Baden
1864	2,00	3,33	3,54	4,05	3,52 fm Derbholz
1914	4,58	5,39	4,71	6,21	5,90 „ „

Setze den Ertrag aus 1864 = 100 und berechne die Ertragssteigerung für die Länder!

32. Für den preußischen Staatswald betrug **die jährliche Derbholznutzung je ha** für 1908 3,75 fm, 1909 = 4,08, 1910 = 5,10, 1911 = 4,17, 1912 = 4,28 fm. Wie groß ist der Derbholzertrag 1908/1912 im Durchschnitt je ha? Der nach den Ertragstafeln errechnete Vollertrag macht durchschnittlich 5,72 fm je ha. Wieviel % vom Vollertrag an Derbholz sind also nur geerntet worden?

33. **In Preußen wurden 1927 auf 7 371 684 ha eingeschlagen:**

an **Nutzderbholz:** Eichen 765376, Rotbuchen und sonstige harte Laubhölzer 1155125, Birken und weiche Laubhölzer 213307 fm; Kiefern und Lärchen 8118133, Fichten, Tannen und andere Nadelhölzer 3592746 fm;

an **Brennderbholz:** Eichen 786692, Rotbuchen usw. 3008918, Birken usw. 851275, Kiefern und Lärchen 4078641, Fichten usw. 952983 fm;

an **Stock- und Reisigholz einschl. Nutzreisig:** 3816449 fm.

Berechne: Die Nutzderbholzmasse beim Laubholz und beim Nadelholz!
Die Brennderbholzmasse „ „ „ „ „ !
Die Derbholzmasse überhaupt beim Laub- und beim Nadelholz!
Die Gesamtmasse des Einschlags!
Den Gesamtanfall Derbholz bei jeder Holzart!
Das Nutzholzprozent beim Laubholz, beim Nadelholz!
Das Derbholz- bzw. Reisigprozent!
Den Derbholz- bzw. Nutzholzanteil bei den einzelnen Holzarten!
Den Anfall je ha Waldfläche!

34. Fürs Reich betragen die Zahlen: 12654177 ha Waldfläche.

Nutzderbholz:	a) Laubholz . .	3364798 fm
	b) Nadelholz .	21571494 „
Brennderbholz:	a) Laubholz . .	8221849 „
	b) Nadelholz .	9026963 „
Reisig- und Stockholz		7457876 „

Rechne wie in Aufgabe 33!

35. Die Durchschnittserträge je ha betrugen 1927 nach Prof. Dr. Raab in Wappes, Wald und Holz:

In	Nutzderbholz		Brennderbholz		Derbholz im ganzen				Reisig- und Stockholz
	Laubholz fm	Nadelholz fm	Laubholz fm	Nadelholz fm	im Laubwald fm	Nutzholz %	im Nadelwald fm	Nutzholz %	fm
Staatsforsten .	1,54	3,27	3,38	1,13	4,82	31	4.40	74	0,63
Gemeindewald	0,86	2,60	2,61	1,16	3,24	23	3,88	70	0,96
Stifts- und Genossenschaftswald . . .	0,92	2,38	2,53	0,96	3,10	23	3,47	72	0,86
Gebundener Privatwald .	1,55	3,10	2,70	0,96	4,00	34	4,05	76	0,58
Freier Privatwald. . . .	0,86	1,22	1,39	0,84	1,81	31	2,07	59	0,40
Ges.-Durchschnitt	1,20	2,39	2,53	1,01	3,30	29	3,40	70	5,90

36. Die Zahl der in den preußischen Staatsforsten tätigen Beamten wird für 1913 mit 631 Oberförstern und 5272 Förstern, Forstkassenrendanten und -sekretären angegeben. Auf wieviel ha Waldfläche kam a) ein Forstverwaltungsbeamter, b) ein Forstbetriebsbeamter? (Aufg. 30.)

37. Im preußischen Staatswald wurden 1908 173597 Arbeiter an 10448440 Arbeitstagen beschäftigt.

Wieviel Arbeiter und Arbeitstage entfielen damals auf 1 ha Staatswald (2823860 ha)?

Wie groß war die durchschnittliche Arbeitsdauer eines Arbeiters?

38. **Betriebsergebnisse der preußischen Staatsforstverwaltung** in *M* bzw. *RM* je ha und im Jahresdurchschnitt:

	1850 bis 1854	1870 bis 1874	1880 bis 1884	1890 bis 1894	1900 bis 1904	1910 bis 1914	1925	1926	1927	1928	1929	1930
Einnahme .	8,6	18,9	21,0	26,1	63,3	49,9	74,8	60,6	77,2	88,2	77,6	62,4
Ausgabe . .	3,9	9,0	11,5	13,3	44,1	24,2	48,4	50,9	51,5	52,2	53,3	52,2
Überschuß .												

Errechne den Überschuß! Setze jedesmal die Jahresausgabe, -einnahme und den Überschuß 1910 bis 1914 = 100 und berechne für die nachfolgende Zeit die prozentualen Abweichungen!

39. Das Arbeitseinkommen (Lohn und Gehalt) aus dem deutschen Wald wird auf 630 Millionen *RM* veranschlagt. Bei 12,7 Millionen ha macht das je ha ..... *RM*.

40. **Die heimische Holzerzeugung** betrug in Tausend fm:

Jahr	Nutzholz	Brennholz (Reis- u. Stockholz)	Zusammen
1900	20 173	29 346	
1906/07	24 496	29 580	
1912	28 000	29 800	
1913	28 819	29 814	

Die Zahlen für 1906/1907 sind schon mittlere Jahresergebnisse. Wie hoch ist die Jahreserzeugung an Nutzholz und Gesamtmasse durchschnittlich?

41. Der Auslandsverkehr für 1907 mit Holz betrug in Tausend fm Rundholz:

	Nutzholz	Brennholz	Zusammen
Einfuhr	15 755	249	
Ausfuhr	770	551	
Mehreinfuhr .			

42. Aus den beiden vorangehenden Tabellen ergibt sich der Holzverbrauch im Jahre 1907:

	Eigenerzeugung	Mehreinfuhr	Zusammen
Nutzholz			
Brennholz . . .			
Sa.			

43. Bei einer Bevölkerungszahl von rund 63 Millionen macht das also ..... fm je Kopf der Bevölkerung überhaupt und zwar ..... fm Nutzholz und ..... fm Brennholz.

44. Nach den Berechnungen Ortegels stellen sich 1907 die Kosten der gesamten Holzverarbeitung Deutschlands auf

3,0240 Milliarden *M* für Löhne,
0,0627 „ „ „ Betrieb und Abschreibung,
0,0920 „ „ „ motorische Kräfte.

Die Gesamtkosten stellen sich demnach auf ..... Milliarden *M*. Jeder fm Rohholz ist also durch die Verarbeitung um (Gesamtkosten: Gesamtjahresverbrauch =) ...... *M* verteuert worden. Nimmt man nur das Nutzholz, so beträgt die Verteuerung sogar (Gesamtkosten: Nutzholzverbrauch =) ..... *M* je fm. (Zahlen aus Aufg. 42.)

45. In Deutschland werden jährlich 25 Millionen **fm** Brennholz erzeugt.

Wieviel Wagen müßte ein Güterzug haben, um diese Mengen zu transportieren, wenn der Wagen **25 rm** faßt?

Wieviel m müßte der Zug ohne Lokomotive lang sein, wenn die Länge des Wagens durchschnittlich mit 16 m angesetzt wird.

Wieviel Tage, Stunden, Minuten und Sekunden müßte die Schranke an einem Eisenbahnübergange geschlossen bleiben, wenn jeder Wagen und die Lokomotive zum Überfahren 1 Sekunde braucht?

46. **In den Jahren 1907 bis 1913 wurden durchschnittlich jährlich 72,50 Millionen fm Holz im Deutschen Reiche verbraucht, davon 42,68 Millionen fm Nutzholz.** Es wurden verbraucht vom Baugewerbe 22,54 Millionen, im Grubenbau 6,90 Millionen, in der Papierfabrikation 6,24 Millionen, vom Holzveredlungsgewerbe 5,50 Millionen, als Schwellenholz 1,00 Millionen und als Masten 0,50 Millionen fm. Wieviel % entfallen auf Nutzholz, auf Brennholz? Wieviel % von der Nutzholzmasse entfällt auf die einzelnen Nutzholzgruppen?

47. **1925 bis 1927 betrug der durchschnittliche Jahresbedarf an Nutz- und Brennholz rund 65 Millionen fm, davon rund 39 Millionen fm Nutzholz. Jährlich mußten 13 Millionen fm Nutzholz eingeführt werden, weil die eigene Erzeugung nur $^2/_3$ des Nutzholzbedarfes deckte. Vom deutschen Holzanfall ist etwa die Hälfte Nutzholz, die andere Hälfte Brennholz. Rechne!**

48. Die Gesamtmasse Nutzholz verteilt sich folgendermaßen:

1.	Baugewerbe . .	Wohnungsbau rund 30%, Bautischlerei 9%, Wasser-, Hafen-, Brückenbau 6%, Schiffsbau 4%, Tiefbau 2%, zusammen ..... %.
2.	Grubenbau . . .	17%.
3.	Papierfabrikation	Zellstoff 10%, Holzschliff 5%, zusammen ..... %.
4.	Holzveredlung . .	Möbelbau 6%, Böttcherei, Drechslerei 4%, Sonstiges 3%, zusammen ..... %.
5.	Schwellen . . .	3% und
6.	Masten	1%.

Berechne die Nutzholzmassen, die von den Bearbeitungsgruppen jährlich gebraucht wurden (39 Millionen fm Nutzholz)!

49. **1933 werden noch rund 15 Millionen fm Nutzholz eingeführt, trotz der Eigenerzeugung von rund 25 Millionen fm Nutzholz, und 25 Millionen fm Brennholz.**

Stelle den Jahresbedarf fest! Wieviel % der verarbeiteten Nutzholzmasse sind selbst erzeugt? Wieviel % der Eigenerzeugung sind Nutzholz? Wieviel fm werden je Kopf der deutschen Bevölkerung selbst erzeugt, überhaupt verbraucht? (65 Millionen Einwohner.)

50. Die deutsche Wirtschaft braucht zur Zeit jährlich rund 40 Millionen fm Nutzholz. Der durchschnittliche Zuwachs an Nutzholz beträgt jährlich etwa 2 fm je ha. Welche Nutzholzmasse muß darum bei 12,7 Millionen ha Waldfläche fehlen und eingeführt werden? Um wieviel ha müßte die deutsche Waldfläche vergrößert werden oder um wieviel fm der Einschlag je ha erhöht werden, um den Nutzholzbedarf selbst decken zu können?

51. Monroy schätzte den Holzertrag des Deutschen Reiches für 1929 auf 25,6 Millionen fm Derbnutzholz, 17,1 Millionen fm Derbbrennholz und 9,5 Millionen fm Reisig- und Stockholz.

Berechne den Derbholzanfall, den Gesamtanfall! Wieviel % vom Gesamtanfall sind Brennholz, vom Derbholz sind Nutzholz? Wieviel fm fallen je ha an? (12,7 Millionen ha.)

52. Berechne den Gesamtwert des Nutzholzes, wenn 1 fm durchschnittlich schätzungsweise 16,40 *RM* bringt!

53. Berechne ebenso den Brennholzwert, der für die preußischen Staatsforsten für 1924 mit 5,31 *RM*, 1925 mit 5,27 *RM* und 1926 mit 4,70 *RM* je rm Brennholz aller Arten angegeben wird (1 rm = 0,7 fm), mit dem Durchschnittssatze von 5,10 *RM* je rm! Wie hoch stellt sich danach der Jahreswert des deutschen Holzes im ganzen und je ha?

54. Die Werbungskosten stellen sich im Durchschnitt 1912 auf 1,64 *RM*, 1913 auf 1,57 *RM*, 1927 auf 2,51 *RM* je fm!

55. 1930 standen die preußischen Staatsforsten im Etat mit einer Ausgabe von 138,8 und einer Einnahme von 191,4 Millionen *RM* unter den Überschußverwaltungen, die insgesamt 65,8 Millionen *RM* brachten, an erster Stelle! Rechne!

1. **II. Das Forstamt Spangenberg.**

	Staatswald			Aufsichtswaldungen				Staats- und Aufsichtswaldungen
	Holz- boden	Nichtholz- boden	Zusammen	Gemeinde- waldungen	Kirchen- waldungen	Interessenten- waldungen	Zusammen	
	ha	ha	ha	ha	ha	ha	ha	ha
Spangenberg (ohne Oberförst.-Bezirk Stölzingen)	2314	30	....	710	10	230	....	....
Stölzingen	1524	62	....	802	20	160	....	....
Ganzes Forstamt Spangenberg . . .	....	....	....	....	....	....	....	....

2. Nach dem Stand vom 31. März 1935 umfaßt die Holzbodenfläche des Forstamts Spangenberg 3838,6804 ha, die Nichtholzbodenfläche 91,8013 ha, also Staatswald im ganzen: ..... ha.
3. Das Wirtschaftsjahr 1934 schloß ab mit der Isteinnahme: 278686 *RM* und der Ausgabe von 167242 *RM*. Wie groß ist der Überschuß im ganzen und je ha Staatswaldfläche? Wieviel *RM* Einnahme bzw. Ausgabe kommen auf 1 ha der Gesamtfläche des Forstamts?
4. Nach dem Betriebswerk gehörten 1901 zum Forstamt Spangenberg 2439,2 ha Staatswald und zwar 21,8 ha Eichen, 1065,7 ha Buchen, 8,9 ha anderes Laubholz, 1025,7 ha Fichten und 317,1 ha Kiefer. Mit wieviel % sind die einzelnen Holzarten damals an der Gesamtfläche beteiligt gewesen?
5. Zusammenstellung. (Forstamt Spangenberg, Stand vom 19. April 1933.)

1	2	3	4	5
	Fläche ha	Masse im ganzen fm	Masse je ha Sp. 3 : Sp. 4	
Eiche	35	6 293	......	
Buche	1 332	242 087	......	
Kiefer	1 047	225 891	......	
Fichte	1 412	170 955	......	
Sa. Hochwald.	......	......	......	
Plenterwald . . .	—			
Mittelwald	—			
Niederwald	—			
Sa. Betriebsfläche . . .	......	......	......	
„ Ausschlußfläche . .	9			
Sa. Holzboden	......	......		

6. Nach dem Min.-Erlaß 9806 vom 12. Oktober 1933 wird der Abnutzungssatz an **Haupt- und Vornutzung** auf 19397 fm Derbholz festgesetzt, das sind ....% des oben festgestellten Holzvorrates.

7. **Vorratsnachweisung für Buche** (Preußisches Forstamt Spangenberg).

1	2	3	4	5	6
Altersklasse	Bestandsmasse je ha fm	Vollbestandsfaktor geschätzt	Sp. 2 × Sp. 3 fm	Fläche ha	Gesamtmasse Sp. 4 × Sp. 5 fm
		III. Standortsklasse			
VIII	456	—	—	—	—
VII	425	—	—	—	—
VI	377	—	—	—	—
V	313	0,8	250,4	358	89 643
IV	230	0,8	.....	238	.....
III	118	0,9	.....	73	.....
II	—	—	—	71	—
I	—	—	—	145	—
unbestockt	—	—	—	62	—
Summa .	—	—	—	.....	.....
		III./IV. Standortsklasse			
VI	329	0,8	....	349	.....
		IV. Standortsklasse			
VIII	336	—	—	—	—
VII	314	0,8	.....	36	.....
VI	280	—	—	—	—
V	231	—	—	—	—
IV	162	—	—	—	—
III	60	—	—	—	—
II	—	—	—	—	—
I	—	—	—	—	—
unbestockt	—	—	—	—	—
	Standortsklasse III			.....	.....
	Standortsklasse III/IV			.....	.....
	Standortsklasse IV			.....	.....
Summa insgesamt				.....	.....

8. **Hauerlohnstatistik** Forstamt Spangenberg.

	Laubholz			Nadelholz	
	Stämme	Brennscheit gespalten	Brennreis III	Langholz 1a u. b und Grubenholz	Langholz 2a aufwärts
1. Gesamteinschlag 1934	fm 1121	rm 5971	rm 9205	fm 5048	fm 3928
2. Gesamtwerbungskosten für vorstehende Mengen	RM 1270	RM 9684	RM 2676	RM 5328	RM 2883
3. Werbungskosten je Einheit (2 Dez.) RM . .	....	....	....	....	....

4. Reine Holzwerbungskosten ohne Schälerlöhne und Soziallasten 50 527 *RM* in 95 975 Arbeitsstunden; also Stundenverdienst im Hauungsbetriebe: ...... *RM*.

9. Für die **Holzwerbung** sind geleistet in den

Revierförstereien	I	II	III	IV	V	VI	VII	VIII	IX
Arbeitstage. . .	1503	1573	1160	1535	1721	1129	1488	1259	1071

zus.: ..... Arbeitstage.

10. Nach der Zusammenstellung des Revierförsters St. sind für den Holzeinschlag in seinem Revier (VI) aufgewendet:

Bei Position .	58	59	60	61	62	63	64	65	177	179	180	181
Distrikt . . .	68	69b	70a	74b	$75a_1$	$113a_2$	108/118 Sammelhieb	Sammelhieb	67	74a	77a	109
Arbeitsstunden	1846	1226	988	196	311	392	1166	168	1128	150	1341	120

Wieviel Arbeitsstunden und wieviel Tagewerke meldet demnach Revierförster St.?

11. 1933 waren für die Holzwerbung abgeleistet:
6119, 18436, 8326, 10279, 8712, 11624, 7740, 9532, 7396 Arbeitsstunden, das sind ..... Tagewerke zu je 8 Arbeitsstunden.

12. Hauerlohnstatistik für 1934, ganzes Forstamt.

Revier-Försterei	Laubholzstämme		Laubholz Brennscheite		Laubholz Brennreis III		Nadellangholz 1a und b und Grubenlangholz		Nadellangholz 2a und aufwärts		Arbeitsstunden	Gesamtverdienst
	fm	*RM*	rm	*RM*	rm	*RM*	fm	*RM*	fm	*RM*		*RM*
I	58,40	54,00	670	1023,55	1020	278,50	604,76	797,44	71,05	51,28	6765	3183,66
II	67,63	57,13	1163	1773,25	1465	428,00	64,01	61,14	310,45	195,23	9799	4378,23
III	49,32	36,46	254	372,40	510	154,50	142,50	172,47	131,09	98,27	8326	4160,39
IV	108,40	86,72	185	271,85	475	139,00	475,77	582,35	304,19	182,52	7849	3994,68
V	41,69	33,27	984	1430,99	495	123,75	26,11	37,37	—	—	8098	4027,18
VI	164,58	137,33	867	1290,15	490	122,50	111,86	122,12	41,93	31,68	5392	3528,54
VII	74,86	59,89	413	610,50	1555	397,50	863,05	1080,04	218,67	155,00	11402	5730,55
VIII	42,57	34,06	584	849,00	1175	315,30	565,63	676,98	175,12	132,03	7778	3580,43
IX	28,52	22,14	551	807,80	1115	289,25	167,70	207,68	26,79	18,61	4042	1707,11
X	123,20	118,53	616	961,80	710	204,25	333,98	436,88	147,65	103,79	7330	3432,28
Sa.												
Stücklohn je Einheit	0,842 *RM*											

13. Einschlags- und Reinertragsnachweisung. Betr. Reg. Verf. vom 5. Juli 1932 — F 2721.

Fläche des Staatswaldes: Holzboden	Fläche des Staatswaldes: Nichtholzboden	Fläche des Staatswaldes: Im ganzen	Aufsichtswaldungen	Abnutzungssatz des Staatswaldes nach dem Betriebswerk: Kontrollfähig: Hauptnutzung	Abnutzungssatz: Kontrollfähig: Vornutzung	Abnutzungssatz: Nicht kontrollfähig	Abnutzungssatz: Im ganzen	Kulturen 53a Kap. I Nachbesserungen	In % der Neukulturkosten des Vorjahres	Von der Reineinnahme für Holz (Tit. 1) entfällt auf Losholz	Von dem Gesamteinschlag (Derbholz, Reiser- und Stockholz) entfallen auf Losholz	Arbeiterverhältnisse: Lohngruppe	Arbeiterverhältnisse: Zahl der beschäftigten männlichen Arbeiter	Arbeiterverhältnisse: Zahl der von Männern wirklich geleisteten Arbeitstage	Arbeiterverhältnisse: Durchschnittliche Beschäftigungsdauer der männlichen Arbeiter: Arbeitstage
ha	ha	ha	ha	fm	fm	fm	fm	*RM*	%	*RM*	fm				
1	2	3	4	5	6	7	8	9	10	11	12	13	14	15	16
3 965	102	....	1 932	12719	6 681	8 082	....	34,—	1,8	15 305	6 181	III/IV	187	11 300	......

14. Dem Forstamt Spangenberg standen zur Verfügung an bewilligten Geldern:

	1934
Kulturgelder	8498,92 *RM*
Für Wegebau:	
a) Holzabfuhr- und Verkehrswege	8866,01 „
b) Beihilfe zu Wege- und Brückenbauten außerhalb der Forsten . .	550,— „
zusammen . .	...... *RM*

15. Nach dem Jahresetat für 1933 schloß das Forstamt Spangenberg ab in Einnahme mit 166575,96 *RM* für Holz, 4769,51 *RM* für Nebennutzung, 6057,91 *RM* für Dienstwohnungen, 3340,59 *RM* für Jagd, 2094,— *RM* und 272,— *RM* für Rückzahlungen aus Vorschüssen, 9956,02 *RM* für verschiedene Einnahmen und 2750 *RM* einmalige Einnahme aus dem Verkauf eines Grundstückes.

Die Ausgabe betrug: 43375,28 *RM* für Besoldungen, 3652,29 *RM* Vergütung für Hilfsarbeiter, 3822,28 *RM* für Hilfsförster, 2701,87 *RM* für nichtbeamtete Hilfskräfte, 17697,65 *RM* vermischte Ausgaben für Geschäftsbetrieb usw., 55832,89 *RM* für Holzwerbungskosten, 49,94 *RM* für Grundstücksverbesserungen, 5457,95 *RM* Kulturkosten, 12303,38 *RM* für Grund- und Gemeindesteuern, 3303,15 *RM* Holzverkaufskosten (rund 3930 ha).

Stelle die Gesamteinnahme und -ausgabe, ferner den Überschuß, der an die Reg.-Hauptkasse abzuführen ist, fest! Berechne dieselben Angaben auch für 1 ha Fläche!

Berechne ferner die Holzeinnahme und die Jagdeinnahme je ha! Welche Jagdpacht muß gefordert werden je ha, wenn $33^1/_3$% mehr als in eigner Ausübung hereinkommen sollen?

Berechne die Belastung von 1 ha Fläche durch Besoldung der Beamten und Hilfskräfte! Durch die Holzwerbung! die Kulturen, durch die Steuern!

11. Der Hauungsbetrieb.

1. In einem Pflegehiebe von 11 ha sind angefallen: 118 Fichtenstangen I. Kl., 375 Stangen II. Kl., 783 Stangen III. Kl.; 20 fm Fichtenstämme; 60 rm Nutzscheit I. Kl., 35 rm Nutzscheit II. Kl.; 60 rm Buchenbrennscheit; 25 rm Buchenbrennknüppel und 140 rm Buchenbrennreis I. Kl.

   Wieviel fm sind im ganzen und je ha angefallen? Wieviel fm Derbholz und wieviel fm Nutzderbholz sind angefallen? Berechne das Derbholzprozent vom Gesamtanfall, das Nutzholzprozent vom Derbholzanfall!

2. Im Forstwirtschaftsjahr 1934 wurden bei Nr. 10 des Hauungsplanes nach dem Nummerbuch im Distrikt 92 Abteilung a, Hiebsfläche 12 ha, eingeschlagen: 125 fm Buchenstämme; 68 rm Nutzrollen I. Kl., 42 rm Nutzrollen II. Kl.; 230 rm Buchenbrennscheit; 110 rm Buchenbrennknüppel; 30 fm Buchenbrennreis I. Kl. und 25 fm Buchenreis III. Kl.

   Die Lohnsätze betrugen: Für Langholz je fm 1,— *RM*; für Nutzrollen I. Kl. 1,65 *RM*, II. Kl. 1,60 *RM* je rm; Brennscheit 1,70 *RM*; Brennknüppel 1,50 *RM*; Reis I. Kl. 1,60 *RM*, III. Kl. 0,35 *RM* je rm.

   Fülle das Titelblatt des Nummerbuches aus:

   1. Derbholz { Brennholz ..... fm / Nutzholz .... " } = ... fm
      Reiserholz .... "
      zusammen ...... fm
   2. Auf 100 fm Derbholz entfallen:
      Nutzholz .... fm
      Brennholz ...... "
   3. Auf 1 ha entfallen:
      Derbholz: ...... fm
      Reiserholz: ...... "
      zusammen: ...... fm
   4. ...... Arbeitsstunden. Verdienst: ...... *RM*, mithin für eine Arbeitsstunde 0,60 *RM*.
   5. Berechne außerdem noch die Werbungskosten insgesamt [Stücklöhne (Summe bei 4) + 3% Haumeistergebühr + rund 15% Soziallastenanteil]!

3. Ein Bauernwaldbesitzer gibt ab:

117,36 fm	Buchenstämme	für 16,40 *RM*	je fm	durchschnittlich,
45 rm	Buchen Nutzrollen I.	" 9,60 "	" rm	"
32 "	" " II.	" 7,20 "	" " "	"
192 "	" Brennscheit	" 5,50 "	" " "	"
84 "	" " knüppel	" 4,20 "	" " "	"
80,21 fm	Fichtenlangholz	" 17,25 "	" " "	"
64 rm	Fichten-Grubenstempelholz I. Kl.	für 12,— *RM*	je fm	durchschnittl.
81 rm	" " II.	" 10,— "	" " "	"
75 "	" Brennscheit	" 3,80 "	" rm	"
60 "	" " reis I. Kl.	" 1,80 "	" " "	"

An Stücklöhnen hat er gezahlt:

Laubholz:	Stämme	1,50 RM	je fm
	Nutzrollen	2,00 „	„ rm
	Brennscheite	2,05 „	„ „
	„ knüppel	1,85 „	„ „
Nadelholz:	Langholz	1,20 RM	je fm
	Grubenstempel I.	2,40 „	je rm
	„ II.	3,20 „	„ „
	Brennscheite	1,80 „	„ „
	„ knüppel	1,70 „	„ „

1. Berechne den Gesamtanfall!
   „ die Derbholzmasse überhaupt und in % vom Gesamtanfall!
   „ „ Nutzholzmasse „ „ „ % „ Derbholz!
   „ „ Reisigmasse „ „ „ % vom Gesamtanfall!
2. Berechne die Werbungskosten!
   „ „ Gesamteinnahmen, den Reingewinn nach Abzug der Erntekosten!
3. Wieviel % werden vom Gesamterlös durch die Werbungskosten aufgezehrt?

4. Beim Abtrieb eines 120jährigen Buchen- und Fichten-Mischbestandes fielen auf 1,89 ha an:

Buche:	Eiche:
6,25 fm Stämme Kl. 2	2,96 fm Stämme Kl. 2
16,34 „ „ „ 3	5,44 „ „ „ 3
40,52 „ „ „ 4	10,37 „ „ „ 4
19,17 „ „ „ 5	7 rm Nutzscheit II. Kl.
11 rm Nutzrollen I. Kl.	64 „ Brennscheit
24 „ „ II. „	14 „ „ knüppel
205 „ Brennscheit	45 „ „ reis III. Kl.
46 „ „ knüppel	
24 „ „ reis I. Kl.	
70 „ „ „ III. „	

1. Wie groß ist der Gesamtanfall a) an Buche,
   b) „ Eiche,
   c) überhaupt?
2. Wieviel % vom Gesamtanfall sind a) Buche?
   b) Eiche?
3. Wieviel % vom Gesamtanfall sind a) Buchenderbholz,
   b) Eichenderbholz,
   c) Derbholz überhaupt?
4. Wieviel % vom Derbholz sind Nutzholz?
5. Beantworte zu 1. auch den Anfall je ha!

5. Die Hiebsfläche war 9,4 ha groß. Eingeschlagen wurden in 1866 Arbeitsstunden bei 66 *Rpf* Stundenverdienst 42,40 fm Fichtenderbnutzholz und 246,36 fm Fichtenreiserholz.

Fülle das Titelblatt des Nummerbuches aus!

6. Im Distrikt 16 b sind in 1553 Arbeitsstunden auf 12 ha Hiebsfläche aufgearbeitet:

1. Derbholz	Nutzholz 122,42 fm Brennholz 29,40 „	... fm	Vom Nutzholz entfallen auf die Kl. 3 u. darüber 3,41 fm, Kl. 2 11,25 fm und Kl. 1 (einschl. Derbstangen u. Schichtnutzholz) ..... fm
Reiserholz	199,69 „		
zusammen ..... fm			

2. Auf 100 fm Derbholz entfallen:
   Nutzholz ...... fm
   Brennholz ...... „

3. Auf 1 ha entfallen:
   Derbholz ...... fm
   Reiserholz ...... „
   zusammen ...... fm

4. ...... Arbeitsstunden. Verdienst ...... *RM*, mithin je Arbeitsstunde 0,69 *RM*.

1. Ergänze die fehlenden Angaben, rechne!
2. Wie hoch stellen sich die Hauerlöhne für 1 fm Gesamtanfall in diesem Schlage?

7. 4,56 fm Kiefern-Grubenlangholz,
   62 Kiefernstangen I. Kl.,
   96 „ II. „ ,
   105 „ III. „ ,
   15 Fichtenstangen II. „ ,
   61 „ III. „ ,
   90 Fichten-Grubenholzstempel 1,10 m lang $^8/_{10}$ Zopf nach Lehnpfuhl, je Hundert 0,78 fm = ... fm,
   175 Fichten-Grubenholzstempel 1,25 m lang $^5/_8$ Zopf, je Hundert 0,51 fm = ... fm,
   12 rm Kiefern Scheit +
   24 „ Kiefern Brennknüppel,
   125 „ Fichten Brennreis III.

   wurden in 269 Arbeitsstunden auf 3,60 ha aufgearbeitet, unter Zugrundelegung folgender Stücklöhne:
   Stämme ..... 1,20 *RM* je fm
   Stangen I., II., III. 0,15; 0,12; 0,10 *RM* je Stück
   Derbstempel... 4,— *RM* je fm
   Reiserstempel .. 5,— „ „ „
   Scheite ...... 1,60 „ „ rm
   Knüppel ..... 1,50 „ „ „
   Reisig .... 0,36 „ „ „

Fragen:

1. Derbholz { Nutzholz ..... fm / Brennholz ..... " } = ... fm

   Reisholz .... "

   zusammen ..... fm

2. Auf 100 fm Derbholz entfallen:

   Nutzholz ...... fm
   Brennholz ...... "
   zusammen ..... fm

3. Auf 1 ha entfallen:

   Derbholz ...... fm
   Reiserholz ...... "
   zusammen ...... fm

4. Was haben die Waldarbeiter im ganzen und je Stunde verdient?
5. Wieviel fm Derbholz arbeitete 1 Mann in 8 Stunden auf?

8. Im Distrikt 87 wurden auf 3,3 ha Fläche in 216 Arbeitsstunden aufgearbeitet: 1,02 fm Kiefern-Grubenlangholz, 22 Kiefernstangen I. Kl., 83 Kiefernstangen II. Kl., 56 Kiefernstangen III. Kl., 10 Fichtenstangen II. Kl., 46 Fichtenstangen III. Kl., 10 Fichten-Grubenstempel 1,10 m lang, 8—10 cm Zopfdurchmesser (Derbstempel), je Hundert 0,78 fm; 69 Fichten-Grubenstempel 1,25 m lang, 5—8 cm Zopf (Reiserstempel), je Hundert 0,51 fm, ferner 1 rm Kiefern Scheit +, 17 rm Kiefern Brennknüppel, 125 rm Fichtenbrennreis III. Kl. Die Lohnsätze betrugen für: Stämme 1,30 *RM* je fm, Stangen I.—III. Kl. 20, 15, 12 *Rpf* je Stück; Derbstempel III. Kl. 4,— *RM* je fm; Reiserstempel 6,— *RM* je fm, Scheite 1,90 *RM* je rm, Knüppel 1,75 *RM* je rm, Reis III. Kl. 0,45 *RM* je rm.

   1. Fülle wie in der vorhergehenden Aufgabe das Titelblatt des Nummerbuches aus!
   2. Wieviel fm Derbholz entfallen auf die Tagesleistung eines Arbeiters (8 Stunden)?

9. Der Einschlag in Distrikt 105 a brachte auf 1 ha Schlagfläche in 208 Arbeitsstunden:

Eichen N Stämme	Kl. 2	0,42 fm	Buchen N Stämme	Kl. 3	1,05 fm
" " "	Kl. 3	0,94 "	" " "	Kl. 4	1,68 "
" " "	Kl. 4	0,55 "	" Schwellen	I. Kl.	3,53 "
" Weichenschwellen		2,02 "	" Brennscheit		27 rm
" Schwellen	I. Kl.	0,16 "	" " knüppel		6 "
" Brennscheite		10 rm	" " reis	III. Kl.	45 "
			Erlenbrennscheit		1 "

Lohnsätze: Stämme 1,40 *RM* je fm; Scheite 1,85 *RM* je rm, Knüppel 1,65 *RM* je rm; Reisig III. Kl. 0,35 *RM* je rm.

   1. Fülle das Titelblatt des Nummerbuches aus!
   2. Gib die Gesamtleistung eines Arbeiters für den Achtstundentag an!
   3. Ebenso die Derbholzleistung!

10. Bei einem Durchschnittsstundenverdienst von 0,64 *RM* arbeiteten 3 Zweimannrotten auf 6 ha Fläche im ganzen auf:

5,95 fm Eichen N Stämme	9,13 fm Kiefern Langholz Kl. 2b
7 rm Eichen Brennscheit	9,50 „ „ „ „ 3a
45 „ „ „ knüppel	13,73 „ „ „ „ 3b
1,10 fm Buchen Schwellen I. Kl.	4,14 „ „ „ „ 4a
45 rm Buchen Brennscheit	6,25 „ „ „ „ 4b
46 „ „ „ knüppel	0,66 „ „ „ „ 5
320 „ „ „ reisig III. Kl.	15,32 „ „ Grubenlangholz
13 „ Birken Brennscheit	29 rm Kiefern Brennscheit
24 „ „ „ knüppel	1 „ „ + Scheit
2 „ Aspen „ „	11 „ „ Brennknüppel.
6,82 fm Kiefern Langholz Kl. 2a	

Lohnsätze:

Laubholz: Stämme 1,20 *RM* je fm
Scheite 1,80 „ „ rm
Knüppel 1,65 „ „ „
Reis III. 0,35 „ „ „

Nadelholz: Grubenlangholz Kl. 1a u. b 1,20 *RM* je fm
Stämme Kl. 2—5 . . . 0,70 „ „ „
Scheite . . . . 1,70 „ „ rm
Knüppel . . . . 1,65 „ „ „

Fülle das Titelblatt des Nummerbuches aus!

11. In 1020 Arbeitsstunden wurden auf 11,9 ha des Distrikts 37a der Revierförsterei B. eingeschlagen:

2 rm Eichen Brennscheit	688 Kiefern Grubenlangholzstämme = 87,50 fm
26 „ „ „ knüppel	
5 „ Buchen „ scheit	183 „ Stangen I. Kl.
11 „ „ „ knüppel	108 „ „ II. „
30 „ „ „ reis III. Kl.	16 „ „ III. „
2 „ Birken Brennknüppel	4 Fichtenstangen II. „

3 Fichten Grubenstempel 2,20 m lang $^{12}/_{14}$ Zopf (Stempel II.) = 0,10 fm
79 „ „ 1,75 „ „ $^{10}/_{12}$ „ („ II.) = 1,31 „
224 „ „ 1,10 „ „ $^{8}/_{10}$ „ („ III.) = 1,74 „
417 „ „ 1,25 „ „ $^{5}/_{8}$ „ (Reiserstempel, Spitzenknüppel) = 2,12 „

1 rm Lärchen Nutzknüppel	29 rm Kiefern Brennknüppel +
23 „ Kiefern Brennscheit	7 „ Fichten „
2 „ „ „ +	135 „ „ Brennreis III Kl.
20 „ „ Brennknüppel	

Lohnsätze: Nadelholz: Langholz 1,20 *RM* je fm; Stangen I.—III. Kl. 15, 12, 10 *Rpf* je Stück; Derbstempel II. Kl. 3,50 *RM* je fm, Derbstempel III. Kl. 4,— *RM* je fm; Reiserstempel 5,— *RM* je fm; Scheite 1,70 *RM* je rm, Knüppel 1,65 *RM* je rm; Reisig III. Kl. 0,35 *RM* je rm.

Laubholz: Scheite 1,85 *RM* je rm; Knüppel 1,65 *RM* je rm.

1. Fülle das Titelblatt des Nummerbuches aus!
2. Wieviel fm Derbholz entfallen auf einen Arbeitstag?
3. Mit wieviel fm ist das Hdt. der Grubenstempelsortimente umgerechnet (vergl. Aufg. 38 Seite 15)?

12. Im Distrikt 74b fielen auf 10,5 ha an bei den Rotten:

Rotte	Kiefern: Gruben-langholz fm	Kiefern: Stangen I. Kl. Stück	Kiefern: Stangen II. Kl. Stück	Kiefern: Stangen III. Kl. Stück	Fichten: Stangen II. Kl. Stück	Fichten: Stangen III. Kl. Stück	Fichten: Stempel 1,10 m $^{8}/_{10}$ fm	Fichten: Stempel 1,25 m $^{5}/_{8}$ fm	Kiefern: Scheit + rm	Kiefern: Brennknüppel rm	Kiefern: Brennknüppel + rm	Fichten: Reis III. Kl. rm
1. Sangmeister.	6,10	54	96	162	24	36	3,16	5,04	3	5	11	85
2. Voland	2,40	131	165	254	112	309	7,09	12,14	1	3	9	70
3. Ackermann ..	10,26	49	31	12	96	108	5,29	8,34	7	18	22	10
4. Hartwig	8,94	37	192	97	88	99	2,76	4,08	6	13	29	20
5. Heinzeroth ..	8,24	62	15	118	64	134	4,19	6,11	9	6	17	125
Sa...												

Lohnsätze: Langholz 1,— *RM* je fm; Stangen I.—III. Kl. 15, 12, 10 *Rpf* je Stück; Derbstempel 4,— *RM* je fm; Reiserstempel 5,— *RM* je fm; Scheite 1,70 *RM* je rm; Knüppel 1,65 *RM* je rm; Reisig III. Kl. 0,35 *RM* je rm.

1. Fülle das Titelblatt des Nummerbuches aus!
2. Berechne den Gesamtverdienst jeder Rotte!
3. Berechne die Anzahl der Arbeitsstunden, wenn die Rotten 1 bis 5 auf einen Durchschnittsverdienst von 79, 66, 67, 72, 64 *Rpf* kamen!

13. In einem Kiefern-Fichten-Mischbestande wurden aufgearbeitet:

23,67 fm Kiefernlangholz Kl. 4a und b
97,01 „ „ „ 3a und b
123,99 „ „ „ 2b
94,37 „ „ „ 2a
66,97 „ „ „ 1b
223,35 „ Kiefern-Grubenlangholz
122 Fichtenderbstangen III. Kl.
294 Fichtenreiserstangen IV. Kl.
22 rm Kiefernnutzscheit I. Kl.
35 „ „ II. „
68 „ Fichtenpapierholz I. Kl.
133 „ „ II. „
15 „ Fichtennutzreis (Spitzenknüppel)
11 „ Fichtenbrennscheit +

Lohnsätze: Stämme Kl. 1a und b 1,05 *RM* je fm,
„ „ 2a und höher 0,90 *RM* je fm,
Derbstangen III. Kl. 10 *Rpf* je Stück,

Reiserstangen IV. Kl. 6 *Rpf* je Stück,
Nutzscheite 1,60 *RM* je rm (Papierh. I.),
Nutzknüppel 1,55 „ „ „ („ II.),
Brennscheite 1,70 „ „ „ ,
Nutzreisig 2,75 „ „ „ .

1. Berechne den Hauerlohn!
2. Wieviel Arbeitstage wurden geleistet, wenn auf einen Arbeiter je Tag 5,6 fm oder 3,5 rm oder 90 Stangen IV. Kl. oder 54 Stangen III. Kl. als Arbeitsleistung kamen?
3. Wie hoch ist der Durchschnittsstundenverdienst?
4. Bei der Lohnvereinbarung wurde ein Stundenverdienst von 0,49 *RM* + 25% für die Einstufung der Hauungsplanposition zugrundegelegt. Wieviel % wurden mehr oder weniger je Achtstundentag erzielt? (Wird der vereinbarte Stundenverdienst 0,49 + 25% noch überschritten, dann war der Schlag mit seinen Stücklohnsätzen zu günstig eingestuft und umgekehrt.)
5. Nimm eine Hiebsfläche von 15 ha an und fülle das Titelblatt des Nummerbuches aus!
6. Gib beim Nutzholz an: es entfallen auf die Kl. 3 und darüber .... fm, auf Kl. 2 .... fm und Kl. 1 (einschl. Derbstangen und Schichtnutzholz) .... fm.

14. Bei einer Fichtendurchreiserung fielen an: 181 Stangen über 7 bis mit 10 cm Durchmesser, 6—11 m lang; 678 Stangen über 6 bis mit 7 cm Durchmesser, 6—11 m lang; 122 Stangen über 6 bis mit 7 cm Durchmesser, unter 6 m lang; 1759 Stangen über 4 bis mit 6 cm Durchmesser, 5—8 m lang und 3560 Stangen über 4 bis mit 5 cm Durchmesser, 3—6 m lang.

    Welchen Festgehalt haben a) die Derbstangen, b) die Reiserstangen, c) die ganzen Stangen?

    Welchen Taxwert haben die Stangen, wenn nach der Taxe die Fichtenstange II. Kl. 1,— *RM*, III. Kl. 0,50 *RM*, das Hundert Fichtenstangen IV. Kl. 14,— *RM*, V. Kl. 7,— *RM* und VI. Kl. 4,60 *RM* kostet?

    Welchen Durchschnittswert hat 1 fm des ganzen Stangenanfalls?

15. Welche Holzmasse in fm hat der Holzhändler gekauft, wenn ihm nach dem Holzzettel angewiesen sind 132 Kiefernnutzrollen 2,5 m lang $^{23}/_{25}$ cm Zopf mit Rinde und 178 ebensolche Schwellenrollen 1,8 m lang $^{21}/_{23}$ cm Zopf mit Rinde, alle stückweise numeriert, je Hundert Stück 2,5 m lang = 12,80 fm, 1,8 m lang = 7,55 fm?

16. Ein Forstbeamter, dem zwölf Waldarbeiter zur Verfügung stehen, soll am 1. Februar 1936 die nachstehenden Hauungen beginnen und möglichst genau angeben, wann sie — ohne Störung durch Witterung oder Krankheit — fertiggestellt sein werden:

    Distrikt 1: 220 fm Buchenlangholz,
    280 „ Buchenderbbrennholz
    45 „ Buchenreisig III. Kl.
    Distrikt 2: 450 fm Fichtennutzholz
    (je $^1/_3$ Langholz, Papierholz I. und II. Kl.)
    30 „ Brennderbholz
    30 „ Brennreisig I. Kl.

Lohnsätze: Buchenlangholz	1,20 *RM*	je fm
Buchenscheite und -knüppel	1,80 „	**je rm**
Buchenreisig III. Kl.	0,40 „	„ „
Fichtenlangholz	1,10 „	„ fm
Papierholz I. Kl.	1,60 „	**je rm**
„ II. „	1,70 „	„ „
Brennderbholz	1,80 „	„ „
Brennreisig I.	1,80 „	„ „

Die Akkordbasis der Försterei beträgt 0,50 *RM* (nach Tarif). Die Arbeiter sollen im Akkord bis 25% mehr verdienen. Im Sinne des Tarifvertrags ist also bei der Berechnung des Durchschnittsstundenverdienstes anzusetzen: Tariflohn + 25% Akkordzuschlag = ... *RM* + ... *RM* = ... *RM* Stundenlohn.

17. Auf einer Hiebsfläche von 4 ha wurden in 1334 Arbeitsstunden aufgearbeitet:

0,14 fm	Fichtenstämme	3,10 fm	Buchenschwellen I. Kl.
0,35 „	Fichtenweichenschwellen	239 rm	Buchenbrennscheit
5 rm	Fichtenbrennscheit	58 „	Buchenknüppel
5,76 fm	Buchen N Sämme Kl. 3	235 „	Buchenreis III. Kl.
4,98 „	„ A „ „ 4	1 „	Birkenscheit
2,83 „	„ „ „ „ 5		

Lohnsätze: Stämme 1,80 *RM* je fm; Knüppel 1,85 *RM* je rm
Scheite 2,— „ „ rm; Reisig III. 0,45 „ „ „

Berechne die Angaben für das Titelblatt des Nummerbuches! Siehe auch Aufgabe 13, Absatz 6!

Berechne die Derbholzleistung eines Arbeiters im Achtstundentag!

18. In einem Schlage sind angefallen:

a) Laubholz: Buchenscheit 41 rm; Stücklohn je rm 1,80 *RM*
Buchenknüppel 50 „ ; „ „ „ 1,70 „
Buchenreis I. 7 „ ; „ „ „ 1,75 „

b) Nadelholz: Stämme Kl. 1a u. b 1,86 fm; Stücklohn je fm 1,— *RM*
„ „ 2a u. b 4,40 „ ; „ „ „ 0,80 „
Scheite 2 rm; Stücklohn je rm 1,70 *RM*.

In wieviel Stunden muß die Aufarbeitung erfolgen, wenn die Arbeiter auf einen Durchschnittsstundenverdienst von 0,65 *RM* kommen wollen?

In wieviel Stunden müßte die Aufarbeitung erfolgen, wenn der tarifmäßige Stundenlohn (Akkordbasis 0,48 + 25%) verdient werden soll?

19. In einer 8,5 ha großen **Buchendurchreiserung** sind 68 fm Reisig II. Kl. angefallen.

Der Hauerlohn beträgt 0,45 *RM* je rm. Zu den reinen Stücklöhnen kommen noch Haumeistergebühr 3% und 15% von der Lohnsumme für den Soziallastenanteil der Forstverwaltung. Beim Verkauf brachten die Reisighaufen je rm 1,10 *RM*.

Bei **flächenweiser Übertragung der Durchforstung an zuverlässige Selbstwerber** wären je ha 12,— *RM* zu erzielen gewesen.

Vergleiche beide Verfahren und stelle fest, welches Verfahren für die Forstverwaltung am günstigsten war und wie hoch der Mehrerlös sich im ganzen und je ha stellte!

20. In einer Fichtendurchforstung sind aufgearbeitet:

31,2 fm Langnutzholz (zum Lohnsatz von 1,10 RM je fm), 85 Stangen I. Kl. (0,22 RM je Stück); 36 rm Papierholz II. Kl. (1,75 RM je rm), 15 rm Brennknüppel (1,75 RM je rm) und 12 rm Nutzreisig (4,20 RM je rm).

Der Durchschnittsstundenverdienst betrug 0,71 RM. Wieviel fm Derbholz betrug die Tagesleistung eines Arbeiters bei achtstündiger Arbeitszeit?

21. In einem Schlage von 3,6 ha Größe haben zehn Waldarbeiter in der Zeit vom Montag, den 6. Februar bis Sonnabend, den 18. Februar bei achtstündiger Arbeitszeit aufgearbeitet:

255,80 fm Langnutzholz, 125 Stangen I. Kl., 245 Stangen II. Kl., 18 rm Nutzscheit II. Kl., 15 rm Nutzknüppel, 25 rm Brennscheit, 25 rm Brennknüppel, 45 rm Brennreis I. Kl.

Für Langholz wurden 1,20 RM bezahlt je fm. Was muß im Durchschnitt für den fm des Restholzes gezahlt werden, wenn der Akkordlohn von 0,60 RM je Stunde erreicht werden soll? Fülle nun das Titelblatt des Nummerbuches aus!

22. Bei der Aufarbeitung eines Schlages fielen an:

80,40 fm Ki Grubenlangholz	Lohnsätze:	
15,60 „ Fi Langholz Kl. 1b	Grubenlangholz }	1,05 RM je fm
278,50 „ „ „ „ 2a u. b	Langholz Kl. 1b }	
181,60 „ „ „ „ 3a u. b	„ „ 2a u. b	0,95 „ „ „
123,99 „ „ „ „ 4a u. b	„ „ 3a u. b	0,80 „ „ „
122 Stück Fi Derbstangen III. Kl.	„ „ 4a u. b	0,75 „ „ „
294 „ „ Reiserstangen IV. „	Derbstangen III. Kl.	0,10 „ „ Stück
60 rm Kiefern Nutzscheit I. „	Reiserstangen IV. „	5,00 „ „ Hdt.
72 „ „ „ II. „	Nutzscheite	1,60 „ „ rm
140 „ Fichten Papierholz I. „	Papierholz I. Kl.	1,55 „ „ „
35 „ Fichtennutzreis (Spitzenknüppel)	Nutzreisig	3,00 „ „ „
	Bruchknüppel	1,65 „ „ „
40 „ Kiefernbruchknüppel		

1. Was haben die Waldarbeiter verdient?
2. Wieviel Arbeitstage wurden geleistet, wenn auf einen Arbeitstag 6 fm oder 3 rm oder 60 Derbstangen III. Kl. oder 100 Reiserstangen IV. Kl. kommen (das Endergebnis gemeinüblich abrunden!)?
3. Wie hoch ist der Durchschnittsstundenverdienst?
4. Wieviel fm entfallen auf die Tagesleistung eines Arbeiters?

23. Die Rotte Rautenkranz arbeitete in 64 Arbeitsstunden folgende Windwürfe im Distrikt 94b I und 97 auf:

1 Kiefernstamm 11 m lang, 28 cm Mittendurchmesser
1 „ 7 „ „ 33 „ „
1 „ 6 „ „ 37 „ „
9 rm Kiefernscheite,
1 rm Kiefernknüppel und -scheite gemischt.
2 rm Kiefernknüppel +.

Lohnsätze: Stämme 1,40 *RM* je fm, Scheite 2,— *RM* je rm, Knüppel 2,20 *RM* je rm. Höhere Lohnsätze gleichen schlechte Verdienstmöglichkeiten aus!

Beim Verkauf des aufgearbeiteten Holzes wurden erzielt: je fm Kiefernstämme Kl. 2b 16,— *RM*, Kl. 3a 18,— *RM*, Kl. 3b 20,— *RM*; je rm Scheite 4,— *RM*, Knüppel 3,— *RM*, + Knüppel 2,50 *RM*.

a) Auf welchen Stundenlohn kamen die Waldarbeiter?
b) Berechne die Werbungskosten insgesamt aus Stücklöhnen, 3% Haumeistergebühr und 10% Soziallastenanteil!
c) Welchen Verkaufswert hatte das Holz?
d) Welcher Reinertrag ergibt sich für das Holz nach Abzug der Ernte-(Werbungs)kosten?
e) Wieviel % von der Einnahme werden also durch die Erntekosten aufgezehrt?

24. Beim Abtrieb einer Waldfläche, die in Weideland umgewandelt werden sollte, fielen an:

320,24 fm Eichen- und Buchenstämme
256 Stück " " " derbstangen I. Kl.
320 " " " " " II. "
186 " " " " " { über 10 bis mit 12 cm Durchmesser, 7 m lang
440 " " " " " III. Kl.
1456 " Reiserstangen IV. Kl.
2100 " " V. "
3500 " " VI. "
124 rm Eichen- und Buchennutzscheit I. Kl.
216 " " " " " " II. "
359 " " " " " knüppel
451,37 fm Nadelholzstämme
68,45 " Fichten-Grubenlangholz
103,25 Hdt. " " stempel 2,20 m lang, 12/14 Zopf, je Hdt. 3,42 fm
151,16 " " " " 1,55 " " 10/12 " " " 1,66 "
256,88 " " " " 1,10 " " 8/10 " " " 0,78 "
18,81 fm Fichten-Nutzreis
540 rm Buchen- und Eichen-Brennscheite
235 " " " " " knüppel
17 " " " " -Knorrscheite
340 " " " " -Reiser I. Kl.
480 " " " " " III. "
270 " Fichten-Brennscheite
179 " " " knüppel.

Nach der Hauung wird die Gewinnung des Stockholzes vergeben an Selbstwerber, die verpflichtet sind, das Holz von alten und frischen Stöcken getrennt aufzumetern und vom rm 0,25 *RM* Anerkenntnisgebühr zu zahlen. Es werden daraufhin 8% des Eichen- und Buchenderbholzanfalles und 15% des Fichtenderbholzanfalles an Stockholz aufgearbeitet (auf volle rm abrunden, 1 rm = 0,4 fm!).

Bestimme den Derbholzanfall an Laubholz, an Nadelholz!
den Stockholzanfall, den sonstigen Reisiganfall!
die Gesamtmasse!
die Nutzholzmasse und das Nutzholzprozent!
die Anerkenntnisgebühr für das Stockholz!

25. Nach dem Arbeitsbuch wurden bei einem Durchschnittsverdienste von 0,48 *RM* im Distrikt 100 auf 2 ha aufgearbeitet: 0,39 fm Fichtenstämme Kl. 1a, 1,44 fm Kl. 1b, 0,96 fm Kl. 2a, 0,59 fm Kl. 2b; 30 Fichtengrubenstempel, 2,20 m lang, $^{16}/_{18}$ Zopf, nach Lehnpfuhl je Hundert 5,64 fm; 15 Fichtengrubenstempel 2,50 m lang, $^{14}/_{16}$ Zopf, je Hundert 5,12 fm; 96 Fichtengrubenstempel 1,55 m lang, $^{10}/_{12}$ Zopf, je Hundert 1,66 fm; 170 Fichtengrubenstempel 1,10 m lang, $^{8}/_{10}$ Zopf, je Hundert 0,78 fm; 8 rm Eichenbrennknüppel, 4 rm Kiefernbrennscheit, 13 rm Kiefernbrennknüppel, 1 rm Fichtenbrennknüppel, 175 rm Fichtenbrennreis III. Kl.
Lohnsätze: Stämme 0,90 *RM* je fm; Grubenstempel I. Kl. 3,— *RM* je fm, II. Kl. 3,60 *RM*, III. Kl. 4,50 *RM* je fm; Laubholzbrennknüppel 1,75 *RM*, Nadelholzbrennknüppel 1,65 *RM* je rm; Scheite 1,70 *RM*, Reisig III. Kl. 0,35 *RM* je rm.
Mache alle Angaben zum Titelblatt des Nummerbuches!

26. In einem gleichmäßigen Fichtenbestand soll die östliche Hälfte als Langholz, die westliche als Papierholz aufgearbeitet werden. In jedem Teil fallen 400 fm Derbholz an und zwar in der Osthälfte 90% Langholz und 10% Brennholz, in der Westhälfte 60% Papierholz I. Kl., 30% Papierholz II. Kl. und 10% Brennholz.

Die Löhne betragen je fm Langholz 0,80 *RM*, je rm Papierholz I. Kl. 1,20 *RM*, II. Kl. 1,40 *RM*, für Brennscheit auch 1,40 *RM* je rm.

Um wieviel Stunden dauert bei gleicher Arbeiterzahl die Arbeit im westlichen Schlage länger als im östlichen, wenn der durchschnittliche Stundenverdienst in beiden Schlägen 0,55 *RM* beträgt?

Wie groß ist die Verteuerung überhaupt, wenn man rund 15% für Haumeistergebühr und Soziallastenanteil zu den Stücklöhnen hinzurechnet?

Setze die vollen Werbungskosten im Langholzschlage = 100% und berechne die prozentualen Kosten im Papierholzschlage!

27. Ein Sammelhieb brachte: 1 rm Eichenknüppel, 1 rm Buchenbrennscheit, 18 rm Buchenbrennknüppel, 40 rm Buchenbrennreisig III. Kl; 5,23 fm Fichtenlangholz Kl. 1a, 0,32 fm Kl. 1b, 0,36 fm Kl. 2a; 17 Fichtenstangen III. Kl.; 9 rm Kiefernbrennscheit, 15 rm Kiefernbrennknüppel; 8 rm Fichtenbrennscheit und 11 rm Fichtenbrennknüppel.
Lohnsätze: Laubholz: Scheite 2,— *RM*, Knüppel 1,85 *RM*, Reis III. 0,45 *RM* je rm.
Nadelholz: Langholz 1,10 *RM* je fm; Stangen III. Kl. 0,15 *RM* je Stück; Scheite 2,— *RM*, Knüppel 1,80 *RM*.

Für die Aufarbeitung wurden 284 Arbeitsstunden gebraucht. Trotz der hohen Stücklohnsätze beklagen sich die Arbeiter über schlechten Verdienst. Prüfe die Klagen rechnerisch (Grundlohn 0,49 *RM* + 25% Akkordzuschlag)! Wie hoch stellt sich die Tagesleistung an Derbholz und überhaupt für den Arbeiter?

28. Nach Beleg Nr. 62, Nr. 58 des Hauungsplanes ergab sich folgende Holzwerbungskostenberechnung:

105 Stück = 59,68 fm Buchenstämme, Hauerlohn je 1,40 *RM*; 14 Buchenderbstangen I. je 0,20 *RM*; 7 Derbstangen II. je 0,15 *RM*; 186 rm Buchenscheit je 1,80 *RM*; 112 rm Buchenknüppel je 1,70 *RM*; 515 rm Buchenreis III. je 0,36 *RM*; 3 rm andere Laubholzscheite je 1,90 *RM* und 1 rm andere Laubholzknüppel je 1,80 *RM*; ferner 3 Fichtenstämme Kl. 1a = 1,28 fm je 1,20 *RM*.

Berechne die Stücklohnsumme!

Hinzu kommen die Schälerlöhne für die 3 Fichtenstämme = 1,28 fm je 0,90 *RM*! Mit welchem Betrag muß die Schlußsumme im Lohnschein erscheinen, wenn als Vorschuß am 6. Februar 726,68 *RM* und am 28. Februar 217,68 *RM* gezahlt sind? Die Schälerlöhne sollen erst am 21. Mai gezahlt werden!

29. Nach Beleg Nr. 74, Nr. 59 des Hauungsplanes wurden für die Holzwerbung im Distrikt 24a und 39a für Stücklöhne 427,04 *RM* aufgewendet. Außerdem wurden noch 35 rm anderes Laubholzreisig III. Kl. im Stundenlohn in 36 Stunden je 0,49 *RM* aufgearbeitet.

An Vorschüssen waren gezahlt 103,60 *RM*, 270,97 *RM*. Berechne die Schlußzahlung!

Mit der Schlußzahlung soll auch das nachträgliche Einschlagen von S-Haken für 1,20 *RM* abgegolten werden (1 kg S-Haken kostet frachtfrei Empfangsstation 0,58 *RM*).

30. Bei der Holzwerbungsberechnung erscheint die Rechnung des Bauern S. für Rücken der Stämme in

Distrikt 49a = 91 Eichen mit 27,06 fm, 26 Buchen mit 9,51 fm; in Distrikt 47b = 21 Eichen und 5 Buchen mit 5,07 und 1,28 fm; in Distrikt 56a = 3 Fichten mit 2,59 fm und 9 Kiefern = 5,61 fm.

Laut mündlicher Vereinbarung sind je fm 1,— *RM* Rückekosten zu zahlen. Rechne!

31. Nach Beleg Nr. 17 bei Nr. 22 des Hauungsplanes sind an Stücklöhnen 1112,28 *RM* aufgewendet worden. Von dem aufgearbeiteten Holze wurde noch ein Teil gerückt und für das Rücken von

12 rm Eichenscheit, 8 rm Eichenknüppel, 26 rm Buchenscheit und 9 rm Buchenknüppel jedesmal 0,30 *RM* je rm und von 90 rm Eichen- und Buchenreis III. Kl. je rm 0,05 *RM* bezahlt.

Berechne die Gesamtkosten der Hauer- und Rückerlöhne!

32. Außer 1178,32 *RM* Stücklöhnen entstanden bei Nr. 24 des Hauungsplanes noch für das Schälen von 284 Nadelholzstämmen Kl. 2 und 3 = 111,23 fm je fm 0,90 *RM* Kosten. Berechne die Schlußzahlung bei 240,—, 590,— und 113,92 *RM* Vorschußzahlungen!

33. Nach Nr. 43 wurde in Distrikt 47a der Aushieb verdämmender Eichenstockausschläge im Tagelohn in 48 Stunden je 0,49 *RM* ausgeführt. Das Material war wertlos. Eine Aufarbeitung fand nicht statt. Rechne!

34. Nach der Zusammenstellung des Holzeinschlags wurden in der Revierförsterei B. des Preuß. Forstamts Spangenberg aufgearbeitet, Haupt- und Vornutzung getrennt: 45 bzw. 18 Stück Eichenstämme und Derbstangen =

10,53 bzw. 3,09 fm; 22 bzw. 6 rm Eichenbrennscheitholz; 45 bzw. 57 rm Eichenbrennknüppel; 62 Stück Buchenstämme = 24,03 fm (Hauptnutzung); 313 bzw. 6 rm Buchenbrennscheit und 112 bzw. 29 rm Buchenbrennknüppel; 600 bzw. 70 rm Buchenbrennreis III. Kl.; 15 rm Birkenbrennscheit und 26 bzw. 9 rm Birken- und Aspenbrennknüppel (Vornutzung); 130 bzw. 2798 Stück Nadelholzstämme und Derbstangen = 67,48 bzw. 234,17 fm; 7,54 Hundert Reiserholzstangen = 3,83 fm nur in der Vornutzung; 1 rm Fichtennutzknüppel Vornutzung; 43 bzw. 45 Nadelholzbrennscheit und 14 bzw. 134 Nadelholzbrennknüppel; 1 rm Nadelreiserholz I. Kl. und 440 rm Nadelreiserholz II. Kl. in der Vornutzung.

Berechne den Holzeinschlag bei jedem Sortiment als Summe von Haupt- und Vornutzung, die Derbholzmasse bei der Vor- und Hauptnutzung und im ganzen. Die Holzwerbungskosten für die Hauptnutzung betragen 1872,21 *RM*, für die Vornutzung 1347,39 *RM*. Stelle die Gesamtkosten und die Kosten für 1 fm Haupt- und 1 fm Vornutzung und 1 fm Gesamtmasse fest!

12. Die Sozialversicherungen*.

1. Die Krankenversicherung.

1. Träger dieser Versicherung sind die Orts- oder Land- oder Betriebskrankenkassen usw.

Unsere Waldarbeiter sind versicherungspflichtig.

Die Ortskrankenkasse Melsungen-Land erhebt 6% vom tatsächlichen Verdienst als Beitrag (andere Kassen setzen Grundlohnstufen fest). Davon zahlt die Forstverwaltung als Arbeitgeber $^1/_3$ und der Arbeitnehmer $^2/_3$.

Berechne den Beitrag für 16,—; 28,—; 42,40; 56,54; 105,91; 17,23; 69,59; 20,81 *RM* Lohn!

2. Die Krankenkasse gewährt ihren Mitgliedern

I. **Krankenhilfe** für 26 Wochen

a) durch die Krankenpflege, d. i. ärztliche Behandlung, Arznei, Brillen, Bruchbänder und andere kleine Heilmittel;

b) durch das Krankengeld = halben Grundlohn für jeden Arbeitstag vom 4. Krankheitstage ab;

c) durch Krankenhauspflege, soweit sie notwendig wird;

d) durch Hauspflege (wenn Krankenhauspflege nicht möglich ist, selten);

e) durch Hausgeld an Angehörige des Kranken (das halbe Krankengeld) bei Krankenhauspflege.

II. **Wochenhilfe:** 10 Wochen Krankengeld, Stillgeld und einmaliger Beihilfebetrag (25,— *RM*).

III. **Sterbegeld** beim Tode des Versicherten, das 20fache des Grundlohnes.

3. Berechne für die Grundlohnstufen 1,—, 2,—, 3,—, 4,—, 5,—, 6,— *RM* das tägliche Krankengeld, ebenso das Hausgeld, das Sterbegeld!

---

* Bei diesem Kapitel ist stets der neueste Stand der Versicherungen zu berücksichtigen. Zahlenangaben, Beiträge, Leistungen und alle Bestimmungen können sich von Fall zu Fall geändert haben. Befrage notfalls die Versicherungsämter!

4. Waldarbeiter A. ist vom 5. Dezember 1934 bis 28. Februar 1935 krank = ... Arbeitstage. Berechne das Krankengeld bei 4,— *RM* Grundlohn für die ganze Zeit!

5. B. bekommt 1,82 *RM*, C. 2,08 *RM*, D. 2,21 *RM* tägliches Krankengeld und ist krank geschrieben vom 3. November bis 17. November 1935. Rechne!

6. Nach dem Tarifvertrage haben die Waldarbeiter Anspruch auf den **Krankengeldzuschuß.**

Beispiel I.

Försterei A...... Anlage zum Arbeitsbuch Nr. 7 für 1935. Berechnung des Krankengeldzuschusses bei einer Krankheitszeit bis zu 9 Tagen für den Waldarbeiter B..... in C....., geb. am 10. 11. 85 in D.....

a) Bescheinigung der Krankenkasse.

Es wird hiermit bescheinigt, daß der in der Försterei A..... beschäftigte vorgenannte Arbeiter in der Zeit vom 8. 4. bis 14. 4. 35 erkrankt war und täglich 2,— *RM* Krankengeld erhalten hat.

(Ort, Datum.)

(Unterschrift.)

b) Berechnung der Tage für den Krankengeldzuschuß.

1.	Arbeitszeit im Wirtschaftsjahr 1934 = 182 Tage, davon 10%	18	Werktage
2.	Hat im laufenden Wirtschaftsjahre schon Krankengeldzuschuß erhalten für	—	"
3.	Krankengeldzuschuß kann noch gewährt werden bis zu .	18	Werktagen
4.	Krank vom 8. 4. bis 14. 4. 35 = 7 Tage, davon sind vom 4. Krankheitstage ab	3	Werktage
5.	Krankengeld ist danach zu gewähren für . . . . (von Nr. 3 bzw. 4 die kleinere Anzahl Werktage)	3	"

c) Berechnung des Krankengeldzuschusses.

6.	Zeitlohn = Bruttolohn . . . . je Tag		4,— *RM*
7.	a) Abzüge der Arbeitnehmeranteile		
	Invalidenversicherung . . . . je Tag	0,15 *RM*	
	Krankenversicherung . . . . " "	0,16 "	
	Arbeitslosenversicherung . . . . " "	0,13 "	
	b) Unterschied der Steuern vom Brutto- und Nettolohn . . . . " "	— "	
	Abzüge je Tag		0,44 "
8.	Nettobetrag täglich		3,56 *RM*
	(Nr. 9 Krankengeldzuschuß bis zu 9 Tagen V. V. 27.) Nettobetrag für 3 Werktage (Nr. 5)		10,68 "
9.	Anzurechnen das satzungsgemäße Krankengeld der Pflichtkrankenkasse mit je Tag 2,— *RM*, für 3 Werktage (Nr. 5)		6,— "
10.	Als Krankengeldzuschuß zu zahlen		4,68 *RM*
11.	Etwaige Abzüge (Gebühr für den Krankenschein, Vorschüsse usw.)		0,25 "
12.	Bar zu zahlen		4,43 *RM*

Festgestellt:

Forstsekretär.

Beispiel II.

Försterei N...... Anlage zum Arbeitsbuch Nr. 7 für 1935. Berechnung des Krankengeldzuschusses bei einer Krankheitszeit über 9 Tage für den Waldarbeiter M..... in O....., geb. 11. 5. 90 in P.....

a) Bescheinigung der Krankenkasse.

Es wird hiermit bescheinigt, daß der in der Försterei N..... beschäftigte vorgenannte Arbeiter in der Zeit vom 4. 4. bis 17. 4. 35 erkrankt war und täglich 2,— RM Krankengeld erhalten hat.

(Ort, Datum.)

(Unterschrift.)

b) Berechnung der Tage für den Krankengeldzuschuß.

1.	Arbeitszeit im Wirtschaftsjahr 1934 = 145 Tage, davon 10%	15 Werktage
2.	Hat im laufenden Wirtschaftsjahr schon Krankengeldzuschuß erhalten für	5 Werktage
3.	Krankengeldzuschuß kann noch gewährt werden bis zu .	10 Werktagen
4.	Krank vom 4. 4. bis 17. 4. 35 = 14 Tage, davon sind .	12 Werktage
5.	Krankengeldzuschuß ist danach zu gewähren für.	10 "
6.	Von den Werktagen der Nr. 5 sind anrechnungsfähig bis zum Einsetzen der Barzahlung der Krankenkasse (Werktage der ersten 3 Krankheitstage) . . . . (Bei 6 ist stets zu beachten, wieviel Werktage auf die ersten 3 Krankheitstage entfallen.)	3 "

c) Berechnung des Krankengeldzuschusses.

7.	Zeitlohn = Bruttolohn . . . . je Tag		4,— RM
8.	a) Abzüge der Arbeitnehmeranteile		
	Invalidenversicherung . . . . je Tag	0,15 RM	
	Krankenversicherung . . . . " "	0,16 "	
	Arbeitslosenversicherung . . . . " "	0,13 "	
	b) Unterschied der Steuern vom Brutto- und Nettolohn . . . . " "	— "	
	Abzüge je Tag		0,44 RM
9.	Nettobetrag täglich		3,56 RM
10.	Bis zum Einsetzen der Barleistungen der Krankenkasse je Tag 3,56 RM (Nr. 9), davon 90% = 3,20 RM für 3 Werktage (Nr. 6) (Nr. 10 Krankengeldzuschuß für mehr als 9 Tage V. V. 27.)		9,60 "
11.	Nach Einsetzen der Barleistungen der Krankenkasse je Tag 3,56 RM (Nr. 9) für 7 Werktage (Nr. 5 minus 6)		24,92 "
	zusammen		34,52 RM
12.	Anzurechnen das satzungsgemäße Krankengeld der Pflichtkrankenkasse mit je Tag 2,— RM für 7 Werktage (Nr. 5 minus 6)		14,— "
13.	Als Krankengeldzuschuß zu zahlen		20,52 RM
14.	Etwaige Abzüge (Gebühr für den Krankenschein, Vorschüsse usw.)		0,25 "
15.	Bar zu zahlen		20,27 RM

Festgestellt:

Forstsekretär.

7. Besorge dir zwei Formulare zur Berechnung des Krankengeldzuschusses und führe die Berechnung an selbstgewähltem Beispiel durch!

2. Die Unfallversicherung.

Alle Arbeiter sind gegen Unfall bei den Berufsgenossenschaften versichert, die Waldarbeiter bei der Staatsforstverwaltung selbst. Den Beitrag zahlt nur der Betriebsinhaber, er führt auch den Jahreslohnnachweis für jeden Versicherten = 300facher Tagesdurchschnittsverdienst.

Es werden gewährt:

I. Krankenbehandlung des durch Unfall Verletzten durch ärztliche Behandlung, Arzneien, Heilmittel, Haus- oder Anstaltspflege.

II. Berufsfürsorge durch berufliche Ausbildung zur Wiedergewinnung oder Erhöhung der Erwerbsfähigkeit, notfalls Ausbildung für neuen Beruf. Krankengeld evtl. Familiengeld bis Ablauf der 26. Woche, dann Rente.

III. Renten für die Dauer der Erwerbsunfähigkeit

a) bei völliger Erwerbsunfähigkeit die Vollrente = $^2/_3$ des zuletzt nachgewiesenen Jahreslohnes,

b) bei Hilflosigkeit die Hilflosenrente = 100% des Jahresarbeitsverdienstes,

c) Teilrente,

d) dazu bei Renten über 50% der Vollrente noch Kinderzulage von 10% der Rente für jedes Kind bis zur Vollendung des 15. Lebensjahres, aber nicht mehr als den Jahresarbeitsverdienst.

IV. Bei Tötung durch Unfall:

1. Sterbegeld = $^1/_{15}$ des Jahresarbeitsverdienstes.
2. Witwen- und Waisenrenten je $^1/_5$ des Jahresarbeitsverdienstes, höchstens aber $^4/_5$.

Aufgaben:

1. Ein Waldarbeiter wird zu 60% erwerbsunfähig durch Unfall im Hauungsbetrieb. Er ist verheiratet und hat 3 Kinder. Durchschnittlicher Tagesverdienst 4,— *RM*. Berechne die monatliche Rente ab 27. Woche!
2. Ein Arbeiter mit 3 Kindern verunglückt tödlich. Jahresarbeitsverdienst 1080,— *RM*. Berechne die Leistungen der Unfallberufsgenossenschaft!
3. Ein unverheirateter Arbeiter wird voll erwerbsunfähig, bei der Nachuntersuchung nach 3 Jahren wird „auf Grund eingetretener Besserung" die Rente auf 60% der Vollrente neu festgesetzt. Im Schiedsspruchverfahren obsiegt er, bleibt voll erwerbsunfähig geschrieben und erhält die Kürzung für 8 Monate nachgezahlt. Rechne!
4. Ein im Hauungsbetriebe verunglückter Waldarbeiter erhält zur Festsetzung seiner Unfallrente am 15. September 1935 folgenden Rentenbescheid:

Ihr Jahresarbeitsverdienst ist mit 900,— *RM* ermittelt. Bei gänzlicher Erwerbsunfähigkeit ergibt sich als Vollrente ein Betrag in Höhe von $^2/_3$ des Jahresarbeitsverdienstes = $^2/_3$ von ..... = ... *RM* Vollrente.

Ihre Erwerbsunfähigkeit ist auf 50% festgesetzt. Sie erhalten demnach 50% der Vollrente = 50% von .... *RM* = ... *RM* jährlich. Die Rente wird Ihnen monatlich ab 1. Oktober 1935 mit ..... *RM* nach Vorzeigung der beiliegenden Rentenquittung von Ihrer Postanstalt in Sp. ausgezahlt. (Monatsrente auf volle 5 *Rpf* erhöht!)

Sie haben Anspruch auf die Rentenzahlung vom 1. Februar 1935 ab. Den Rentenbetrag für die Zeit vom 1. Februar bis 30. September 1935 in Höhe von ..... *RM* erhalten Sie in den nächsten Tagen durch die Post ausgezahlt.

Rechne!

5. Setze in der vorhergehenden Aufgabe das Jahreseinkommen auf 1000 *RM* (540,—, 750,—, 1200,— *RM*) fest, die Erwerbsunfähigkeit durch den Unfall möge 80% (75, 100, 40, 30%) betragen! Berechne jedesmal die monatliche Rente! Ändere in den Beispielen auch die Familienverhältnisse!

3. Die Invalidenversicherung.

Versicherungspflichtig sind alle gegen Entgelt beschäftigten Arbeitnehmer, soweit sie nicht der Angestelltenversicherung angehören oder als Beamte befreit sind.

Die Beiträge (1/2 der Arbeitgeber, 1/2 der Arbeitnehmer) richten sich nach dem Arbeitsverdienst der Versicherten. Das Reichsgesetz vom 7. Dezember 1933 (Reichsgesetzbl. I S. 1039) schreibt folgende Wochenbeiträge vor:

Lohnklasse	Wochenbeitrag *Rpf*	Farbe der Marken	Bei einem wirklichen Arbeitsverdienste von täglich	oder wöchentlich	oder monatlich	oder jährlich
I	30	hellrot	bis 0,85 *RM*	bis 6 *RM*	bis 26 *RM*	bis 312 *RM*
II	60	blau	0,86—1,70 „	6,01—12 „	26,01— 52 „	312,01— 624 „
III	90	grün	1,71—2,55 „	12,01—18 „	52,01— 78 „	624,01— 936 „
IV	120	violett	2,56—3,40 „	18,01—24 „	78,01—104 „	936,01—1248 „
V	150	blau	3,41—4,25 „	24,01—30 „	104,01—130 „	1248,01—1560 „
VI	180	karminrot	4,26—5,10 „	30,01—36 „	130,01—156 „	1560,01—1872 „
VII	210	oliv	5,11—5,95 „	36,01—42 „	156,01—182 „	1872,01—2184 „
VIII	240	braun	über 5,95 „	über 42 „	über 182 „	über 2184 „

Bei der Berechnung des Arbeitsverdienstes für die Einstufung in die Lohnklassen ist neben dem Barlohn auch der Wert der Sachbezüge mit in Ansatz zu bringen: für Kost und Wohnung im Reg.-Bez. Kassel täglich 1,25 *RM* (außer in Kassel selbst und Hanau, dort täglich 1,40 *RM*).

Hausgehilfinnen kleben Beitragsmarken der Kl. II zu 60 *Rpf*, und wenn ihr Barentgelt 50 *RM* monatlich übersteigt, der Kl. III zu 90 *Rpf*.

Bei der freiwilligen Selbstversicherung und der freiwilligen Weiterversicherung müssen die dem tatsächlichen Einkommen (Barlohn + Sachbezüge) entsprechenden Beiträge, mindestens aber die der Lohnklasse II entrichtet werden.

Für die freiwillige Beitragsentrichtung sind noch ab 1. Januar 1934 die Beitragsklassen IX und X mit 270 und 300 *Rpf* gebildet worden.

1. Laß dir als Förster (Arbeitgeber) die Quittungskarte bei der Einstellung des Arbeiters aushändigen, klebe rechtzeitig und entwerte die Marken durch Einschreiben des letzten Tages in Ziffern, für dessen Zeitraum die Marke geklebt ist! Während Krankheitszeiten ruht die Beitragspflicht!
2. Welcher Wochenbeitrag ist zu entrichten, wenn verdient wurden nach dem Arbeitsbuch vom 4.—29. Januar einschl. 94,48 *RM*; 100,—, 86,91,

73,54, 64,50, 56,09, 48,24, 38,25 *RM* (der 4. Januar sei ein Montag oder Mittwoch usw.)?

3. Welche Invalidenmarken klebt der Förster X. für seinen landwirtschaftlichen Gehilfen mit monatlich 40,—, (50,—, 55,—, 60,—) *RM* Barlohn und freier Station, wenn er auch die ganzen Krankenversicherungsbeiträge mitzahlt?
4. Berechne ebenso die Versicherungsbeiträge für den Kutscher des Forstmeisters mit einem Nettolohn von 100,—, 110,—, 120,— *RM* monatlich, wenn außer den Soziallasten auch die Wohnung für 15,— *RM* gewährt wird!
5. Führe im Arbeitsbuch die Berechnung der Versicherungsbeiträge und sonstigen Abzüge durch!

Leistungen der Invalidenversicherung:

1. Invalidenrente: Sie besteht ab 1. Januar 1934 aus dem vom Reiche gezahlten Grundbetrage von 72,— *RM* für jeden Rentenempfänger und einem einheitlichen Steigerungssatze für jeden nachgewiesenen und noch gültigen Wochenbeitrag (außer solchen der Inflationszeit vom 1. Januar 1921 bis 31. Dezember 1923)

in Klasse . . .	I	II	III	IV	V	VI	VII	VIII	IX	X
Steigerungssatz	8	14	20	26	32	38	44	50	56	62 *Rpf*

Anspruch auf Invalidenrente hat:

1. wer 65 Jahre alt oder $66^2/_3\%$ erwerbsunfähig ist, wenn
2. er die Wartezeit (250 Wochenbeiträge für Pflichtige, 500 für Freiwillige) erfüllt hat (Krankheitswochen sind anrechnungsfähig) und
3. innerhalb von 2 Jahren stets mindestens 20 Wochenmarken (Freiwillige 40!) geklebt hat.

Sind weniger als 500 Wochenbeiträge entrichtet, so werden bei der Berechnung des Steigerungssatzes die an dieser Zahl fehlenden Wochenbeiträge aus der Kl. I ergänzt. Der Mindeststeigerungssatz, der in jedem Falle bei der Invalidenrente zu zahlen ist, beträgt jährlich 72,— *RM*.

2. Witwen- (bzw. Witwer-)rente wird gezahlt an die 65 Jahre alte oder erwerbsunfähige ($66^2/_3\%$) Witwe mit 72,— *RM* Grundbetrag und $^5/_{10}$ des Steigerungsbetrages der Invalidenrente.
3. Waisenrente: 36,— *RM* Grundbetrag und $^4/_{10}$ des Steigerungssatzes der Invalidenrente für jedes Kind unter 15 Jahren, das ein versicherter Vater (eine versicherte Mutter) hinterläßt.
4. Kinderzuschlag zur Invalidenrente: 90,— *RM* für jedes Kind bis zum vollendeten 15. Lebensjahre.
5. Die Hinterbliebenenrenten dürfen zusammen insgesamt höchstens 80% des Jahresarbeitsverdienstes erreichen.

Aufgaben:

1. Berechne die Mindest-Invaliden-, -Witwen- und -Waisenrente!
2. G. wird am 1. Dezember 1935 65 Jahre alt und beantragt seine Altersrente. Er hat geklebt vor 1. Oktober 1921 220 Wochen Kl. III und 290

Wochen Kl. IV, nach dem 1. Januar 1924 74 Wochen Kl. IV und 34 Wochen Kl. V, nach dem 28. September 1925 44 Wochen Kl. V und 11 Wochen Kl. IV, nach dem 27. Juni 1927 65 Wochen Kl. IV, 45 Wochen Kl. V, 167 Wochen Kl. II. a) Wie groß ist seine Altersrente, wenn er noch 2 Kinder unter 15 Jahren besitzt? b) Er stirbt und hinterläßt seine Frau mit 2 Kindern unter 15 Jahren (nur Waisenrente). c) Die hinterlassene Witwe weist $66^2/_3$% Erwerbsunfähigkeit nach (Witwenrente + Waisenrente).

3. H. hat nachgewiesen an Wochenbeiträgen in den Kl. I—VII: 156, 124, 215, 189, 128, 236, 572. Wie hoch wird a) seine Invalidenrente? b) die Rente seiner 65 alten Witwe? c) die Rente für 3 Waisen?

4. Die Waisenrente eines Kindes beträgt 17,80 RM monatlich. Wie groß ist demnach der Steigerungssatz, aus dem sie sich herleitet? Welche Witwenrente wird die Mutter erhalten im Falle der Invalidität?

4. Die Arbeitslosenversicherung.

Die im Bereiche der Staatsforstverwaltung mit Waldarbeit Beschäftigten sind von der Arbeitsversicherung befreit.

5. Die Angestelltenversicherung.

Hierher gehören z. B. alle nach Angestelltentarifen bezahlten Forstleute, die auf den Forstkassen und Geschäftszimmern der Forstämter beschäftigten männlichen und weiblichen Angestellten usw., die vorwiegend „nicht körperlich" arbeiten.

Die Beiträge betragen seit 1. Januar 1934:

Monatliches Entgelt von mehr als	Monatliches Entgelt bis zu	Gehaltsklasse	Monatsbeitrag
—	50,— RM	A	2,— RM
50,— RM	100,— "	B	4,— "
100,— "	200,— "	C	8,— "
200,— "	300,— "	D	12,— "
300,— "	400,— "	E	16,— "
400,— "	500,— "	F	20,— "
500,— "	—	G	25,— "
Pflicht- und Freiwilligversicherte können sich jederzeit höher versichern		H	30,— "
		J	40,— "
		K	50,— "

Bestimme den Monatsbeitrag des Angestellten auf der Forstkasse mit 80,—, 125,—, 162,—, 210,— RM Monatsgehalt!

Über Anwartschaft, Ersatzzeiten usw. unterrichte dich stets nach dem neuesten Stand, veröffentlicht in den Merkblättern der Reichsversicherungsanstalt für Angestellte, Berlin-Wilmersdorf, Ruhrstr. 2.

Leistungen:

1. Ruhegeld: 360,— RM Grundbetrag und Steigerungsbetrag für jeden anrechnungsfähigen Monatsbeitrag

in Kl. A	jährlich	0,25 RM		in Kl. F	jährlich	2,50 RM
„ „ B	„	0,50 „		„ „ G	„	3,— „
„ „ C	„	1,— „		„ „ H	„	4,— „
„ „ D	„	1,50 „		„ „ J	„	6,— „
„ „ E	„	2,— „		„ „ K	„	8,— „

2. Kinderzuschuß 90,— RM für jedes Kind bis 15 Jahre; bis 18 Jahre, wenn in Ausbildung begriffen!
3. Hinterbliebenenrente erhält jede Witwe nach dem Tode des Versicherten $= {}^5/_{10}$ vom Grundbetrag + Steigerungssätze des Ernährers.
4. Waisenrente: für jede Waise ${}^4/_{10}$ vom Ruhegeld (s. 3.).

Berechne das Ruhegeld für einen Angestellten mit 3 Kindern, für die Kinderzuschuß zu zahlen ist, wenn seit 1. Januar 1913 entrichtet wurden: **in Kl. A** 3 Beiträge, B 2, C 4, D 1, E 2, F 3, G 10, H 21, J 57 vor der **Inflation** und nachher in Kl. D 24, E 14, F 40, G 22 und H 20 Beiträge.

Bestimme nun die Witwen- und die Waisenrente (${}^5/_{10}$ bzw. ${}^4/_{10}$ des Ruhegeldes ohne Kinderzuschuß)! Bilde dir selbst Aufgaben!

13. Die Flächenberechnung.

I. Die Flächenfiguren.

A. Die Dreiecke.

1. Man unterscheidet **nach den Winkeln:**
   rechtwinklige, stumpfwinklige und spitzwinklige Dreiecke,
   und **nach den Seiten:**
   gleichseitige, gleichschenklige und ungleichseitige Dreiecke.
2. Daraus ergeben sich **sieben verschiedene Dreiecksformen:**

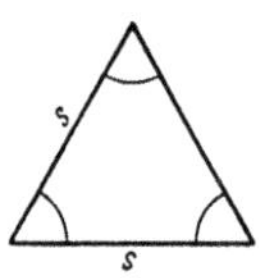

Abb. 1.

Abb. 2.

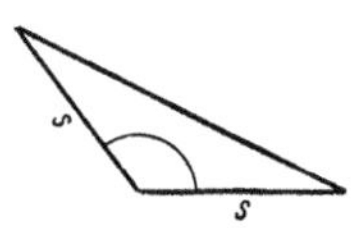

Abb. 3.

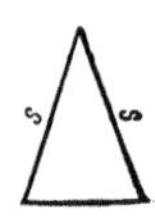

Abb. 4.

1. Das gleichseitige Dreieck (Abb. 1).
2. Das rechtwinklig-gleichschenklige Dreieck (Abb. 2).
3. Das stumpfwinklig- „ „ (Abb. 3).
4. Das spitzwinklig- „ „ (Abb. 4).

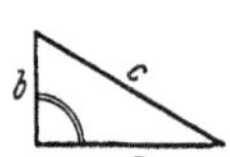

Abb. 5.

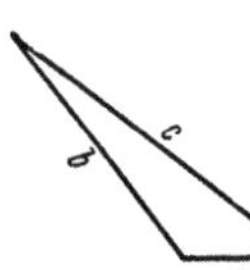

Abb. 6.

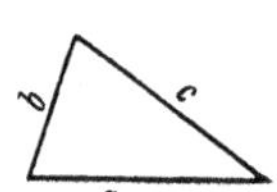

Abb. 7.

5. Das rechtwinklig-ungleichseitige Dreieck (Abb. 5).
6. Das stumpfwinklig- „ „ (Abb. 6).
7. Das spitzwinklig- „ „ (Abb. 7).

3. Beschreibe die 7 Dreiecke! Zeichne die 7 Formen! Zeichne in jedem Dreieck die 3 Höhen ein! Sprich über Innenwinkel, Außenwinkel, Winkelsumme im Dreieck!
4. Dreiecke sind **kongruent** (≅ gleich und ähnlich), wenn sie übereinstimmen
   1. in den 3 Seiten,
   2. in 2 Seiten und dem eingeschlossenen Winkel,
   3. in 1 Seite und den beiden anliegenden Winkeln,
   4. in 2 Seiten und dem der größeren Seite gegenüberliegenden Winkel.

B. Die Vierecke.

Man unterscheidet **Parallelogramme, Trapeze und Trapezoide.**

1. **Parallelogramme haben 2 Paar parallele Seiten:**

Abb. 8.

Abb. 9.

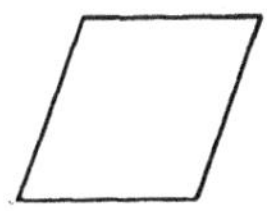

Abb. 10.

a) *das Quadrat* (Abb. 8):
Alle Seiten sind gleich, die Winkel sind rechte, die beiden Diagonalen sind gleich, halbieren einander und die Winkel in den Ecken und stehen senkrecht aufeinander;

b) *das Rechteck* (Abb. 9):
Die Gegenseiten sind gleich, die Winkel sind rechte, die Diagonalen sind gleich und halbieren einander;

c) *der Rhombus* (Abb. 10):
Alle Seiten sind gleich, die Winkel sind schiefe, die Diagonalen halbieren einander und die Winkel an den Ecken und stehen senkrecht aufeinander;

d) *das Rhomboid* (Abb. 11):
Die Gegenseiten sind gleich, die Winkel sind schiefe, die Diagonalen halbieren einander.

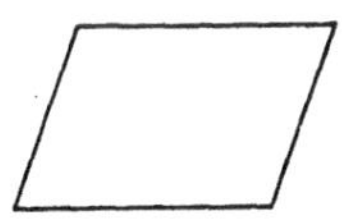

Abb. 11.

2. **Trapeze haben nur 1 Paar parallele Seiten** (Abb. 12—14).

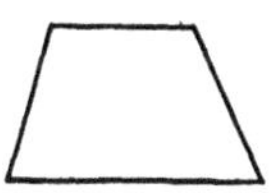

Abb. 12.

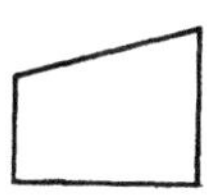

Abb. 13.

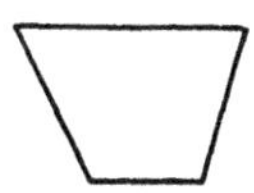

Abb. 14.

3. **Trapezoide sind unregelmäßige Vierecke, keine Seite ist einer anderen parallel** (Abb. 15).

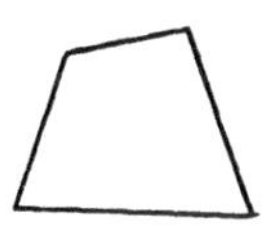

Abb. 15.

Aufgaben:

1. Zeichne ein Quadrat (Rechteck, Rhombus, Rhomboid) und beweise die aufgeführten Eigenschaften!
2. Beantworte die Fragen: Was ist ein Viereck (Parallelogramm, Quadrat, Rechteck, Rhombus, Rhomboid, ein qm, 1 qdm, qcm, qmm, qkm, a, ha)?
3. Eine beliebige Seite im Parallelogramm ist die Grundlinie, ihr senkrechter Abstand von der gegenüberliegenden Seite ist die Höhe.
4. Bezeichne in allen Parallelogrammen die Grundlinie, die Höhe!
5. Die längste Seite von den Parallelen nimmt man im Trapez als Grundlinie G, die zweite Parallele als kleine Grundlinie g. Lies also „groß G" und „klein g"!

   Die Mittellinie m im Trapez ist gleich: $\frac{G+g}{2}$. Die Höhe im Trapez ist der senkrechte Abstand zwischen beiden Grundlinien.
6. Zeichne verschiedene Trapeze! Zeige G und g! Zeichne die Mittellinie ein! die Höhe!
7. Zeichne verschiedene Trapezoide und ziehe jedesmal eine Diagonale! Zeichne die Höhen in den entstandenen Dreiecken ein!

C. Die Vielecke.

Unterscheide regelmäßige und unregelmäßige Vielecke! Zeichne ein regelmäßiges Sechseck!

D. Der Kreis.

Unterscheide: Radius, Durchmesser, Umfang, Inhalt, Sehne, Tangente, konzentrische Kreise, Kreisring (Jahrring), Kreisbogen, -abschnitt, -ausschnitt! (Abb. 16 u. 17.)

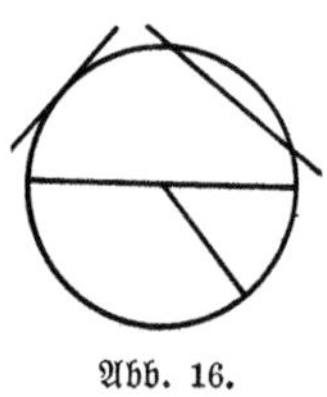

Abb. 16.

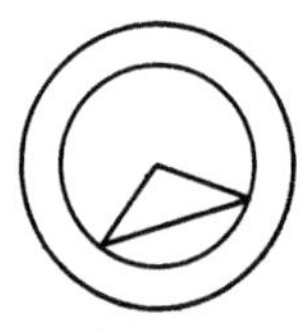

Abb. 17.

II. Das Ausziehen der Quadratwurzel.

1. Nenne die Quadratzahlen zu 1, 2, 3 .... 20, 24, 25, 30, 32, 36, 40, 50 .... 100, 200 .... 1000!
2. $(a+b)\,(a+b) = (a+b)^2 = a^2 + 2ab + b^2$.

   In jeder Quadratzahl ist $a^2 + 2ab + b^2$ enthalten! (Abb. 18.)

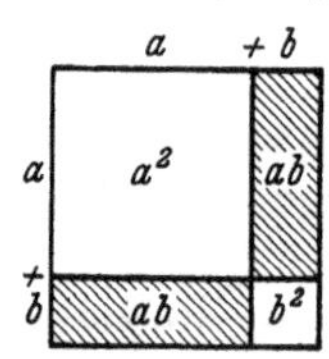

Abb. 18.

3. $\sqrt{4}=2$; $\sqrt{9}=3$; $\sqrt{16}=4$; $\sqrt{81}=9$; $\sqrt{5}=2,\ldots$; $\sqrt{20}=4,\ldots$

   Die Wurzel aus 1- oder 2stelligen Zahlen ist einstellig. Die Wurzel aus 5 ist größer als 2, aber kleiner als 3 usw.

4. $\sqrt{1|00}=10$; $\sqrt{9|00}=30$; $\sqrt{16|00}=40$; $\sqrt{25|00}=50$; $\sqrt{81|00}=90$.
Die Wurzel aus 3- und 4stelligen Zahlen ist 2stellig.

5. Teile stets von den Einern nach links (bei echten Dezimalbrüchen nach rechts) vor dem Wurzelziehen Gruppen zu je 2 Stellen ab!
$\sqrt{9|16}$; $\sqrt{2|51|69}$; $\sqrt{25|43|68}$; $\sqrt{12|96{,}4}$; $\sqrt{3{,}4}$; $\sqrt{1|16{,}96}$; $\sqrt{0{,}36|84}$; $\sqrt{0{,}57|6}$; $\sqrt{0{,}01|43|7}$. Übe!

6.
$$\begin{array}{rl} & \sqrt{12|96} = 3\;6 \\ a^2 = & 9 \qquad a\,b \\ & \overline{39|6:6^6} \\ 2ab+b^2 = & \underline{39\;6} \end{array}$$

Lies: Wurzel aus 1296. Ich teile von rechts nach links Gruppen zu je 2 Stellen ab; ziehe die Wurzel aus 12, das ist mindestens 3. 3 ist gleich a, ich ziehe a^2 ab, das ist 9, Rest 3. Nun hole ich die nächsten beiden Stellen herunter und hänge die letzte ab. Ich suche b, muß also durch 2a teilen, also durch $2\cdot 3=6$. 39:6 geht 6 mal, ich schreibe die 6 oben hinter die 3, und noch einmal etwas höher hinter 39|6:6, also $39|6:6^6$ und multipliziere regelrecht 6×66 aus und ziehe ab:

$$\sqrt{1296}=36.$$

7. $\sqrt{196}$; $\sqrt{729}$; $\sqrt{1444}$; $\sqrt{2809}$; $\sqrt{6724}$; $\sqrt{6889}$; $\sqrt{9604}$; $\sqrt{3969}$.

8. $\sqrt{576}$; $\sqrt{961}$; $\sqrt{2304}$; $\sqrt{5625}$; $\sqrt{9801}$; $\sqrt{2704}$; $\sqrt{5776}$; $\sqrt{5041}$.

9.
$$\begin{array}{rl} & \sqrt{97|41|69} = 98\;7 \\ a^2 = & 81 \qquad\quad \underbrace{ab}_{a\;\;b} \\ & \overline{164|1:18^8} \\ 2ab+b^2 = & \underline{150\;4} \\ & \overline{1376|9:196^7} \\ 2ab+b^2 = & \underline{1376\;9} \end{array}$$

10. $\sqrt{130321}$; $\sqrt{278784}$; $\sqrt{427716}$.

11. $\sqrt{756900}$; $\sqrt{976144}$; $\sqrt{77284}$.

12. $\sqrt{16641}$; $\sqrt{37636}$; $\sqrt{54756}$.

13. $\sqrt{61009}$; $\sqrt{47089}$; $\sqrt{819025}$.

14. $\sqrt{109561}$; $\sqrt{125\cdot 324\cdot 81}$; $\sqrt{4\cdot 64\cdot 289}$; $\sqrt{8\cdot 32\cdot 2\cdot 18}$.

15. $\sqrt{0{,}25}=\sqrt{\frac{25}{100}}=\frac{\sqrt{25}}{\sqrt{100}}=\frac{5}{10}$.

16. $\sqrt{0{,}81}$; $\sqrt{0{,}49}$; $\sqrt{0{,}1296}$; $\sqrt{0{,}9801}$.

17. $\sqrt{1{,}96}$; $\sqrt{7{,}29}$; $\sqrt{98{,}01}$; $\sqrt{13{,}0321}$; $\sqrt{8190{,}25}$; $\sqrt{7{,}4529}$.

18. $\sqrt{24}$; $\sqrt{8}$; $\sqrt{3}$; $\sqrt{2}$; $\sqrt{15}$; $\sqrt{80}$; $\sqrt{1290}$; $\sqrt{77}$; $\sqrt{32}$; $\sqrt{122}$.

19. $\sqrt{0{,}5}$; $\sqrt{0{,}8}$; $\sqrt{0{,}121}$; $\sqrt{0{,}0441}$; $\sqrt{0{,}0025}$; $\sqrt{0{,}000961}$; $\sqrt{0{,}961}$.

20. $\sqrt{3/4}$; $\sqrt{2/3}$; $\sqrt{1/2}$; $\sqrt{5/6}$; $\sqrt{7/8}$; $\sqrt{1\,3/5}$; $\sqrt{24\,5/6}$; $\sqrt{21\,3/7}$; $\sqrt{72\,7/9}$.
(Verwandle zuerst in Dezimalbrüche und ziehe dann die Wurzel!)

III. Berechnung der Flächenfiguren.

A. Parallelogramme.

Alle Flächen haben zwei Ausdehnungen: Länge und Breite. Längen wachsen einfach proportional, werden also 1×, 2×, 3× ..... so lang. Flächen wachsen mit dem Quadrate einer Seite. Beweise das durch Verdoppelung, Verdreifachung .... der Seite eines Quadrates! Unterscheide Umfang U und Inhalt J!

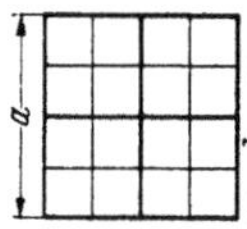

Abb. 19.

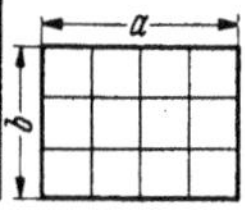

Abb. 20.

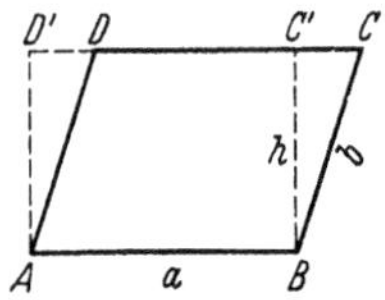

Abb. 21.

1. Das Quadrat: U = 4a, J = a² (Abb. 19).
2. Das Rechteck: U = 2 (a + b), J = ab (Abb. 20).
3. Der Rhombus: U = 4a, J = a.h. (Vgl. Abb. 21!).
4. Das Rhomboid: U = 2 (a + b), J = a.h (Abb. 21).

Aufgaben:

1. Im Revier Dörnbach liegt ein rechteckiger Kamp mit der Seitenlänge a = 50 und b = 40 m! Bestimme die Flächengröße und die Zaunlänge!
2. Der quadratische Distrikt 205 hat eine Seitenlänge von 350 m. Bestimme Fläche und Gatterlänge!
3. Eine rechteckige Fläche ist 125 m breit und 240 m lang. Je ha werden 2 kg Samen für die Kiefernstreifensaat gebraucht!
4. Im Distrikt 51 übernimmt der Vorarbeiter die Kennzeichnung der Zukunftsstämme für 4,50 *RM* je ha. Die Fläche ist rhombisch: 348 m lang und 264 m hoch. Der Revierförster umschlägt diesen Distrikt an einem Tage 3mal, 5 km in der Stunde! Rechne!
5. Distrikt 54 ist quadratisch und 34,1056 ha groß. Seitenlänge a = ... m?
6. Ein zum Gehöft führender Pfad soll mit quadratischen Sandsteinplatten 25 × 25 ausgelegt werden. Breite 1,25 m. Pfadlänge 31,25 m. 1 qm kostet 7,50 *RM*.
7. Ein rechteckiges Getreidefeld ist 180 m lang und hat nach Angabe des Besitzers 1,2960 ha.
8. Der Dienstgarten beim Forsthaus G. sieht so aus:
   Wie groß ist die Fläche?
   Wie lang ist der Zaun?

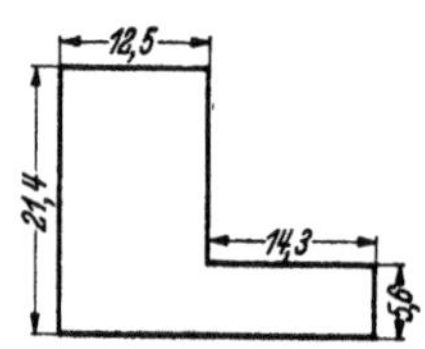

Abb. 22.

9. In einem Rhombus (= Raute) ist D = 120 m, d = 100 m. Wie groß ist der Inhalt und eine Seite? Zeichne erst!
10. Quadratisch angelegte Kämpe sind 12,25 a, 19,36 a, rund 30 a groß.

11. Rechteckige Kämpe messen: 30×40, 24×30, 45×50, 30×36 m. Bestimme jedesmal die Fläche und die Zaunlänge!
12. Ein Rechteck ist doppelt so lang als breit und hat 360 m Umfang. Bestimme Länge, Breite und Inhalt!
13. Bei einem Rechteck verhalten sich die Seiten wie 3:4. Der Umfang beträgt 910 m. Länge, Breite, Inhalt? Diagonale?
14. Eine Schneise wird 200 m lang, 3,6 m breit aufgehauen. Schätze die Fläche, dann rechne!
15. Eine Abteilungslinie 397 m lang wird 1,5 m breit aufgehauen.
16. Bei einem Rechteck ist die Länge 40 m größer als die Breite. Der ganze Umfang beträgt 560 m.
17. Ein Rhombus hat 200 m Umfang, 40 m Höhe.
18. Ein Rhombus ist 300 qm groß, die Höhe beträgt 12 m. Rechne!
19. Ein rechteckiger Garten ist 38 m lang und 30 m breit. Er soll ringsum mit Bäumen bepflanzt werden, die voneinander 4 m und von der Grenze 1 m entfernt stehen. Wieviel Bäume werden gepflanzt?
20. Die große Diagonale D in einem Rhombus mißt 60 m. Der Rhombus hat 0,72 ha Inhalt. Errechne d, a, U!
21. Welches Quadrat kann ich gegen ein Rechteck 180×120 m eintauschen?
22. Ein Saatbeet im Kamp ist 1,25 m breit und 24 m lang. Die Jätepfade sind 0,30 m breit. Nutzfläche? Wegefläche?
23. Ein Bauplatz hat 21,6 m Straßenfront und ist 13,05 a groß. Wie weit reicht das Grundstück in die Tiefe? 1 qm kostet 1,75 *RM*!
24. Eine rechteckige Wiese ist nach dem Katasterauszug 81,4 m lang und 43,2 m breit. Der erste Schnitt liefert je Morgen $= {}^1/_4$ ha 12,5 Doppelzentner, der zweite Schnitt liefert 40% weniger.

    Berechne den Heuertrag der zweischürigen Wiese!
25. Der Besitzer A. tauscht zur Abrundung seines Besitzes ein quadratisches Ackerfeld mit 500 m Umfang gegen ein Rechteck um, dessen eine Seite 200 m lang ist.
26. Die Hackstreifen auf einer Saatfläche sind 1,3 m von Mitte zu Mitte entfernt. Wieviel laufende m sind je ha?
27. Die Streifen in Aufgabe 26 sind 0,40 m breit. Wie groß ist die bearbeitete Saatfläche?
28. Eine rechteckige Wiese ist 120 m lang und 100 m breit und für 800,— *RM* je ha angekauft worden. Für Meliorationen sind je ha 250,— *RM* aufgewendet. Welches Nutzungsgeld hat der Förster für die ganze Wiese und je ha zu zahlen, wenn er vom Ankaufspreis 3% und von den Meliorationskosten $3,4\%$ jährlich zahlen soll?
29. Sollen rechteckige Flächen ästhetisch, also besonders schön wirken, so müssen Länge und Breite dem „Goldnen Schnitt" entsprechen. Eine Länge ist nach dem „Goldnen Schnitt" geteilt, wenn die Proportion erfüllt ist: $\mathbf{b : a = a : a + b}$, woraus b = ... a folgt.

    Die Breite soll demnach nur ... mal so groß sein wie die Länge. Welche Breite gehört demnach zu 100 (240, 360, 80, 105) m Länge?

B. Der Quadrat- und Rechtecksverband.

Bei der Bepflanzung von Flächen werden die Pflanzen nicht einfach regellos über die Fläche verteilt, sondern in einem bestimmten Verbande, mit einer bestimmten Reihenentfernung und einem bestimmten Abstand untereinander in den Reihen. Jeder Pflanze ist dadurch ein bestimmter Stand- oder Wachsraum zugewiesen.

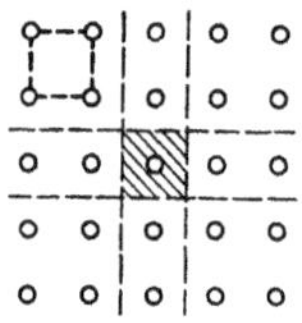

Abb. 23.

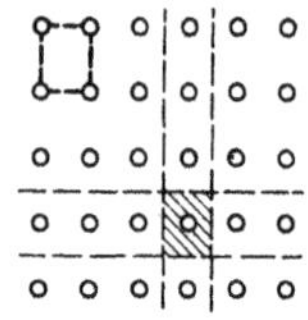

Abb. 24.

Beim Quadratverbande bilden vier Pflanzen jedesmal ein Quadrat, dessen Seitenlänge gleich dem Pflanzenabstand p ist, infolgedessen ist auch der Reihenabstand r = p. Für den Wachsraum einer Pflanze ergibt sich darum: $W_{\square} = p \cdot r = pp = p^2$. Der Wachsraum im Quadratverbande ist also gleich Pflanzenabstand zum Quadrat. Das wird ersichtlich bei der Betrachtung der Abb. 23. Der Zwischenraum zwischen zwei Pflanzreihen wird in der Längs- und in der Querrichtung jedesmal zur Hälfte auf die rechte bzw. linke Reihe aufgeteilt. Jede Pflanze steht deshalb auf einer quadratischen Fläche $W = p^2$.

Beim Rechtecksverband (Abb. 24) sind Pflanzenabstand p und Reihenabstand r verschieden. Aus dem oben Ausgeführten und aus der Abbildung ergibt sich deshalb sinngemäß für den Wachsraum jeder Pflanze das Produkt: Pflanzenabstand mal Reihenabstand oder $W_{\square} = p \cdot r$. Lies: der Wachsraum im Rechteckverband ist gleich Pflanzenabstand mal Reihenabstand!

Aufgaben:

1. Berechne den Wachsraum im Quadratverband, wenn der Pflanzenabstand p = 1,2, 1,3, 1,5, 1,75, 2 m!
2. Berechne den Wachsraum im Rechtecksverband, wenn

p = 1,0	1,2	1,3	1,5	2,0 m	10	15 cm
r = 1,5	1,5	0,5	1,0	1,5 „	10	15 „
W =						

3. Die Größe der Fläche ergibt sich aus dem Produkt: Wachsraum mal Pflanzenzahl!
   a) Welche Fläche kann ich mit 5000 Pflanzen auspflanzen, wenn gepflanzt wird im Quadratverband mit 1,5 m (1,3 m, 1,75 m) Pflanzenabstand?
   b) Wie groß ist die Kulturfläche, auf der 10000 Pflanzen im Rechtecksverbande mit 1,5 m Reihen- und 0,33 m Pflanzenabstand stehen?
4. Teile die Fläche durch die Pflanzenzahl und du erhältst den Wachsraum einer Pflanze.

a) Auf 1 ha stehen 4444 Pflanzen im Quadratverband.
b) Auf 1,5 ha stehen 35165 Pflanzen im Rechtecksverband mit 1,3 m Reihenentfernung. Rechne!

5. Wieviel Pflanzen brauche ich für 1 ha Kulturfläche, wenn gepflanzt werden soll im Quadratverbande mit 1,0, 1,2, 1,3, 1,4, 1,5, 1,6, 1,7, 1,75, 2,0 m Pflanzenabstand?
6. Wieviel Pflanzen brauche ich für 1 ha Kulturfläche, wenn gepflanzt wird im Rechtecksverband mit
   p = 0,3, 0,33, 0,4, 0,5, 0,4, 0,6, 0,8, 0,3, 0,3, 0,33, 0,33, 0,33, 0,6 m
   r = 1,3, 1,30, 1,3, 1,3, 1,5, 1,5, 1,2, 1,0, 1,2, 1,00, 1,40, 1,50, 1,4 m.
7. Der Wachsraum beträgt 2,25, 1,44, 3,0625, 1,00, 4,00, 1,69, 2,56 qm; 225, 100, 400 qcm. Gepflanzt wurde im Quadratverband. Mit welchem Pflanzenabstand?
8. Der Wachsraum beträgt 0,39, 0,429, 0,520, 0,650 qm. Gepflanzt wurde im Rechtecksverbande mit 1,3 m Reihenabstand. Wie groß ist der Pflanzenabstand?
9. Wie groß ist die Kulturfläche, wenn 25000 3jährige verschulte Fichten im 1,5 m-Quadratverbande verpflanzt wurden?
10. Wie groß ist die Kulturfläche, wenn 92000 1jährige Kiefernsämlinge im $1{,}3 \times 0{,}4$ m Rechtecksverbande verpflanzt wurden?
11. Bei einer Pflanzung sind 6666 3jährige verschulte Fichten im Quadratverbande mit 1,5 m Pflanzenabstand je Stück für insgesamt 3,75 *Rpf* verpflanzt worden. Berechne den Wachsraum einer Pflanze, die Fläche, die Gesamtkosten, die Kosten je ha!
12. Eine rechteckige, 180 m lange und 120 m breite Fläche wird in der Längsrichtung mit Fichten und Eichenheistern so bepflanzt, daß auf drei Fichtenreihen eine Eichenreihe kommt, rundum auf die Grenze aber nur Fichten gepflanzt werden. Der Reihenabstand beträgt 1,50 m, der Pflanzenabstand 1,20 m. Wieviel Fichten und wieviel Eichenheister sind nötig?

C. Die Dreiecke.

1. Allgemeines.

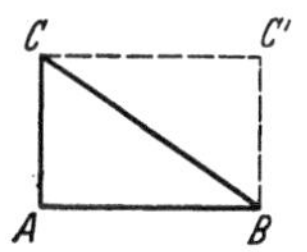

Abb. 25.

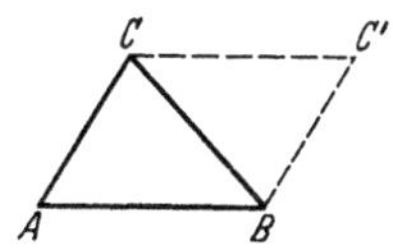

Abb. 26.

Jedes Dreieck läßt sich zu einem Parallelogramm ergänzen (Abb. 25 u. 26), so daß zwei kongruente Dreiecke das Parallelogramm bilden. Jedes Dreieck ist demnach die Hälfte eines Parallelogramms mit gleicher Grundlinie und Höhe: J = Grundlinie × Höhe : 2 oder

$$J = \frac{g \cdot h}{2} = g \cdot \frac{h}{2} = \frac{g}{2} \cdot h.$$

Aufgaben:

1. Berechne bei folgenden Dreiecken den Inhalt:
   g = 180, 205, 78, 18, 3,6, 45, 36,5, 8,54, 105,82, 47,16, 135,76 m.
   h = 80, 144, 36, 20, 2,5, 61, 42,4, 6,91, 92,45, 29,33, 98,99 m.

2. Berechne bei folgenden Dreiecken die Grundlinie:
$J = 204, 360, 2500, 180, 21{,}6, 7{,}64, 49{,}72, 51{,}32, 133{,}24, 4534{,}8, 56584$ qm.
$h = 20, 20, 64, 30, 5{,}4, 1{,}2, 8{,}24, 10{,}50, 22{,}91, 70{,}9, 320$ m.
3. Berechne bei folgenden Dreiecken die Höhen:
$J = 360, 254, 0{,}18, 31{,}5, 3400, 36{,}51, 155{,}72, 231{,}56, 9600$ qm.
$g = 30, 40, 3{,}00, 12{,}4, 72, 9{,}32, 24{,}17, 40{,}05, 120$ m.
4. Die drei Seiten eines Dreiecks messen 25, 36, 50 m. Zur letzten Seite gehört eine Höhe von 13,996 m. Wie lang sind die Höhen der anderen Seiten?
5. Tausche ein Rechteck 180 × 132 m gegen ein dreieckiges, gleichgroßes Waldstück ein, dessen Grundlinie 230 m lang ist!
6. Zwei Gestelle, die rechtwinklig aufeinanderstoßen, und ein Weg schneiden eine Abteilungsfläche so heraus, daß die eine Kathete 204 m, die andere 152 m lang wird. Wieviel Derbholz fällt voraussichtlich auf dieser Fläche an, wenn vom ha noch 250 fm erwartet werden?

2. Der Pythagoreische Lehrsatz und das rechtwinklige Dreieck.

1. In dem rechtwinkligen Dreieck ABC schließen die Katheten AC und BC den rechten Winkel ein. Dem rechten Winkel liegt die Hypotenuse AB gegenüber.

Lehrsatz: Das Hypotenusenquadrat ist gleich der Summe der beiden Kathetenquadrate oder $a^2 + b^2 = c^2$.

Zum Beweise benutze die gezogenen Hilfslinien (Abb. 27).

$$c = \sqrt{a^2 + b^2}$$
$$a = \sqrt{c^2 - b^2}$$
$$b = \sqrt{c^2 - a^2}$$

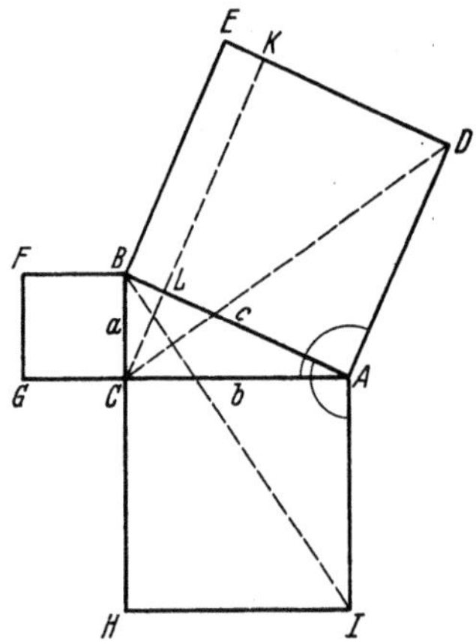

Abb. 27.

2. Im rechtwinkligen Dreieck verhalten sich die Seiten wie 3:4:5. Benutze diesen Satz beim Abstecken rechter Winkel! Beschreibe!
3. Andere rechtwinklige Dreiecke haben als Seitenverhältnis ein Vielfaches von 3:4:5; z. B. 2 × (3, 4, 5), also 6:8:10. Suche solche Zahlentripel!
4. Beweise, daß auch Dreiecke mit dem Seitenverhältnis 5:12:13, 7:24:25, 11:60:61 und Vielfachen davon rechtwinklige Dreiecke sind!
5. Berechne jedesmal die fehlenden Stücke, wenn in rechtwinkligen Dreiecken mit den Katheten a und b und der Hypotenuse c die folgenden Stücke bekannt sind:

a =	8	24	170	12,5	99,9	280				20	24,9	m	12 cm	15 cm	
b =	15	32	93				400	96	4,5			250 m	12 cm		30 cm
c =				116	153,6	150	520	210	7,2			m			60 cm
J =										840	1215,6	9000 qm		225 qm	

6. Berechne die Diagonale eines Rechtecks mit 144 (— 160 — 52 —) m Länge und 96 (— 132 — 30 —) m Breite!

7. Von einem Jagen schneidet ein Weg ein rechtwinkliges Dreieck ab, dessen eine Kathete 72 m lang ist. Berechne die andere Kathete, wenn der Weg 180 m lang ist! Wie groß ist die kleine Abteilung?

8. Eine 10 m lange Leiter steht am Hause angelehnt in 8 m Höhe. Wie weit steht sie unten vom Hause entfernt?

9. Wie lang müssen die Dachsparren werden, wenn die Dachgeschoßhöhe 5,4 m, die halbe Geschoßtiefe 6,0 m beträgt und die Sparren noch 0,6 m für den Regentrauf überstehen sollen? (Abb. 28.)

Abb. 28.

10. Leite die Formel $d = a\sqrt{2} = 1{,}414\,a$ für die Länge der Diagonale eines Quadrates nach dem Pythagoras ab!

11. Sprich die Formel $d = a\sqrt{2}$ in der Form einer Proportion aus!

12. Wie lang ist die Diagonale in einem Quadrat mit 1 m Seitenlänge? (2, 3, 4, 1,8, 0,96 m)?

13. Das Quadrat über der Diagonale eines Quadrats ist doppelt so groß wie das ursprüngliche Quadrat: $d^2 = 2a^2$. Es sei $a = 20$ (45, 36, 80) m. Wie groß ist das Quadrat über der Diagonale?

14. Die Diagonale eines Quadrates mißt 20 (15, 31, 7,2, 42, 7,29) m. Wie lang ist die Quadratseite? Allgemein gilt $a = \frac{D}{2}\sqrt{2} = 0{,}7\,D$!

15. Ein Baumstamm mit 40 cm Zopfdurchmesser wird quadratisch behauen. Welche Kantenlänge bekommt der Balken?

16. Suche die Kantenlänge a des quadratisch behauenen Baumstamms, wenn Stämme zur Verfügung stehen mit dem Zopfdurchmesser
$D = 20$, 24, 21, 30, 36, 40, 45, 50, 43, 27 cm.

17. Wähle zu oben genannten (Aufgabe 16) Durchmessern eine Länge von 6, 5, 3,6, 2,8, 4,0, 7,2, 4,5, 3,6, 5,2, 9 m.
Bestimme den Inhalt des Baumstammes, des Balkens, den Verlust im ganzen und prozentual!

18. In einem Rechteck mit 100 m langer Diagonale verhalten sich die Seiten wie 3:5.
Berechne die Seitenlänge! Hilfe: Setze $a = 5\,x$, $b = 3\,x$, $c = 100$, also $(5\,x)^2 + (3\,x)^2 = 100^2$! Bilde ähnliche Aufgaben!

19. Welchen Zopfdurchmesser setzen Vierkantbalken mit 14×16 cm Querschnitt voraus?

20. Ein Kamp ist quadratisch und soll um 625 qm vergrößert werden durch eine Verlängerung der Seiten um 5 m. Wie groß ist der Kamp vor und nach der Vergrößerung? Um wieviel m wird der Zaun länger? Um wieviel % wächst der Zaun, die Fläche?

21. An der Längsseite einer rechteckigen Fläche von 2304,78 qm wird ein 2 m breiter Streifen für einen Straßenbau abgetrennt und der Besitzer mit 0,40 *RM* je qm entschädigt. Die Breitseite mißt nach dem Katasterauszug 33,95 m. Wieviel qm werden abgetreten und für welchen Betrag?

22. Bei der Zusammenlegung der Feldmark in X. wird der Dienstacker der Revierförsterei, der quadratisch und 1,0080 ha groß war, dadurch vergrößert, daß die eine Seite 12,4 m, die andere Seite 6,81 m länger wird. Wie groß ist jetzt der rechteckig gewordene Acker und welche Fläche ist hinzugekommen?

3. Das gleichseitige Dreieck und der Dreiecksverband.

1. Wie groß ist jeder Winkel im gleichseitigen Dreieck?
2. Berechne die Höhe im gleichseitigen Dreieck nach dem Pythagoreischen Lehrsatz! $h = \sqrt{s^2 - \left(\frac{s}{2}\right)^2}$ (Abb. 29).

Abb. 29.

3. Wievielmal so groß als die Seite ist demnach die Höhe im gleichseitigen Dreieck?
4. Bilde die Proportion: $s : h = 1 : \ldots$?
5. Berechne den Inhalt des gleichseitigen Dreiecks aus Grundlinie × Höhe:2, also $\frac{s\,.\,(0{,}866\,s)}{2} = 0{,}433\,.\,s^2$ und besprich das Ergebnis!
6. Wie groß ist die Höhe jedesmal, wenn die Seite eines gleichseitigen Dreiecks mißt: s = 1 m, 2, 3, 4, 2,4, 0,8, 12,6, 40, 0,5, 162, 73,4, 100, 1000 m?
7. Wie groß ist ein gleichseitiges Dreieck mit einer Seitenlänge s = 1 m, 10, 100, 12, 15, 1,5, 1,3, 0,6, 0,8, 2,0, 1,4, 0,8, 1,6, 8 m?
8. Gleichseitige Dreiecke hatten eine Größe von 43,30, 1,732, 3,897, 204,36, 249, 408, 0,866, 210 qm, 1 ha, 1 a, 6,25 a.
   Welche Seitenlänge hatten diese Dreiecke jedesmal?
9. Gleichseitige Dreiecke hatten 0,866, 1,732, 3, 4, 20, 1732, 64, 1,92, 5,84 m lange Höhen. Wie groß war die Seite jedesmal?
10. Beim **Dreiecksverband**

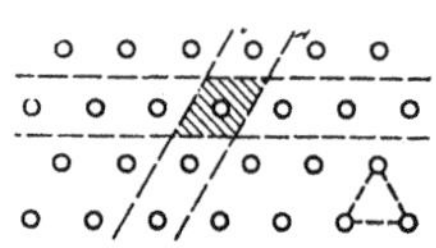
Abb. 30.

bilden jedesmal 3 benachbarte Pflanzen ein gleichseitiges Dreieck, dessen Seiten gleich dem Pflanzenabstand p sind (Abb. 30). Berechnet man die Höhe dieses Dreiecks, so erhält man den Reihenabstand r = 0,866 p.

Der Wachsraum jeder Pflanze ist gleich $p . r = p . 0{,}866 . p = 0{,}866 . p^2$.

Meist wird vermutet, daß der Wuchsraum einer Pflanze gleich dem Inhalt des gleichseitigen Dreiecks mit der Seite p ist, also gleich $p^2 . 0{,}433$. Aus der Überlegung oben und der Abb. 30 ist aber ersichtlich, daß der Wuchsraum im Dreiecksverband gleich einem Rhombus ist, der den Pflanzenabstand als Grundlinie und den Reihenabstand $r = 0{,}866\,p$ zur Höhe hat. Es gilt also: $W_{\triangle} = 0{,}866\,p^2$.

1. Berechne den Wachsraum im Dreiecksverband, wenn der Pflanzenabstand beträgt:
   p = 1, 1,2, 1,3, 1,5, 1,7, 2 m! 10, 12, 15, 20, 25 cm!

2. Berechne jedesmal den zugehörigen Reihenabstand!
3. Wieviel Pflanzen stehen auf einem ha, wenn im Dreiecksverbande mit 1 m Pflanzenabstand gepflanzt wurde?
4. Vergleiche die Pflanzenzahl für 1 ha bei 1 m Quadratverband und bei 1 m Dreiecksverband!
5. **Im Dreiecksverband stehen die Pflanzen ... mal so dicht wie im Quadratverband mit demselben Pflanzenabstand.**
6. **Statt 100 Pflanzen im Quadratverband braucht man .... Pflanzen im Dreiecksverband mit demselben Pflanzenabstand, das sind also ....% mehr.**
7. Je ha braucht man

bei einem Pflanzenabstand von	im Quadratverbande		im Dreiecksverbande		
	beim Wuchsraum von		bei einem Reihenabstande von	bei einem Wuchsraum von	
m	qm	Stück	m	qm	Stück
1,0	1,00	10 000	0,866	0,866	11 547
1,2					
1,3					
1,5					
1,7					
2,0					

Rechne diese ganze Tabelle durch!

8. Bei Pflanzung im Quadratverband braucht man für eine Kultur 1000 Pflanzen (5000, 4444, 3086, 400, 100, 1600, 348, 598, 1002).
   Wieviel Pflanzen werden dann im Dreiecksverband für dieselbe Fläche benötigt? Rechne mit 15% Aufschlag!
9. Wie groß ist jedesmal die Fläche, wenn 8000 Pflanzen im 1, 1,2, 1,5, 2 m Dreiecksverbande gepflanzt werden?
10. Auf einer Fläche von 1,0977 ha sind 7500 Pflanzen im Dreiecksverbande verbraucht. Mit welchem Pflanzenabstand wurde gepflanzt? Wie weit sind die Reihen voneinander entfernt?

4. Das gleichschenklige Dreieck.

1. Bei einem gleichschenkligen Dreieck ist die Grundlinie 24 m und jeder Schenkel 30 m lang. Berechne den Umfang und den Inhalt!
2. Die Grundlinie mißt 20 m, der ganze Umfang 84 m. Gib die Länge des Schenkels und den Inhalt an!
3. Auf einen Weg mündet ein zweiter Weg unter einem Winkel von 45° ein. Der Besitzer tauscht die Wegespitze (das von den beiden Wegen auf 2 Seiten begrenzte Waldstück) so gegen einen gleichgroßen Revierteil mit 2,4096 ha aus, daß die neue Grenze senkrecht auf dem einen Grenzweg steht.
   Wie lang wird diese Grenze und wie lang sind die beiden Wegränder?
4. Eine Waldfläche hat die Gestalt eines Dreiecks mit 80, 120 und 120 m langen Seiten. Rechne!

5. Das ungleichseitige Dreieck.

Der Inhalt des ungleichseitigen Dreiecks (auch jedes andern Dreiecks), dessen 3 Seiten bekannt sind, wird gefunden nach der Heronischen Formel: $J = \sqrt{s(s-a)(s-b)(s-c)}$, worin s gleich dem halben Dreiecksumfang, also $s = \frac{a+b+c}{2}$ ist.

1. Die Dreiecksseiten messen 60, 80 und 100 m. Berechne den Inhalt!
2. Die Seiten des Dreiecks sind 140, 250 und 180 m groß. Wie groß ist der Inhalt?
3. Die Seiten messen 120, 120 und 200 m. Welchen Inhalt hat das Dreieck?
4. Wieviel fm stehen auf einer dreieckigen Waldfläche, deren Seiten 150, 200, 100 m lang sind, wenn der Bestand auf 350 fm je ha geschätzt wird?

6. Das Trapez.

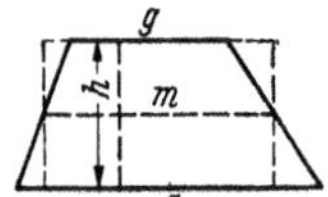

Abb. 31.

1. Beweise, daß $J = \frac{G+g}{2} \cdot h = m \cdot h$ ist (Abb. 31).
2. Berechne die Mittellinie m, wenn G = 8, 17, 32,4, 18,55, 163 m.
   g = 6,4, 12, 21,6, 7,84, 136 m.
3. Setze bei den Aufgaben zu 2. die Höhe h = 10,6, 5,4, 30,1, 6,89, 98 m und berechne den Inhalt der Trapeze!
4. Ein Graben ist oben 1,2 m, in der Sohle 0,40 m breit und 0,50 m tief. Wieviel qm ist der Querschnitt groß?
5. Nimm für den Graben G = 0,80, 0,70, 0,75, 1,00 m
   g = 0,40, 0,30, 0,25, 0,40 „
   t = 0,50, 0,30, 0,40, 0,60 „
   Berechne jedesmal das Grabenprofil!
6. Ein konisch besäumtes Brett ist 6,4 m lang, oben 34 cm, unten 16 cm breit. Wieviel qm hält es? Wieviel qm Spreißel fallen ab, wenn das Brett nachträglich scharfkantig besäumt wird (also nur 6,4 × 0,16 schnittkantig hält)?
7. Bei der Waldprüfung war eine trapezförmige Kulturfläche nach Größe, Zaunlänge und Gatterkosten zu schätzen. Es war schätzungsweise G = 240, g = 160, h = 80, die beiden nicht parallelen Seiten a = 80 und b = 110 m. Nimm die Kosten für den lfd. m Hordengatter mit 0,50 RM an! Für den Kulturplanvorschlag nimm Fichtenpflanzung im 1,5 m Quadratverband auf Hackplätzen mit 3,5 Rpf Kosten je Pflanze an!

7. Trapezoide und Vielecke.

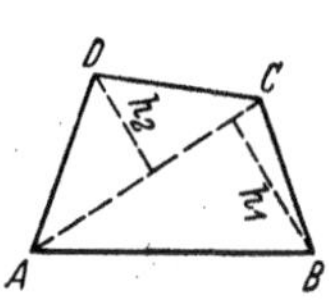

Abb. 32.

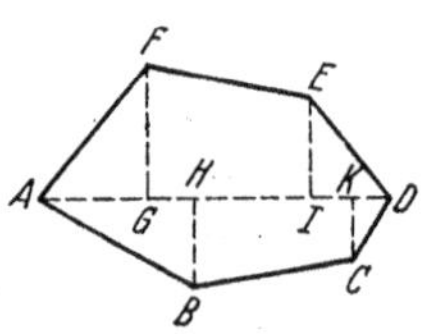

Abb. 33.

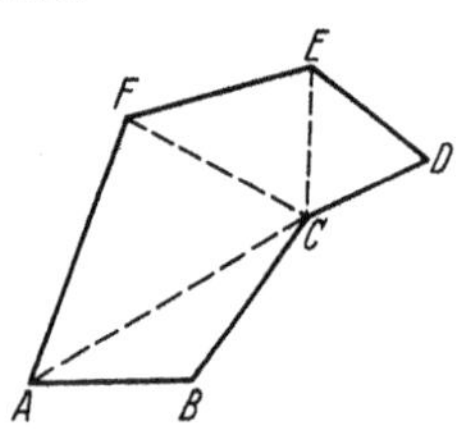

Abb. 34.

Alle Vielecke (4-, 5- ....ecke) kann man durch Diagonalen in Dreiecke (Abb. 32 u. 34) oder durch eine Standlinie und senkrechte Abschläge (Abb. 33) in Dreiecke und Trapeze zerlegen. Die Teilflächen werden einzeln berechnet und aus den Einzelflächen wird zum Schluß die Gesamtfläche festgestellt.

1. In Abb. 28 mißt die Diagonale AC = 84 m, h_1 = 32 m, h_2 = 30 m. Berechne den Inhalt des Trapezoids!
2. In Abb. 30 messen die Diagonalen CE = 30 m, CF = 45 m und CA = 84 m. Die Seiten messen: AB = 40 m, BC = 66 m, CD = 24 m, DE = 40 m, EF = 50 m, FA = 61 m. Berechne den Inhalt und den Umfang des Vielecks!
3. In Abb. 29 beginnt die Messung der Standlinie AD im Punkt A mit 0. AG = 24,8 m, AH = 36,7 m, AJ = 61,5 m, AK = 75,0 m, **AD** = 90,4 m. Es messen die Abschläge FG 30,6 m, EJ = 21,9 m, KC = 16,8 m, BH = 20,4 m. Berechne den Inhalt des Vielecks A B C D E F!
4. Besprich die auf Blatt 1—6 im Anhang beigegebenen Vermessungsaufnahmen und führe die Berechnungen durch!

8. Der Kreis.

$$U = d \cdot \pi = 2 r \pi$$

$$J = r^2 \pi = \left(\frac{d}{2}\right)^2 \pi = \frac{d^2 \cdot \pi}{4}$$

$$d = \frac{U}{\pi}, \qquad r = \frac{U}{2\pi}$$

$$d = \sqrt{\frac{4J}{\pi}}, \qquad r = \sqrt{\frac{J}{\pi}}$$

1. Berechne den Umfang, wenn der Durchmesser d = 1, 2, 4, 3,6, 25, 0,12 m!
2. Berechne den Umfang, wenn der Radius r = 1, 2, 0,5, 1,2 m, 12, 20 cm!
3. Berechne den Inhalt, wenn d (r) = 1, 2, 5, 12, 25, 0,4, 0,24, 0,36, 0,45 m!
4. Berechne den Durchmesser bzw. den Radius, wenn der Umfang 6,28, 25,12, 15,70, 59,85, 40, 100, 1,57, 18,84 m groß ist!
5. Berechne die **Kreisfläche für den Brusthöhendurchmesser** 7, 8, 9, 9,5, 14, 18, 21, 24, 28, 32, 36, 38, 38,5, 40, 45, 50 cm!
6. Berechne den Durchmesser, wenn die Kreisfläche 0,3526, 0,3217, 0,1134, 0,1018, 0,0908, 0,0755, 0,0616, 0,0594, 0,0346, 0,0254, 0,0201, 0,0133, 0,0079, 0,0039 qm groß ist!
7. Welche Wasserfläche hat ein Teich mit 35 m Durchmesser?
8. Eine Schießscheibe hat 0,75 m Durchmesser, der Spiegel hat 10 cm Durchmesser. Wie groß ist die ganze Scheibenfläche, der Spiegel?
9. Im Distrikt 57 liegt ein 35jähriger kreisförmiger Douglasienhorst mit 0,5 ha Größe und 2 ebenso alte Lawsonia-Zypressengruppen mit 5,0 und 6,25 a Größe.

   Mit welchem Durchmesser sind seinerzeit diese Flächen angelegt worden?
10. Zum ganzen Kreis gehören 360°. Zu einem Grad gehört $\frac{1}{360}$ vom Bogen und auch $\frac{1}{360}$ vom Inhalt. Ein **Kreisausschnitt** von 30° ist also $\frac{30}{360} \cdot r^2 \pi$ qm groß und der Bogen, der zu einem Winkel von 30° gehört, ist $\frac{30}{360} \cdot 2 r \pi$ m lang (Abb. 35).

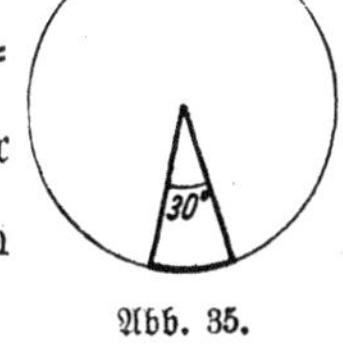

Abb. 35.

11. Berechne den Inhalt des Kreisausschnitts in einem Kreis mit $r = 12$ m, wenn der Winkel 20, 36, 60, 72, 100, 12, 21° groß ist. Bestimme die Bogenlänge, die jedesmal zu dem Zentriwinkel gehört!
12. Ein Kreisausschnitt von 72° ist 18,84 qm groß. Wie groß ist der Radius?
13. Welche Kreisausschnittfläche gehört zu einem Bogen von 1°, wenn der ganze Umfang 37,68 m lang ist?
14. Berechne den **Kreisabschnitt,** wenn die Sehne 16 m, der Radius 10 m und der Zentriwinkel 53° 7′ messen!
15. In der Praxis mißt man bei einem Kreisabschnitt die Sehnenlänge s und die Bogenhöhe h und berechnet den Inhalt nach der Näherungsformel $J = s \cdot \frac{2}{3} h$ (Abb. 36). Es sei s = 120 m und die Bogenhöhe 24 m. Rechne!

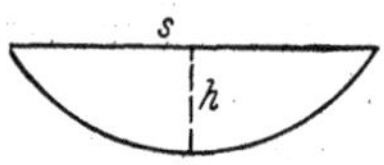

Abb. 36.

16. Prüfe die Formel für den Halbkreis! Vergleiche auch die Annäherung durch Dreiecksberechnung!
17. Schwarten haben meist als Querschnitt den Kreisabschnitt. Die Schwarte, die von einer Kiefernschwelle anfällt, möge die Sehnenlänge 16 cm und die Höhe 4,5 cm haben. Welchen Inhalt hat die Schwarte bei 2,6 m Länge? Rechne ebenso für $s = 26$ cm, $s = 24$ cm, $s = 14$ cm, $h = 5{,}4$ cm, 6 cm, 3 cm und 2,6 m bzw. 2,5 m Länge!

14. Das Rechnen mit Proportionen.

1. Beweise an Abb. 37 den folgenden Lehrsatz:

   Zieht man durch die Mitte einer Dreiecksseite eine Parallele zur Grundlinie, so wird die Grundlinie halbiert und die Parallele ist halb so groß wie die Grundlinie.

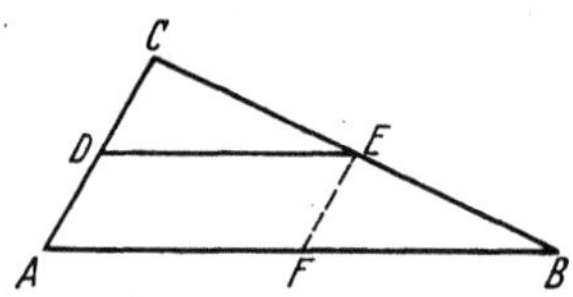

Abb. 37.

2. Lies das Ergebnis des eben bewiesenen Lehrsatzes in Form der Proportion ab: $CD : CA = CE : CB = DE : AB = 1 : 2$.
3. Die Verallgemeinerung des Satzes ist der sogenannte Strahlensatz (Abb. 38):

   Werden Strahlen von Parallelen geschnitten, so verhalten sich die Abschnitte auf dem einen Strahl genau so wie die entsprechenden Abschnitte auf dem anderen Strahl und die parallelen Stücke verhalten sich wie die vom Scheitelpunkt aus gemessenen Abschnitte auf jedem Strahl.

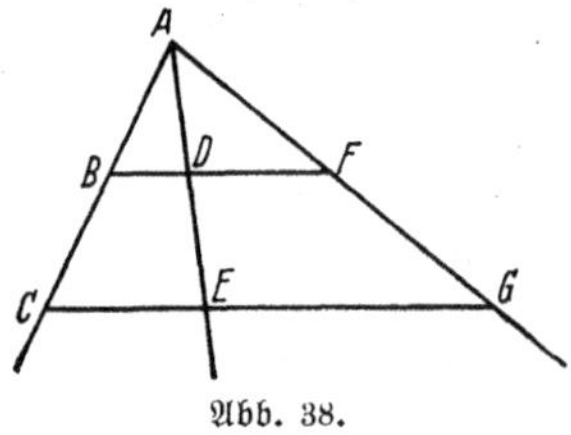

Abb. 38.

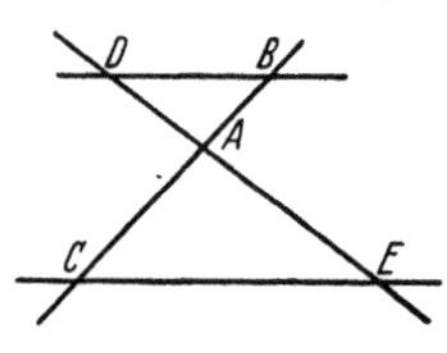

Abb. 39.

4. Übe dich im Ablesen der Proportionen an Abb. 38 und Abb. 39!
5. Es sei in Abb. 38 und Abb. 39 $AB = 10$ m, $AC = 24$ m, $BD = 20$ m, $AD = 16$ m, $DF = 24$ m, $FG = 28$ m. Berechne die fehlenden Stücke!

6. Es soll die Breite AB eines unzugänglichen Geländes festgestellt werden wie in Abb. 40. Gemessen sind AC = 160 m, CE = 40 m, DE = 44 m. Berechne AB!

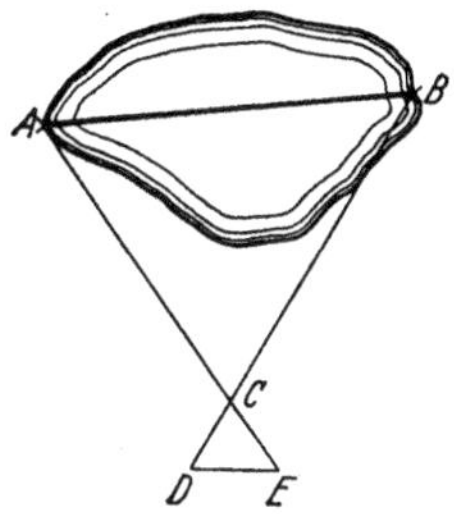

Abb. 40.

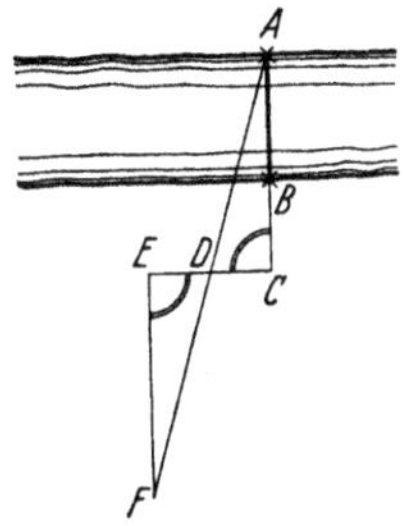

Abb. 41.

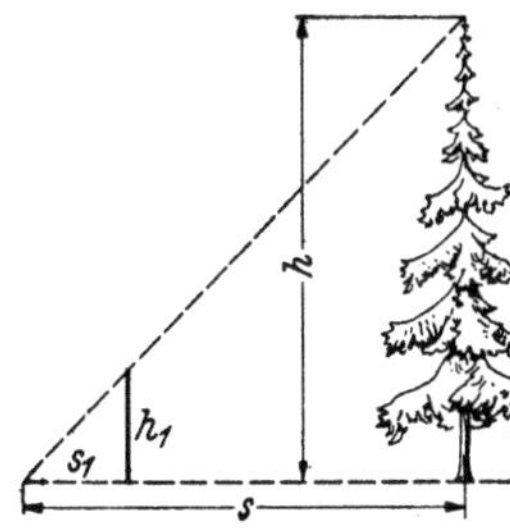

Abb. 42.

7. Stelle die Breite des Flusses zwischen den Uferpunkten A und B fest (Abb. 41). Es mißt BC = 14 m, CD = DE = 10 m, EF = 34 m. Erkläre aus den angegebenen Zahlenwerten die Konstruktion und rechne dann!

8. Der Baum (Abb. 42) mit der Höhe h wirft einen s m langen Schatten, während zur gleichen Zeit ein Stab mit der Höhe h_1 einen Schatten von s_1 m Länge wirft. Lies aus den ähnlichen Dreiecken die Proportionen ab!
Es mögen messen: $s_1 = 2{,}4$ m, $s = 20$ m, $h_1 = 3$ m. Rechne!

9. Die Stundenlöhne von Männern und Frauen verhalten sich wie 0,54 RM : 0,32 RM. Bilde eine Proportion so, daß der Männerstundenlohn = 1 ist!

10. Eichennutzholz wurde je fm mit 36,— RM bezahlt, Kiefernnutzholz gleicher Stärke mit 28 RM. Wie verhalten sich die Preise?

11. Wie verhält sich nach der Homa der Inhalt eines rm Brennscheit zum fm?

12. Gib dieselben Proportionen an wie in Aufg. 11 für Nutzscheit I. und II. Klasse, für Knüppel, für Reisig I., II., III. Klasse, für Stockholz!

13. Berechne Gefällprozente, Nachbesserungsprozente, Keimprozente usw. mit Hilfe von Proportionen, wähle selbst Zahlenbeispiele!

14. In einem Umlegungsverfahren wird für 9 Beteiligte mit Hilfe eines Staatszuschusses eine gemeinschaftliche Weide eingerichtet, wobei von den Genossen noch 7461,— RM aufzubringen sind. Die Einrichtungskosten werden nach der Kopfzahl der Weideviehberechtigung umgelegt. Es dürfen aufgetrieben werden von A 20 Stück, B 18, C 12, D 10, E 7, F 6, G 4, H 3 und von J 1 Stück Rindvieh.

Wieviel hat jeder beizutragen und wieviel RM kommen auf ein Stück Großvieh?

15. A, B und C betreiben gemeinsam ein Holzhandelsgeschäft und schließen 1934 mit 145200,— RM Einnahme und 133700,— RM Ausgaben ab.

Nach dem Gesellschaftervertrag erhält A aus dem Jahresüberschuß für die Geschäftsführung $^3/_4$% der Gesamteinnahmen vornweg!

Der Rest des Gewinnes wird dann nach der Kapitalbeteiligung verteilt, und zwar läßt B $1^2/_3$mal, C aber $2^1/_3$mal so viel Kapital wie A im Geschäft arbeiten. Wie verteilt sich also der Jahresüberschuß?

16. Die großen Fünfmarkstücke wiegen 26 g und enthalten 50% ihres Gewichts Silber. 1 kg Silber kostet 25,90 *RM*, die Prägung und die Metallzusätze kosten etwa 17,53 *Rpf*. Berechne den Vorteil der Münzprägeanstalt!
17. 1 *RM* = 0,36 g Gold. 1 kg Gold = ? *RM*.
18. 4 Fuhrleute fahren Steine für 880 *RM*. A fährt mit 1 Gespann 10 Tage, B mit 2 Gespannen 6 Tage, C auch mit 2 Gespannen 5 Tage und D mit 3 Gespannen 4 Tage lang. Rechne!
19. 910 *RM* Jagdpacht tragen A, B und C so, daß jeder folgende das Doppelte vom Vorhergehenden bezahlt! Wieviel machte es für jeden, wenn ein jährlicher Wildschaden von 2100 *RM* aufzubringen war?
20. Bei einer gemeinsamen Schwellenholzlieferung waren die Lieferungsquoten so verabredet, daß sich die Lieferungen verhielten: A:B = 5:6; B:C = 9:16; C:D = 4:5. Insgesamt sollten 3900 fm geliefert werden. Rechne!
21. Eine Gewinnausschüttung von 1950 *RM* erfolgte so, daß sich die Anteile verhielten: A:B = 5:6, B:C = 3:4. Rechne!
22. A und B haben 120 rm Brennscheit für 708 *RM* gekauft. A nimmt 18 rm mehr als B. Rechne!
23. Am Wegeausbau sind die Gemeinden A, B und C so beteiligt, daß A 1,8 km, B 0,6 km und C 2,1 km auszubauen hätte. Der Ausbau kostet im ganzen 13500 *RM* für Arbeitslöhne. Das Steinmaterial lieferte jede Gemeinde außerdem selbst, dabei entfielen auf B 630 cbm.
24. Die Forstverwaltung verkauft an einen Zweckverband aus 3 Gemeinden mit 500, 900 und 1200 Einwohnern eine Trinkwasserquelle im Distrikt 54c für 3900 *RM*. Die Kosten werden nach der Einwohnerzahl umgelegt.
25. Beim Ausbau der Wasserleitung in Aufgabe 24 haben die Gemeinden A, B und C 2,340 km gemeinsame Leitung, dann zweigt A ab und B und C haben bis B noch 2,160 km Leitung gemeinsam, C allein hat 1,360 km Zuleitung nötig. Die Gesamtkosten der Hauptleitung betragen 22053,60 *RM* und werden anteilig nach Seelenzahl und gemeinsam benutzter Rohrlänge berechnet. Wieviel hat jede Gemeinde zu zahlen?
26. Bei einem Wegebau hat die Gemeinde A 2,75 km, B 2,50 km, C 1,75 km und D 1,50 km zu übernehmen. Beim gemeinschaftlichen Ausbau zahlt die Gemeinde D 3000 *RM*, stellt außerdem 600 cbm Steine und 60 cbm sandigen Kies. Was haben die anderen Gemeinden entsprechend zu leisten?
27. Eine Arbeit ist auf 1750 Tagewerke veranschlagt. Sie wird mit 20 Arbeitern begonnen. Nachdem diese 21 Tage gearbeitet haben, werden noch 5 Leute mehr eingestellt und nach weiteren 20 Tagen wird nur noch mit 15 Arbeitern weitergearbeitet bis zur Beendigung der Arbeit.
28. Zum Abtrieb einer Waldfläche sind voraussichtlich 452 Tagewerke nötig. Es wird mit 10 Arbeitern begonnen. Nachdem diese 20 Tage gearbeitet haben, müssen 4 Mann 2 Tage lang Windwürfe aufarbeiten, nach ihrer Rückkehr wird die Arbeit durch Hinzunahme von 8 Leuten beschleunigt zu Ende geführt. Wie lange dauert die Hauung im Schlage?
29. Auf einer Kulturfläche haben 3 Männer und 9 Frauen zusammen gearbeitet und im ganzen 493,20 *RM* verdient. Die Stundenlöhne verhielten sich wie 29:50. Rechne!

30. Im Hauungsbetriebe haben 1 Haumeister und 9 Arbeiter zusammen 206,— *RM* verdient. In der Summe sind 3% für den Haumeister enthalten.
31. Beim Scheibenschießen hat A 12, 11, 12, B 9, 8, 10, C 7, 9, 11, D 12, 10, 9, E 6, 0, 10, F 4, 7, 3, G 8, 10, 10, H 7, 7, 7 Ringe geschossen. Alle Schützen, die unter dem Durchschnitt blieben, müssen für jeden fehlenden Ring 10 *Rpf* in die Schießkasse zahlen. Rechne!
32. Führe dieselbe Rechnung durch, wenn erreichten: A 6, 8, 10, B 7, 9, 10, C 12, 11, 12, D 4, 0, 9, E 6, 7, 5, F 8, 5, 8, G 4, +, 5, H 6, 7, 9, I 8, 9, 10, K 8, 10, 10 Ringe.
33. Eine Arbeit ist für normale Arbeitskräfte auf 2400 Tagewerke berechnet. Es werden zur Hälfte geübte Waldarbeiter, zur anderen Hälfte A. D.-Männer beschäftigt, die nur 60% leisten. Rechne! (1500 normale und 1500 A. D. M.-Tagewerke.)
34. 1 Mann braucht zum Umgraben eines Gartens 8 Tage, 1 Frau 12 Tage. Wie lange dauert es, wenn beide gleichzeitig arbeiten? Wieviel Zeit würden 2 Männer und 3 Frauen bei gleichzeitiger Arbeit brauchen?
35. Ein Fischteich hat drei Zuflußleitungen und einen größeren Mönch zum Ablassen. Die erste Rohrleitung allein füllt den Teich in 8 Stunden, die zweite braucht allein 12 Stunden und die dritte 10 Stunden allein. Wieviel Zeit brauchen a) alle drei Leitungen, b) die erste und die dritte, c) die zweite und die dritte zur Füllung, wenn sie gleichzeitig fließen? Durch den Mönch kann der Teich in 3 Stunden völlig geleert werden, wenn kein Zufluß erfolgt. Wie lange dauert die Leerung, wenn alle drei Zuflußleitungen weiterfließen?
36. Unsere Bienen reinigen sich an schönen Frühjahrstagen bei 7—8° C. Wieviel Grad Réaumur entspricht das?
37. Ein Bestand liefert auf 2,4 ha 576 fm, ein anderer auf 1,8 ha 360 fm Derbholz. Wie verhalten sich die Bestandsmassen je ha?
38. Ein 2 m langer Stab wirft 1,5 m weit Schatten, eine Fichte zur selben Zeit 30 m weit!
39. Ein gemeinschaftlicher Jagdbezirk ist 1200 ha groß und für 2100,— *RM* verpachtet. Wildschaden wird nicht bezahlt. Der Grundbesitz verteilt sich auf 324 Besitzer mit ganz verschieden großen Besitzanteilen. Was hat A mit 1,04 ha, B mit 20,43 ha, C mit 0,36 ha, D mit 41,84 ha, E mit 10,96 ha Besitz aus der Jagdkasse zu beanspruchen? F hat 4,75 ha Besitz und 8,31 *RM* aus der Jagdkasse erhalten, erhebt aber Einspruch, weil er angeblich zu wenig erhalten hat. Prüfe den Einspruch!
40. Die Feldjagd in S. ist 346,92 ha groß und wird für 800,— *RM* verpachtet. Wie groß ist die Jagdpacht für 1 ha, für 1 Morgen? Welchen Anspruch an die Jagdkasse hat der Besitzer G. mit 16,48 ha Grundbesitz?

Brennkraft des Holzes.

41. 1 kg frisches Buchenholz entwickelt 3600 Kalorien, 1 kg Braunkohlenbriketts 4600 und 1 kg Ruhrfettnußkohle 7000 Kalorien. Es kostet 1 rm Buchenscheit = 15 Ztr. zerkleinert 12,— *RM*, 1 Ztr. Briketts 1,55 *RM*, 1 Ztr. Ruhrfettnußkohle 2,00 *RM*, alle drei frei Keller. Welches Heizmittel ist am billigsten? (Berechne jedesmal die Kosten für 10000 Kalorien und vergleiche!)

42. Wie teuer darf 1 rm Ahornscheit bezahlt werden, wenn seine Brennkraft die der Buche um 4% übersteigt und Buchenscheit 6,— *RM* je rm kosten?
43. Wieviel Zentner schlechter Briketts mit 1600 Kalorien je kg muß ich verfeuern, um dieselbe Wärme wie von 8 Ztr. Anthrazit mit 8000 Kalorien je kg zu erhalten?
44. Bei der Berechnung des Lebenshaltungsindex setzt das Statistische Reichsamt 3 Ztr. Steinkohlen = 5 Ztr. Braunkohlen = 4 Ztr. Briketts = 3 Ztr. Koks = 6 Ztr. Brennholz! Nimm Buchenscheit mit 3500 Kalorien je kg und rechne!
45. Die Brennkraft von Buche : Eiche : Ahorn : Birke : Linde : Pappel : Tanne : Kiefer = 100:85:104:86:68:53:70:90.

Berechne danach jedesmal die Menge Holz, die 36 rm Buchenscheitholz gleichwertig in Bezug auf Brennkraft ist!
46. Feuerungs-, Holzmengen verhalten sich umgekehrt wie die Brennkräfte! Zeige das an Beispielen!
47. Der Heizwert einzelner Holzarten, lufttrocken mit etwa 15% Feuchtigkeit:

Holzart	Gewicht je rm kg	Heizwert je kg in Kalorien	Heizwert von 1 rm Kalorien	Kosten ofenfertig je rm *RM*	Kosten für 100 000 Kal.	Brennkraft = %
Buche	510	3600		12,—		100
Eiche	520	2800		11,—		
Hainbuche	550	3200		12,—		
Fichte	330	3400		8,50		
Kiefer	360	3500		9,00		
Holzkohle	—	7900		—		

Fülle die Tabelle aus! Beantworte auch die Frage, wie teuer 1 rm jeder Holzart sein darf, wenn Buche je rm 12,— *RM* ofenfertig kostet (6,— *RM* Waldpreis, 2,50 *RM* Fuhrlohn, 1,— *RM* schneiden, 1,50 *RM* zerkleinern, 1,— *RM* Nebenkosten, Ausgleich).

Der Brennholzanspruch des Preuß. Staatsforstbeamten.

48. Für jede Dienststelle in den Preußischen Staatsforsten besteht ein in rm Weichknüppelholz festgesetzter Anspruch auf Brennholz, das in der Holzausgabeliste nachgewiesen wird und zwar zu
    a) für das Geschäftszimmer,
    b) für das Arbeitszimmer des Betriebsbeamten,
    c) für den eignen Bedarf.

Holz zu a) und b) wird unentgeltlich, zu c) zur halben Taxe, mindestens aber gegen Werbungskostenersatz abgegeben.

Nach der Dienstanweisung gelten für die Umrechnung des Weichknüppelholzes die Proportionen: Hartholz : Weichholz = 2:3 und Scheite : Knüppel = 3:4. Daraus folgt: Weichholz . $^2/_3$ = Hartholz und Knüppel . $^3/_4$ = Scheite. Kehre diese Gleichungen um!

Gib an: 1 rm Buchenscheit = ... rm Fichtenknüppel,
1 „ Buchenknüppel = ... „ „
1 „ Birkenscheit = ... „ „

49. Der Forstmeister in St. hat Anspruch zu a) auf 18 rm, zu c) auf 81 rm Weichholzknüppel.

Er nimmt zu a) 1 rm Buchenscheit, 2 rm Buchenknüppel,
3 rm Birkenscheit, 1 rm Birkenknüppel;
zu c) 25 rm Buchenscheit und 2 rm Fichtenknüppel.

Prüfe nach durch Umrechnung! Setze die Taxe schätzungsweise fest und berechne das Holzgeld!

50. Revierförster Z. hat Anspruch auf 9 rm Weichknüppelholz für sein Arbeitszimmer und 33 rm für den eignen Bedarf.

Er nimmt zu a) 2 rm Buchenscheit, 3 rm Birkenscheit und 1 rm Birkenknüppel;
zu b) 5 rm Buchenscheit, 6 rm Buchenknüppel, 9 rm Birkenscheit und 2 rm Birkenknüppel.

Die Taxe beträgt für Buchenscheit 6,— RM, Buchenknüppel 4,50 RM, Birkenscheit 5,— RM, Birkenknüppel 3,50 RM je rm.

Wieviel wird dem Beamten für sein Brennholz vom Gehalt abgesetzt?

51. Rechne um: 42, 36, 40, 11, 20 rm Weichholzknüppel in Eichen-, Buchen-, Ulmen-, Ahorn-, Hainbuchen-, Akazien-Scheite (-Knüppel)!

52. Rechne um: 6, 9, 12, 15, 20, 24 rm Birken-, Linden-, Aspen-, Fichten-, Kiefern-Scheit in Weichholzknüppel!

53. Rechne um: 16, 21, 9, 4,5, 16,5 rm Buchen- usw. (Hartholz-)scheite in Weichholzknüppel!

54. 1 rm weiches Scheit- oder Knüppelholz von 1 m Länge sägen mit Hand und ofenfertig spalten erfordert bei 2 Schnitten 5 Arbeitsstunden, 3 Schnitten 7 und bei 4 Schnitten 9 Arbeitsstunden. Für hartes Brennholz gelten die Zahlen 6, 9, 10 Arbeitsstunden.

Berechne die Kosten der Holzzerkleinerung für Forstmeister X. in Aufg. 49 und für den Revierförster Z. in Aufg. 50! Stundenlohn 0,50 RM.

15. Körperberechnung.

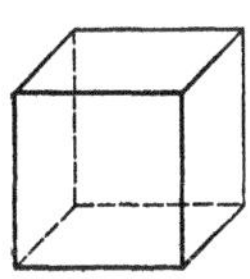
Abb. 43.

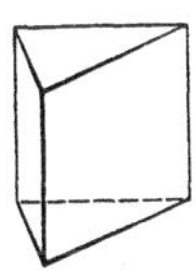
Abb. 44.

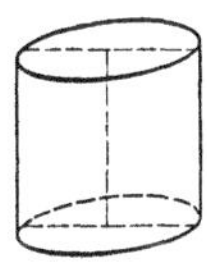
Abb. 45.

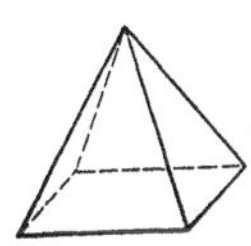
Abb. 46.

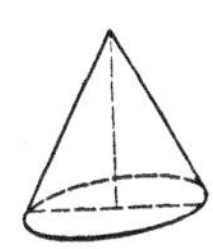
Abb. 47.

Die Körper haben drei Ausdehnungen: Länge, Breite und Höhe. Von den regelmäßigen Körpern werden hier besprochen: der Würfel, die Prismen, die Walze, die Pyramiden und der Kegel (Abb. 43—47).

Der Würfel hat als Begrenzung sechs kongruente Quadrate. Die Oberfläche ist $O = 6 \cdot a^2$ und der Inhalt $J = a^3$, wobei a eine Kante des Würfels bedeutet.

Die Prismen haben als Seitenflächen Parallelogramme, als Grund- und Deckfläche zwei kongruente Figuren, danach unterscheidet man das dreiseitige, vierseitige, fünfseitige, sechsseitige Prisma usf.

Man spricht auch von einem Prisma oder einer Säule mit quadratischer, dreieckiger, rechteckiger und trapezförmiger Grundfläche.

Vierseitige Prismen sind vierkantig behauene Baumstämme, Backsteine, Holzstöße, Mauersteine usw. Sechsseitige Prismen sind Bienenwaben und Basaltsäulen. Prismen mit trapezförmigem Querschnitt bilden Gräben und Dämme.

Am Graben (Abb. 48) unterscheide die obere Breite AB, die Sohlenbreite DE, die Tiefe t, die Böschung AD und die Ausladung AC = a. $\frac{AC}{CD}$ ergibt die „Fußigkeit" des Grabens, z. B. AC = 20, CD = 20, also $\frac{a}{t} = \frac{20}{20} = 1$. Der Graben ist einfußig.

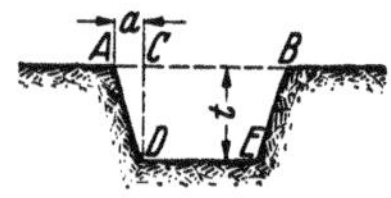

Abb. 48.

$$a = 20,\ t = 40,\ \text{also}\ \frac{a}{t} = \frac{20}{40} = \frac{1}{2}\ \text{fußig.}$$

Die Walze, auch Zylinder und Rundsäule genannt, hat als Grund- und Deckfläche kongruente Kreise. Der Mantel, die Seitenfläche ist gleich einem Rechteck mit dem Umfang des Grundkreises als Breite und der Höhe der Walze als Länge.

Der Inhalt aller Prismen ergibt sich aus Grundfläche mal Höhe, das gilt auch für die Walze.

Pyramiden sind Spitzsäulen, die Seitenflächen sind Dreiecke, die Grundflächen Dreiecke, Vierecke usw. Danach unterscheidet man wieder dreiseitige, vier- (Abb. 46), fünf-, sechsseitige Pyramiden. Auch der Kegel (Abb. 47) ist eine Spitzsäule mit einem Kreis als Grundfläche.

Der Pyramideninhalt $J = G \cdot \frac{h}{3}$.

Der Kegelinhalt $J = \frac{r^2\pi \cdot h}{3}$.

Durch parallele Schnitte zur Grundfläche entstehen Pyramiden- und Kegelstumpfe.

Der Inhalt des Pyramidenstumpfs (Abb. 49)

$$J = \frac{h}{3}\left(G + g + \sqrt{G \cdot g}\right) \quad \text{oder} \quad J = \frac{G + g}{2} \cdot h$$

als Näherungsformel.

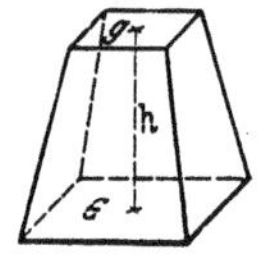

Abb. 49.

Für den Kegelstumpfinhalt (Abb. 50) gilt

$$J = \frac{h\pi}{3}(R^2 + r^2 + Rr).$$

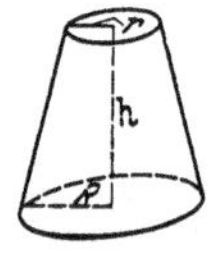

Abb. 50.

Aufgaben zur Körperberechnung:

1. Bestimme den Inhalt des Würfels mit 2, 3, 10 m Kantenlänge!
2. Berechne den Inhalt des Balkens von 4 m Länge, 20 cm Breite und 24 cm Dicke!

3. Berechne den Inhalt einer quadratischen Säule mit der Grundkante a = 21 cm und 5,4 m Länge.
4. Ein Scheitholzstoß ist 8 m lang, 1 m hoch und hat 1 m lange Scheite. Rechne!
5. Ein Weg bekommt eine Steindecke von 7 cm Höhe auf 3,5 m Breite und 400 m Länge. Rechne!
6. Ein Backstein im Reichsformat hat die Maße 25 × 12 × 6,5 und 3,7 kg Einheitsgewicht.
7. Eine Mauer ist 12 cm dick, 4,8 m hoch und 8,4 m lang. Je cbm Mauerwerk rechnet der Maurer 400 Backsteine! Rechne!
8. Die Außenmauer ist 1 Stein stark, also 25 cm dick, 3,70 m hoch, 9,6 m lang. Rechne!
9. 1 Kiste mit 1 qm Bodenfläche ist 0,5 m hoch mit gebranntem Stückkalk gefüllt. Der Kalk wiegt 625 kg. Rechne!
10. Der Maurer mischt 330 l gelöschten Kalk, 1 cbm Sand und 200 l Wasser. Welche Masse Mörtel müßte entstehen (in cbm)? In Wirklichkeit wird die Masse nur wenig räumlich größer als 1 cbm!
11. Ein Eisenbahnwagen hat einen Laderaum von 1,8 m Breite, 12 m Länge und 1,80 m Höhe.
12. Auf 1 qm gehen 44 Fliesen. Ein Hausflur mißt 7,2 × 1,4 m. Die Fliesen sind 2,2 cm stark. Berechne Fläche und Zahl, Masse!
13. Wieviel Kies liefert eine Grube, 10 m lang, 8 m breit, 2,4 m tief?
14. Ein Wasserleitungsgraben wird 40 cm breit, 1,4 m tief, 264 m lang ausgehoben. Je lfd. m werden 1,25 *RM* bezahlt (z. T. felsig). Was kostet die ganze Strecke, 1 cbm Erdbewegung?
15. Ein Rüsselkäfergraben ist 20 cm breit und 20 cm tief ausgehoben worden und läuft um eine rechteckige Kultur mit 240 und 300 m langen Seiten. Wieviel cbm Erde werden bewegt? Was kostet die Anlage des Grabens, wenn der lfd. m 1,25 *Rpf* kostet?
16. Ein Eichenbalken von 5,4 m Länge hat eine rechteckige Kopffläche mit 40 cm Höhe und 36 cm Breite.

    Welchen Inhalt hat der Balken und welches Gewicht, wenn trockne Eiche das spezifische Gewicht s = 0,84 hat?
17. Ein Graben wird 250 m lang, 0,5 m tief, in der Sohle 0,25 m, oben 0,30 m breit. Wieviel Erde wird ausgehoben?
18. Ein Damm mit trapezförmigem Querschnitt wird unten 5 m, oben 3,2 m breit und 2,5 m hoch aufgeschüttet. Welche Erdmasse ist nötig für 124 m Länge?

    Ein Schubkarren faßt 75 l (80—100 l). Wieviel Schubkarren voll Erde sind zu transportieren?
19. Ein Kastenwagen mißt unten 0,64 m, oben 0,96 m zwischen den Rungen, ist 0,70 m hoch und 3,6 m lang. Welchen Inhalt hat er?
20. Auf 1400 m Straßenlänge sind für eine 4 m breite Fahrbahn 420 cbm Schotter angefahren. Welche Deckenstärke ist für die Befestigung vorgesehen?
21. Eine Packlage soll 30 cm stark werden. Welche Steinmenge ist nötig für 400 m Weglänge bei 3,5 m Breite? Der Fuhrmann kann 1,50 (1,75) cbm laden. Rechne!

22. In einem Torfstiche ist eine Grube von 60 m Länge, 15 m Breite und 1,5 m Tiefe ausgehoben.
Bei der Verarbeitung des Rohtorfes in der Ziegelform fallen 20% ab. Die frischen Torfziegel messen $40 \times 12{,}5 \times 10$. Rechne!
23. Man will 50000 Torfziegel, $0{,}45 \times 0{,}12 \times 0{,}10$ m, gewinnen. Welche Torfmasse ist dazu nötig, wenn 25% des Rohtorfs abfallen?
24. 59 rm Brennholz sollen in einer Bank von 18 m Länge aufgesetzt werden. Wie hoch also?
25. Welchen Inhalt hat ein Nutzholzstoß von 4 m Länge, 1 m Höhe und 1,80 m Scheitlänge?
26. Ein Teich ist 0,16 ha groß und durchschnittlich 1,3 m tief. Wie lange braucht das Wasser zum Abfließen, wenn der Querschnitt der Wasserdurchlässe zusammen 0,75 qm groß ist und das Wasser mit einer Durchschnittsgeschwindigkeit von 2,5 m in der Sekunde abfließt?
27. Welchen Inhalt und welches Gewicht hat eine Basaltsäule (6seitiges Prisma) von 4,2 m Länge und 11 cm Grundkante. Spezifisches Gewicht von Basalt $s = 3{,}1$.
28. Berechne den Inhalt der Baumstämme:

d =	25,	14,	16,	21,	36,	40,	42,	47,	56,	61 cm,
l =	4,2,	5,6,	13,	16,	8,4,	4,6,	3,5	5,4	7,8	3,8 m.

29. Wieviel Fuhren Sand je 1,5 cbm kann ein Eisenbahnwagen mit 15 t Ladegewicht fassen, wenn Sand das spezifische Gewicht 1,6 hat?
30. 39 rm Buchenknüppel, das Dienstholz des Försters, sollen zwischen dem Stall und der Scheune auf einer Länge von 10 m aufgesetzt werden und zwar zwei Bänke hintereinander. Knüppellänge 1 m. Wie hoch werden die Bänke?
31. Ein Komposthaufen hat 2,40 qm untere und 1,6 qm obere Fläche und ist 1,25 m hoch. Rechne!
32. Ein Kieshaufen ist unten 3,5 m lang und 1,5 m breit, oben 3,0 m lang und 1,2 m breit, 0,8 m hoch. Wieviel cbm Kies stecken drin?
33. Basaltschotter liegt in Haufen, die unten $3{,}6 \times 1$ m, oben $3 \times 0{,}60$ m messen und 0,6 m hoch sind! Rechne!
34. Für den cbm Hartstein zu schottern zahlte die Straßenbauverwaltung 4,25 *RM* Akkordlohn. Die Schotterdecke wurde auf 1240 m Länge und 4 m Breite 8 cm hoch aufgebracht. Berechne den Schotterbedarf und die Kosten für das Kleinschlagen!
35. Ein hohlwegartiger Wegedurchstich durch einen zur Wegerichtung querliegenden Erdbuckel wird unten 104 m lang und 4,0 m breit, oben 66 m lang, aber 8,4 m breit und 3,6 m tief. Wieviel cbm Erde sind zu bewegen?
36. Eine Pyramide mit quadratischer Grundfläche und 8 m Höhe hat eine Grundkante von 1,2 m. Rechne!
37. Eine dreiseitige Pyramide hat als Grundfläche ein gleichseitiges Dreieck mit 2, (3, 4) m langen Seiten. Die Höhe beträgt 5 m. Rechne!
38. Ein Kegel mit 12 m Höhe hat einen Grundflächenradius von 3 m.
39. Eine kegelförmige Kuppe mit einem Umfang der Grundfläche von 75 m und 15 m Seitenhöhe soll abgetragen werden. Wieviel cbm Erde werden dadurch für eine Aufschüttung frei?

40. Bei einem Kegelstumpf ist R = 3 m, r = 2 m und h = 6,3 m. Berechne den Inhalt!

41. Einen Meiler berechnet man nach der Formel $\frac{U^2 \cdot h}{8\pi}$. Es sei der Umfang des Meilers gleich 25,12 m, die Höhe gleich 2 m. Wieviel rm Holz sind drin?

Rechne bei Buchenscheit mit 8 hl Ausbeute je rm = 20—24 kg (Weichholz nur 4 hl = 14—18 kg Holzkohle)! Nimm 1 rm Buchenscheit = 510—550 kg! Bestimme das Ausbeuteprozent dem Gewichte nach, dem Volumen nach!

42. Ein Komposthaufen hat die Form einer abgestumpften Pyramide und mißt unten im Rechteck 2 × 6,4, oben 1,8 × 8,6 m und ist 1,2 m hoch.

Wieviel Schubkarren Erde mit 0,1 cbm Fassungsraum stecken drin?

43. Eine Pyramide mit quadratischer Grundfläche hat die Grundkante a = 2,4 m und ist 4,8 m hoch.

44. Ein runder Brunnen mit 1,2 m lichter Weite ist rund ummauert. Die Mauer ist 0,25 m dick und reicht 6,4 m tief. Wieviel cbm Mauerwerk sind nötig gewesen?

45. Eine Stützmauer ist unten 1,20, oben 0,30 m dick, 2,40 m hoch und 36 m lang. Berechne den Inhalt!

46. Auf dem Stapelplatz lagern 14 Bänke Essigholz, jede 186 m lang und 4,5 m hoch.

Welchen Wert hat das Holz, wenn 1 rm einschließlich Transportkosten 6,40 *RM* kostet?

Die Feuerversicherungsprämie beträgt 1,6‰ vom Lagerwert. Rechne!

47. Eine Buchenseitenbohle mißt 4,80 × 0,32 × 0,08 m! Rechne!

48. Wieviel Liter Wasser faßt ein Eimer, oben mit 30 cm, unten mit 24 cm lichter Weite und 36 cm Höhe?

49. Ein Zimmer 6 × 7,5 m erhält einen Parkettriemenfußboden als Bodenbelag. Zur Verwendung kommen Kurzriemen von 40 × 8 cm. Wieviel sind nötig, wenn man mit 5% Verschnitt rechnet.

Welche Festmasse steckt in dem Riemenboden aus Eiche, Buche oder Kiefer, wenn die Parkettstäbe 14 mm stark sind?

50. Führe dieselbe Berechnung aus für die Saalgröße 12 × 18, Langriemen 90 × 12 und 16 mm Dicke!

51. Wieviel Tafelparkettplatten 0,40 × 0,40 wären für den Saal nötig bei 3% Verschnitt?

52. Eine Abschlagmaschine hackt je Stunde 0,5 Millionen Streichhölzer aus den auf der Schälmaschine hergestellten Furnierbändern von der Breite und Dicke der Streichhölzer, also Streichholzlänge 49 mm = Bandbreite; Streichholzdicke (2 ×) 2 mm = Furnierbanddicke. Der Betrieb in Gr. hat eine Tagesproduktion von 3,25 Millionen Zündhölzern in 50000 Schachteln.

Welcher Holzmasse entspricht die Zündholzmasse der Tagesproduktion? Berücksichtige 30% Verlust!

53. An Margarinekisten stelle ich 1 cm Brettdicke fest und entnehme der Statistik, daß die deutsche Kistenfabrikation jährlich etwa 1,4 Millionen fm verarbeitet. Wieviel qm Kistenbretter ließen sich daraus gewinnen bei 0,8, 1,0, 1,2 cm Brettdicke, wenn für Schnitte und Schwarten 25—30% abfallen?

54. An einem Scheunengiebel sehe ich Schindeln 40 cm lang, 12 cm breit, 1,1 cm dick. Beim Schindelmachen soll es 25—30 % Abfall (Fichten oder Rotbuchen) geben.

Wieviel Schindeln dieser Größe gibt es also aus 1 fm?

55. Ein Arbeiter kann angeblich mit einem jungen Helfer 700 Schindeln täglich herstellen, wenn gutspaltbares Holz auf 80 cm abgelängt ist und 80 cm lange, 15 cm breite und 1,25 cm dicke Schindeln hergestellt werden sollen. Bei 30 % Abfall fallen wieviel Schindeln an je fm und wieviel fm Holz verarbeiten die beiden an einem Tage?

56. Der Durchmesser eines Litermaßes muß nach Reichsgesetz 86 mm im Lichten betragen. Wie hoch ist es im Lichten?

16. Forstbenutzung.

I. Inhaltsermittlung bei liegendem Holz.

1. Ein aufgearbeiteter, numerierter Stamm hat folgenden Kopf: Erkläre!

Abb. 51.

2. Ein zweiter Stamm, Güteklasse A, wurde auf 7,8 m abgelängt, der Mittendurchmesser, über Kreuz gekluppt, ergibt einmal 32,4 und einmal 34,1 cm. Beschrifte den Nummerkopf!

3. Stämme unter 20 cm Mittendurchmesser werden einmal gekluppt, darüber zwei ×, also über Kreuz. Zwei zusammengehörige Kluppungen ergeben: 19,6 und 20,4, 21 und 22, 33,5 und 34,5, 36,5 und 38,5 cm. Beurteile diese Ablesungen an der Kluppe! (Falsch, überschießende Bruchteile von cm werden vernachlässigt.) Gib die richtigen Mittendurchmesser an!

4. Wegen eines Hornastes in der Mitte des Stammes müssen 4 Messungen gemacht werden: 32 × 31 und 32 × 33; 20 × 20 und 21 × 20; 36 × 35 und 36 × 36. Gib die richtigen Mittendurchmesser an!

5. Der Inhalt eines Schaftes ist stets gleich dem Inhalt einer Walze, also gleich Grundfläche mal Höhe. Als Grundfläche gilt die Kreisfläche aus dem Mittendurchmesser. $J = r^2 \pi \cdot l = \frac{d^2 \cdot \pi \cdot l}{4}$.

Der Förster mißt den Durchmesser des Holzes, sollte also stets nach der Formel $J = \frac{d^2}{4} \cdot \pi \cdot l$ rechnen!

Berechne den Inhalt 10,4, 18,0, 4,5 m langer Stämme mit 24, 26, 30, 40, 50 cm Mittendurchmesser!

6. Für die Schätzung des liegenden Stammes nimm

$$J = \frac{d^2}{4} \cdot 3{,}14 \cdot l \sim d^2 \frac{3{,}20}{4} \cdot l = d^2 \cdot l \cdot 0{,}8 \text{ (}d^2\text{ lacht!)}$$

z. B.	30	36	25	24	32	40	45	50 cm Mittendurchmesser
	5	8	4	6	7	8,4	9,6	12 m Länge.

Vergleiche mit der Kubiziertabelle im Waldheil-Kalender!

7. In der Praxis entnimmt man den Festgehalt den Kubiktafeln, z. B. der „Kubiktafel für runde Hölzer" im Waldheil-Kalender. Übe an selbstgestellten Beispielen!

8. Bei der Schlagaufnahme wurden ins Nummerbuch eingetragen: „Buchenstämme Kl. 2 und Kl. 3.

Nr.	Länge	Mitten ∅	Festgehalt
1	5,2	28	
2	7,8	31	
3	2,6	36	
4	9,0	23	
usw.			

Ergänze die Festgehalte nach der Kubiktafel!

9. Eine Kluppe mit zu loser Führung des beweglichen Schenkels mißt alle Durchmesser um 0,3 cm zu klein.

Wie groß ist der prozentuale Fehler

a) beim Durchmesser mit 16, 18, 20, 24, 28, 30, 36, 40, 50 cm?

b) bei der zugehörigen Kreisfläche?

10. Ein 6,4 m langer Buchenstamm mißt genau 26,2 und 27 cm Mittendurchmesser über Kreuz, wird aber mit der fehlerhaften Kluppe aus Aufgabe 9 gemessen und entsprechend ins Nummerbuch aufgenommen.

Welcher tatsächliche Verlust in fm und prozentual ergibt sich? Welche Geldeinbuße erleidet die Forstverwaltung (1 fm = 18,— *RM*)?

11. Welchen Festgehalt haben

28, 154, 305, 651, 1430	Fichtengrubenstempel	1,25 m	lang	$^5/_8$ Zopf
19, 217, 359, 1009, 4132	"	1,55 "	"	$^{10}/_{12}$ "
Siehe Umrechnungszahlen	"	2,75 "	"	$^{12}/_{14}$ "
nach Lehnpfuhl bei Auf-	"	2,20 "	"	$^{12}/_{14}$ "
gabe 38, S. 15!	"	2,50 "	"	$^{14}/_{16}$ "
	"	2,20 "	"	$^{16}/_{18}$ " ?

12. 113 Fichtengrubenstempel, 1,55 m lang, $^{10}/_{12}$ Zopf liegen unter Nr. 254 im Distrikt 71c aufgeschichtet. Welche Angaben stehen auf dem daneben eingeschlagenen Nummerpfahl? Wieviel fm sind das im Nummerbuch?

13. 1,55 m langes Grubenstempelholz ist nach rm aufgearbeitet. Wie hoch müssen die Stöße aufgesetzt werden a) ohne Berücksichtigung, b) mit Berücksichtigung von 4% Schwinde- oder Aufmaß?

14. 1,8 m lange Buchenrollen sind für eine Faßfabrik nach rm aufgearbeitet.

Wie hoch sind die Stöße aufzumetern?

15. Ungeschälte Kiefern-Kistenrollen von 16—20 cm Zopfstärke sind in Stößen von 1,04 m Höhe, 1,70 m Länge und 1,35 m Breite aufgesetzt.

Wieviel fm enthält ein Stoß unter Zugrundelegung der Preuß. Homa?

16. Welchen Inhalt hat eine (100, 200, 250, 160, 92, 65, 173) Derbstange I.—III. Kl., Reiserstange IV.—VIII. Kl.?

17. Wieviel Stangen I.—VIII. Kl. gehen auf 1 fm?

18. Gib Umrechnungszahlen nach der Homa an!

19. Es werden Scheite mit einer Länge von 0,50, 0,60, 0,70, 0,80, 0,90 m aufgearbeitet.

Wie lang muß jedesmal ein rm-Stoß aufgesetzt werden, wenn die Stoßhöhe stets gleich 1 m sein soll? (Ohne Schwindemaß.)

20. Jeder Stoß hat den Inhalt: Stoßlänge × Stoßhöhe × Scheitlänge. Höhe und Breite des Stoßes sind stets in zwei zueinander senkrecht stehenden Richtungen zu messen. Zeige das für den Stoß am Hang! (Abb. 52.)

Abb. 52.

II. Inhaltsermittlung stehenden Holzes.

1. Zur Festgehaltsermittlung stehenden Holzes ist nötig:
   a) die Stammgrundfläche (g) oder Kreisfläche in 1,3 m Höhe über dem Boden (oder der Brusthöhendurchmesser b),
   b) die Höhe (h) und
   c) eine Formzahl (f), z. B. die Baumformzahl für die Gesamtholzmasse, die Derbholzformzahl für die gesamte Derbholzmasse und gegebenenfalls auch die Schaftformzahl für den Inhalt des Schaftes ohne Astholz.
2. Die Formzahl gibt an, wie sich die wirkliche Holzmasse eines Stammes zum Inhalt einer vollen Walze verhält, welche auch die Kreisfläche des Stammes in Brusthöhe als Grundfläche und seine Gesamthöhe als Länge hat.
3. Die volle Walze aus Mittendurchmesser m und Höhe h hat den Inhalt $J = \frac{m^2}{4} \pi . h$.

   Die Holzmasse des Stammes mit Brusthöhendurchmesser b, der Höhe h und der Formzahl f hat den Inhalt $J = \frac{b^2}{4} \cdot \pi \cdot h \cdot f$.

   Das Ergebnis soll gleich sein, also: $\frac{m^2}{4} \pi \cdot h = \frac{b^2}{4} \cdot \pi \cdot h \cdot f$

   oder $m^2 = b^2 \cdot f$

   oder $f = \left(\frac{m}{b}\right)^2$.
4. Bei der vollholzigen Fichte, Tanne, Buche und Eiche verhält sich der Mittendurchmesser (m) zum Brusthöhendurchmesser (b) meist wie 7:10.

Es ist also $\frac{m}{b} = \frac{7}{10}$ und $f = \left(\frac{m}{b}\right)^2 = \left(\frac{7}{10}\right)^2 = 0{,}49$ rd. 0,50.

Die Formzahl ist hiernach für Stämme, deren Mittenstärke $^7/_{10}$ des Brusthöhendurchmessers beträgt, bei 0,50 zu suchen (bei Kiefern und Lärchen um 0,45).

5. Nach der *Denzinschen Formel* ist die Masse einer stehenden Buche (Eiche, Fichte, Tanne) mit 25 m Höhe gleich Brusthöhendurchmesser (b) zum Quadrat geteilt durch 1000, also $J = \frac{b^2}{1000}$. Weicht die Höhe von 25 m nach oben oder unten ab, so sind für jeden m Abweichung ± 3% von der Masse anzusetzen. Bei Kiefern und Lärchen gilt die Formel für 27—28 m Höhe.

Brusthöhendurchmesser b = . .	40	36	28	42	55	60	25	32 cm
Holzmasse bei 25 m Höhe . .								fm
" " 26 " " . .								"
" " 24 " " . .								"
" " 23 " " . .								"
" " 28 " " . .								"
" " 30 " " . .								"

a) Schätze die Masse der in der Tabelle aufgeführten Buchen- (Eichen-, Fichten-, Tannen-) stämme!

b) Nimm an, es handle sich um Kiefern- oder Lärchenstämme und schätze! (28 m zugrunde legen.)

6. Die Derbholzmasse auf mittleren Bonitäten im Alter 100 beträgt für geschlossene Bestände bei der Kiefer 300, Fichte 500, Tanne 600, Buche 400, Eiche 300, Erle 200 fm (Alter 60), Birke 150 fm (Alter 60).

Rechne mit dem *Bestandesfaktor* 0,9, 0,8, 07, 06!

7. Bei der Räumung von Schlägen werden voraussichtlich 100 (81, 252, 75, 224, 136) fm Derbholz anfallen. Wieviel fm sind im Bestand tatsächlich vorrätig, wenn vom Vorrat 10% *Ernteverlust* zu berücksichtigen sind?

8.

Durchmesser in 1,3 m Höhe cm	Fichte, 40jährig, auf 0,1 ha	Stammzahlen Stück	Kreisfläche qm	Mittelhöhe m
8		3	0,0150	
10				
12				
14				
16				17,5
18				
20				
22				
24				
26				

Diese Tabelle soll das Manual einer gekluppten Probefläche, 0,1 ha Fichte 40jährig, mit der Bestandesmassenermittlung nach dem Kreisflächenmittelstamm verbinden.

a) Ermittle zunächst die Stammzahlen!
b) Errechne zu jeder Durchmesserstufe die zugehörigen Kreisflächen! (4 Dez.)
c) Stelle die Kreisflächensumme der Probefläche fest!
d) Ermittle nun die Kreisfläche des Durchschnittsstammes (lies Mittelstammes) und ermittle seinen Durchmesser! (Volle cm abrunden.)
e) Berechne nun den Inhalt des Mittelstammes mit der Bestandesformzahl 0,51! (Gemeinüblich abrunden.)
f) Welche Masse stockt auf der Probefläche und mithin auf 1 ha?

9. Bei der Aufarbeitung einer Kienzopfkiefer bietet sich in einem 100jährigen Bestande Gelegenheit zur Feststellung des laufendjährlichen Zuwachses.

Der Stamm ist 24 m lang und hat einen Mittendurchmesser von 25 cm. Der abgezopfte Stamm ist noch 20 m lang. Am abgeschnittenen Zopfende sind noch n = 18 Jahrestriebe bzw. Jahrringe auszählbar.

Bei der weiteren Aufarbeitung des Hauptabschnittes legt die Säge gerade dessen Mittenkreisfläche frei, man zählt auf ihr 18 Jahrringe zurück und mißt den früheren Durchmesser im Alter 82 mit 22,4 cm.

Der Festgehalt M des Stammes im Alter 100 ergibt sich aus 24 m Länge und 25 cm Mittendurchmesser,

der Festgehalt m des Stammes im Alter 82 aus 20 m Länge und 22,4 cm Durchmesser.

Der laufend-jährliche Zuwachs ist gleich $\frac{M-m}{n}$ fm. Rechne! (Hier etwa z = 0,02 fm.)

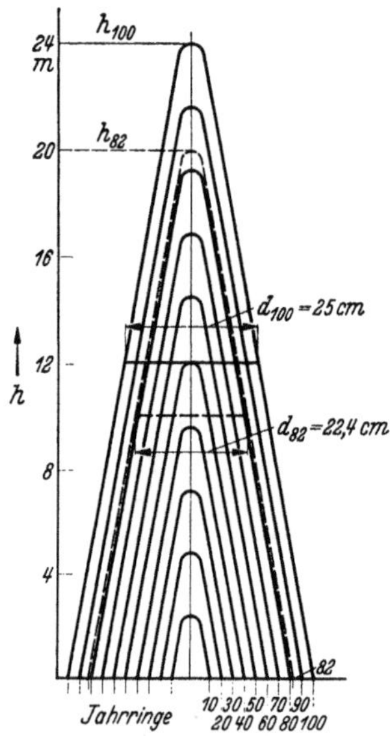

Abb. 53. Schematische Darstellung zu Aufg. 9. Der Stamm im Alter 100 mit $h_{100} = 24$ m und $d_{100} = 25$ cm; der Stamm im Alter 82 mit $h_{82} = 20$ m und $d_{82} = 22{,}4$ cm.

10. Gib nun das Zuwachsprozent für diesen Stamm an nach der Proportion p:100 = z:m, wobei p das Zuwachsprozent bedeutet, z gleich dem laufendjährlichen Zuwachs in fm ist und m die Masse darstellt, an welcher der Zuwachs erzeugt wird. (Beziehung auf den Anfang der 18jährigen Periode vom Alter 82—100.)

11. Beziehe das Zuwachsprozent auf die am Ende der 18jährigen Periode vorhandene Masse M, also $p:100 = \frac{M-m}{n} : M$.

12. Beziehe das Zuwachsprozent auf die in der Mitte der 18jährigen Periode vorhandene Masse $\frac{M+m}{2}$, also $p:100 = \frac{M-m}{n} : \frac{M+m}{2}$.

13. Berechne das laufend-jährliche Zuwachsprozent nach Beispielen aus den Ertragstafeln!

14. Mit dem Preßlerschen Zuwachsbohrer ermittelt man in Brusthöhe des stehenden Stammes für die letzten 10 Jahresringe 1,2 (1,0, 1,25, 1,80) cm und kluppt den Brusthöhendurchmesser mit 36 (40, 38, 44, 46) cm (Rindendicke ist schon abgezogen).

a) Wieviel Jahrringe = n kommen auf einen Außenzentimeter?

b) Nach der Schneiderschen Formel ist das Durchmesserzuwachsprozent $\mathbf{p_d = \frac{200}{nd}}$, wenn n wie oben berechnet die Anzahl der Jahrringe auf 1 Außenzentimeter und d den Brusthöhendurchmesser darstellt. ($p_d : 100 = \frac{2}{n} : d$, z. B.: 10 Jahrringe auf 1,2 cm bei 36 cm Durchmesser, also 8,33 Ringe je Außenzentimeter, also

$$p_d = \frac{200}{8{,}33 \cdot 36} = \left(\frac{200}{\frac{25}{3} \cdot 36}\right) = 0{,}67\%.$$

c) Wie groß ist in jedem Falle der tatsächliche Kreisflächenzuwachs, also eine Jahrringfläche? Sie ist annähernd gleich einem Rechteck mit dem Umfang des Stammes in Brusthöhe als Länge und der Jahrringdicke als Breite. Z. B.: d = 36 cm, 10 Jahrringe sind 1,2 cm stark, also Jahrringfläche $= 36 \cdot \pi \cdot \frac{1{,}2}{10} =$ ..... qcm.

d) Setze wieder n gleich der Anzahl der Jahrringe auf einem Außenzentimeter und berechne die Jahrringfläche $\left(= d\pi \frac{1}{n} \text{qcm}\right)$.

e) Beziehe die Jahrringfläche (d. h. den Kreisflächenzuwachs) $\frac{d \cdot \pi}{n}$ auf die ganze Kreisfläche $d^2 \cdot \frac{\pi}{4}$. Dann erhältst du das Kreisflächenzuwachsprozent p_g nach der Proportion:

$$p_g : 100 = \frac{d \cdot \pi}{n} : \frac{d^2\pi}{4}, \text{ also } \mathbf{p_g = \frac{400}{n \cdot d}};$$

$$\text{z. B. } p_g = \frac{400}{8{,}33 \cdot 36} = \mathbf{1{,}33\%}.$$

15. Die Beispiele in Aufgabe 14 mögen in einem 108jährigen geschlossenen Fichtenbestande auf I. Standortsklasse ermittelt sein. Nach Schwappachs Ertragstafel werden für Fichte als Mittelhöhe angegeben:

im Alter	Standortsklasse				
	I.	II.	III.	IV.	V.
	m	m	m	m	m
100	33,3	29,3	25,0	21,0	17,2
105	34,1	30,1	25,9	21,8	—
110	34,8	30,8	26,7	22,6	—
115	35,4	31,5	27,7	23,3	—

Wie groß ist der Höhenzuwachs im Alter 100—115 (100—105, 100—110, 105—115) überhaupt und für ein Jahr in m? (Beim 1. Beispiel: 2,1 und 0,14 m).

16. Wie groß ist das Höhenzuwachsprozent p_h der Einzelstämme in Aufgabe 14 bzw. 15? Es verhält sich p_h:100 wie der jährliche Höhenzuwachs zur Durchschnittshöhe im Zeitabschnitt, also z. B.: $p_h : 100 = 0{,}14 : 34{,}4$, mithin $p_h = 0{,}41\%$ (Abschnitt 100—115).

17. Es soll nun das Massenzuwachsprozent der stehenden Stämme in Aufgabe 14 ermittelt werden! Beispiel 1:

Ein Stamm mit Brusthöhendurchmesser 36 cm,

10 Jahrringe = 1,2 cm Außendurchmesser oder $8^1/_3$ Jahrring je Außenzentimeter.

Kreisflächenzuwachsprozent $p_g = 1{,}33\%$ (s. Aufgabe 14e).

Durchmesserzuwachsprozent $p_d = 0{,}67\%$ (s. Aufgabe 14b).

Durchschnittsmittelhöhe nach Schwappach = 34,4 m (s. Aufgabe 16).

Höhenzuwachsprozent 0,41% (s. Aufgabe 16).

Das Massenzuwachsprozent p_m ist nun $p_g + p_h$, in unserem Beispiel $p_m = 1{,}33 + 0{,}41 = 1{,}74\%$.

18. Der Waldreinertrag eines im 120jährigen Umtriebe bewirtschafteten Fichtenbestandes II. Standortsklasse von 120 ha Größe ist wie folgt ermittelt:

Aus Durchforstungen bis Alter	30	19 fm	Gesamtmasse	je	5,90 RM
„ „ im Alter	40	49 „	„	„	6,50 „
	50	61 „	„	„	7,20 „
	60	75 „	„	„	8,10 „
	70	87 „	„	„	9,30 „
	80	95 „	„	„	10,90 „
	90	99 „	„	„	12,80 „
	100	100 „	„	„	14,90 „
	110	97 „	„	„	17,20 „
	120	89 „	„	„	20,20 „
Dazu der Hauptbestand		703 „	„	„	24,— „

a) Welcher Gesamtwert ergibt sich für die Summe der Vornutzungen und die Hauptnutzung und für beide zusammen?

b) Von diesem Werte setze die Kosten für die Bestandesbegründung mit 250,— RM und die Verwaltungskosten für 120 Jahre mit je 12,— RM (beide je ha) ab. Die Endsumme ergibt einen Waldreinertrag von ..... RM für die 120jährige Umtriebszeit und von ..... RM für 1 Jahr und ha (ohne Zinseszins).

c) Betrachte diesen Reinertrag als den 3%igen Ertrag eines Kapitals! Welches Kapital (= Waldwert) liefert denselben Zinsertrag wie den in b) errechneten jährlichen Reinertrag je ha?

d) Setze von diesem Waldwert den Bodenwert von 600,— RM für 1 ha ab, dann erhältst du den Holzvorratswert für 1 ha!

III. Das spezifische Gewicht.

Der Wasseranteil am Gewicht frischgefällten Holzes beträgt

bei schweren Laubhölzern rund 40%,
„ leichten Laubhölzern „ 50%,
„ Nadelhölzern „ 60%.

In waldtrocknem Holz ist die Hälfte des Wassers verdunstet.

Lufttrocknes Holz hat nur noch 10—15% Wasser, kunsttrocknes Holz im Trockenraum nur noch 5—8%, absoluttrocknes Holz ist wasserfrei.

1. Gib den prozentualen Wassergehalt von Eiche, Aspe und Fichte in den vier verschiedenen Gewichtsstufen an.
2. 1 fm Fichtenstammholz wiegt frisch gefällt 760 kg; 1 fm Buche 990 kg, 1 fm Aspe 840 kg. Berechne jedesmal das Waldtrocken-, das Lufttrocken-, das Kunsttrocken- und das Absoluttrockengewicht!
3. Nach Mittelwerten verschiedener Autoren wiegt (geordnet nach dem Lufttrockengewicht):

Holzart	Frischgewicht kg je fm	Lufttrockengewicht kg je fm	Holzart	Frischgewicht kg je fm	Lufttrockengewicht kg je fm	Holzart	Frischgewicht kg je fm	Lufttrockengewicht kg je fm
1. Sehr schweres Holz			Feldahorn	940	700	4. Leichtes Holz		
			Birne	940	700			
Flieder	1050	950				Salweide	900	530
Hartriegel	1030	840	3. Mittelschweres Holz			Kiefer	700	520
Elsbeere	1070	830				Linde	730	520
Hainbuche	1080	820	Vogelbeere	970	680	Erle	690	520
Eibe	1120	800	Apfel	900	670	Fichte	740	470
			Bergahorn	980	660	Tanne	1000	460
2. Schweres Holz			Spitzahorn	870	650	Weiden	1000	460
			Edelkastanie	1090	650	Aspe	840	450
Stieleiche	1080	760	Roteiche	1080	640			
Pflaume	1020	750	Kirsche	1080	640	5. Sehr leichtes Holz		
Robinie	870	750	Lärche	760	600			
Traubeneiche	850	730	Wacholder	760	600	Schwarzpappel	740	420
Esche	920	720	Birke	940	600	Weymouthskiefer	520	400
Rotbuche	990	720	Douglasie	910	570			
Feldulme	950	700	Roßkastanie	910	570			

Wieviel fm lufttrocknes Holz können demnach jedesmal auf einen SS-Wagen mit 25 t Ladegewicht geladen werden?

Schätze, wieviel % das Lufttrockengewicht vom Frischgewicht ausmacht! Ebensoviel % werden an Fracht gespart!

Gib nach der Tabelle das spezifische Gewicht für frisches und für lufttrockenes Holz an!

4. Die **Holzverfrachtung findet auf folgenden Wagentypen** statt (Angaben in Klammern von mir am Bahnhof Sp. gewonnen):
   1. G-Wagen: Gedeckte Wagen; 46,9 m^3 Laderaum; 21,3 m^2 Bodenfläche; 15 t Ladegewicht; 17,5 t Tragfähigkeit.
   2. Gl-Wagen: Großräumig gedeckte Wagen; 76 m^3 Laderaum; 28,8 m^2 Bodenfläche; 15 t Ladegewicht; 17,5 t Tragfähigkeit.
   3. O-Wagen: Offene Wagen mit Holzwänden; 18,4 m^3 Laderaum; 18,4 m^2 Bodenfläche; 15 t Ladegewicht; 17,5 t Tragfähigkeit (für Brennholz, Schleifholz, Nutzrollen; Nadelholz frisch 25 rm, lufttrocken ungeschält 27 rm, geschält Juni 36 rm; Laubholz frisch 20—22 rm, lufttrocken 25 rm; in Klötzen, 20 cm lang, 20 rm; in Stücken, ofenfertig zerkleinert, 18 rm).

4. O-Wagen mit eisernen Wänden: 14,9 m^2 Bodenfläche; 19,4 m^3 Laderaum; 15 t Ladegewicht; 17,5 t Tragfähigkeit (für Brennholz, Schleifholz, Nutzrollen; Nadelholz frisch 25 rm, lufttrocken ungeschält 27 rm, geschält Juni 36 rm; Laubholz frisch 20—22 rm; lufttrocken 25 rm; in Klötzen, 20 cm lang, 20 rm; in Stücken, ofenfertig zerkleinert, 18 rm.
5. Om-Wagen: 21,3 m^2 Bodenfläche; 33 m^3 Laderaum; 20 t Ladegewicht; 21 t Tragfähigkeit (45—50 rm weißgeschnitztes Papierholz, 42 rm rauhgeschältes Nadelbrennholz, Grubenstempel 2,60 m hochgestellt, 36—40 fm).
6. R-Wagen: Rungenwagen, großräumig, offen; 27 m^2 Bodenfläche; 10,8 m^3 Laderaum; 15 t Ladegewicht; 17,5 t Tragfähigkeit (Stämme über 5—9 m Länge, Laubholz frisch 13 fm, trocken 15 fm; Nadelholz frisch 15—17 fm, trocken 25 fm).
7. S-Wagen: Offene Wagen mit eisernen Rungen; 35,7 m^2 Ladefläche; 9 m Ladelänge mindestens und 15—20 t Ladegewicht (für kurze, dicke, meist Laubholzstämme, für Sägeblöcke und Abschnitte, 24—30 fm).
8. SS-Wagen: Offene Wagen mit eisernen Rungen, mindestens 11 m Ladelänge und mindestens 25 t Ladegewicht (für Nadellangholz, 11—18 m lang, frisch 25—28 fm, trocken 38—45 fm).
9. H-Wagen: Schemelwagen einzeln und als Wagenpaare zu benutzen, 20,4 m^2 Ladefläche; 15 t Ladegewicht; 17,5 t Tragfähigkeit (für Nadellangholz, 18—24 m, frisch 35—40 fm, trocken 50—55 fm; ein Wiegezettel gibt 34900 kg für 62,19 fm Fichtenlangholz an!).

5. Ein 10 t-Wagen faßt 10 fm frisches Laubhartholz,
13,5 „ waldtrocknes Laubhartholz,
15 „ frisches Nadelholz,
17,5 „ waldtrocknes Nadelholz.
Der 15 t-Wagen faßt entsprechend wieviel fm?

6. Berechne das Ladegewicht von 12,24 fm waldtrocknem Laubhartholz, 24,16 fm frischem Nadelholz und 10,21 fm waldtrocknem Nadelholz. Die Verladung soll zweckmäßig in 20- oder 15 t-Wagen erfolgen. Welche Menge frischen Laubhartholzes kann gegebenenfalls noch zugeladen werden, um das Ladegewicht voll auszunützen?

7. Wieviel Zweispännerfuhren erfordert die aufgeführte Holzmasse, wenn gefahren werden können: 3,5 fm waldtrocknes Laubhartholz bzw. 4,4 fm waldtrocknes Nadelholz, dagegen nur 2,5 bzw. 3,25 fm frisches Laubhartholz bzw. Nadelholz?

8. Prüfe die folgenden Angaben: Ein Baumriese wurde gestern abgefahren, eine Buche von 9 m Länge und 94 cm mittlerem Durchmesser, $6^1/_4$ cbm Inhalt und 130 Ztr. Gewicht!

9. An der Holzverladerampe auf Bahnhof Sp. erfahre ich von dort ständig beschäftigten Arbeitern, daß sie bei waldtrocknem Stammholz (Rundholz) den fm Eiche mit 19 Ztr., Buche zu 17, Kiefer, Birke und Esche zu 16, Lärche zu 14, Fichte, Pappel und Linde mit 13 Ztr. rechnen.

Wieviel fm laden sie in den 9 m langen S-Wagen bei voller Ausnutzung des 20 t-Ladegewichts?

10. Lufttrocken wiegen Eiche, Buche, Birke, Esche, Kiefer, Lärche, Fichte, Pappel und Linde (in derselben Reihenfolge): 16, 15, 13, 14, 12, 11, 10, 10, 10 Ztr. etwa je fm.

Wieviel lufttrockenes Holz wird also jedesmal in denselben S-Wagen verladen? Gib jetzt die Erklärung für die großen Holzstapelplätze an den Bahnhöfen!

11. Ein Holzfuhrmann fährt im April folgende Ladungen „waldtrocknen" Holzes ab: 2,54 fm Eiche, 3,16 fm Buche, 3,37 fm Kiefer, 4,08 fm Lärche und 3,96 fm Fichte. Wie schwer ist jedesmal seine Fuhre ohne Wagen?

12. Im Juli bei besseren Abfuhrverhältnissen fährt er Holz, dessen Gewicht etwa dem Mittel zwischen dem oben angegebenen Waldtrocken- und Lufttrockengewicht entspricht.

Wieviel fm würde er jetzt jedesmal bei der gleichen Last geladen haben wie im Frühjahr?

13. Auf ein H-Wagenpaar haben die Arbeiter 48,64 fm Fichtenlangholz geladen. Die Ladung wiegt 27544 kg. Rechne!

14. Für die Henkelwerke wurde am 12. Juli ein O-Wagen mit 32 rm 1,25 m langen, aufgespaltenen Buchenrollen II. Kl. verladen. Das Ladegewicht betrug 16932 kg.

15. Für Scheitholz kann man als Gewicht des rm ansetzen:

Holzart	Frisch Zentner	Waldtrocken Zentner	Lufttrocken Zentner
für Rotbuche . . .	14,0	12,0	10,0
„ Eiche	15,0	13,0	11,2
„ Esche	14,6	11,7	10,5
„ Fichte	12,5	10,0	7,2
„ Kiefer	13,0	11,0	7,5
„ Lärche	13,7	11,6	8,5
„ Tanne	13,0	11,0	8,0
„ Birke	13,0	11,5	9,4
„ Aspe	11,2	10,0	7,3

Alle Zahlen ändern mit der Art des Scheitholzes, dem Alter des Bestandes, ob Rinden- oder Kernstück, Stamm- oder Oberholz usw. ab.

Berechne das Gewicht von 2, 3, 4 rm Fuhren!

16. Berechne das Gewicht:

a) eines frischen Buchenstammes: 4,8 m lang, 26 cm ⌀,
b) eines frischen Kiefernstammes: 12,6 m lang, 41 cm ⌀,
c) einer lufttrocknen Fichte: 23 m lang, 38 cm ⌀,
d) einer Eichenrolle: 2 m lang, 30 cm ⌀, frisch,
e) eines Lärchenpfahles: 2,5 m lang, 18 cm ⌀, frisch,
f) einer Fichtenstange I. Kl. frisch,
g) einer Weymouthskiefernstange III. Kl. frisch,
h) eines Fichtengrubenstempels 1,55 m lang, $^{10}/_{12}$ Zopf, frisch,
i) einer Eichenbohle, 9 × 18 cm, 6 m lang, frisch,
k) eines Wagenbretts aus Pappel, 6 × 54 cm, 4,8 m lang!

17. Berechne das Waldtrockengewicht mit Benutzung der Angaben zu Aufgabe 16 für dieselben Stämme bzw. Hölzer.
18. Wie schwer ist ein Kiefernbalken, quadratisch behauen, 24 cm dick, 6 m lang, lufttrocken?
19. Ein Auto hat 2,5 t Tragfähigkeit. Der Fahrer hat den Holzzettel über einen Eichenstamm 5,2 m lang, 40 cm ⌀ und einen Kiefernstamm 11 m lang, 32 cm ⌀. Das Holz ist waldtrocken. Kann er alles aufladen?
20. Einen Eichenzaunpfahl, 20 cm ⌀, 1,80 m lang, behauptet ein 12jähriger Junge herangetragen zu haben. Nimm Waldtrockenheit (Lufttrockenheit) an und rechne!
21. Durch den Speisesaal im Schloß Sp. ist ein Deckbalken aus Eiche gelegt: 16 m lang, 40×60 cm Kopf. Gib sein Gewicht an!
22. Im Dachstuhl eines Hauses sind 7,64 cbm Kiefernbauholz eingebaut. Welches Gewicht hat das Holz?
23. Ein Rheinschleppkahn hat 800 t Kieferngrubenstempel (spez. Gew. 0,590) geladen. Wieviel fm sind das? Wieviel Waggons zu 15 t?
24. Nach Monroy gilt für Grubenstempelholz:

Holzart	Gewicht je fm		Durchschnittliche Tragfähigkeit der Stempel bei einer Länge und Stärke von		je qcm Querschnitt bei einer Länge von	
	frisch	trocken	1,5 m lang 13 cm ⌀ Zopf	2,5 m lang 15 cm ⌀ Zopf	1,5 m	2,5 m
	kg	kg	kg	kg	kg	kg
Fichte . .	830	490	14 850—34 500	28 600—21 200	112—260	105—206
Kiefer. . .	1000	590	17 250—32 900	15 000—33 600		
Rotbuche .	1130	740	18 200—38 400	25 600—50 600		
Weißbuche .	1060	720	12 700—38 400	—		
Eiche . . .	1090	780	16 600—30 500	20 400—36 800		
Akazie . .	1000	770	28 000—45 000	—		

Berechne die Tragfähigkeit für den qcm Querschnitt!
Vergleiche das Eigengewicht der Stempelsorten!

25. Nach den Bauvorschriften beträgt die zulässige Beanspruchung auf Druck für Kiefernholzstützen 60, für Eichenholzstützen 80 kg je qcm.
Welchen Druck kann demnach eine kurze Kiefern-(Eichen-)holzstütze von 7×10 cm Querschnitt aushalten?
26. Ein Kiefernpfosten soll 5860 kg Druck aufnehmen. Welchen Querschnitt muß er mindestens haben, wenn er gegen seitliche Durchbiegung abgestützt ist?

IV. Grubenholz.

27. Der Grubenholzverbrauch betrug im Deutschen Reich:

1913	1919	1920	1923	1924	1925	1926	1927	1928
6823	4617	5052	2874	4611	5035	4708	5309	5240 Mill. fm

Berechne die prozentuale Bewegung, 1913 = 100%!
28. Der Grubenholzverbrauch an Stempeln, Kappen, Spitzen und Schalholz verteilte sich:

	1917	1926	1927
Mill. fm überhaupt	3034	2811	3347
davon entfielen auf die ⌀-klassen			
5—8 cm	6,1 } 52,4 %	8,8 } 64,2 %	4,5 } 63,6 %
9—14 cm . . .	46,3	55,4	59,1
15—19 cm . . .	36,7 } 47,6 %	30,5 } 35,8 %	30,7 } 36,5 %
20—25 cm . . .	10,9	5,2	5,7
26 cm und mehr .	—	0,1	0,1

Welche Tendenz besteht also beim Grubenholzverbrauch?
Berechne die Massen, welche auf die einzelnen Stärkeklassen entfallen!

29. Gebräuchliche Längen für Grubenstempelholz: Lies 3′ (Fuß) =

3′ = 0,95 m	5′ = 1,55 m	7′ = 2,20 m	11′ = 3,40 m
$3^1/_2$′ = 1,10 „	$5^1/_2$′ = 1,70 „	8′ = 2,50 „	12′ = 3,70 „
4′ = 1,25 „	6′ = 1,85 „	9′ = 2,80 „	
$4^1/_2$′ = 1,40 „	$6^1/_2$′ = 2,00 „	10′ = 3,10 „	

30. Grubenholz-Ein- und Ausfuhr 1912—1928:

Jahr	1912	1913	1924	1925	1926	1927	1928
Einfuhr. . . .	434	380	524	455	545	808	756 Tsd. fm
Ausfuhr. . . .	90	126	191	326	485	497	380 Tsd. fm
Mehreinfuhr . .							Tsd. fm

31. 1908 und 1909 wurden 579500 bzw. 539000 fm Grubenlangholz eingeführt.
Durchschnittspreis je fm 1908: 10,20 *RM*
1909: 9,70 „
(17 fm Grubenlangholz = 10 t Waggon).
Berechne den Einfuhrwert des Grubenholzes 1908 bzw. 1909!
Wieviel 10 t-Waggons wurden eingeführt?

32. Nach dem Grubenholztarifsatz (ab 1. März 1930 für Eisenbahnwaggons Wagenklasse F gültig) kosteten:

bei einer Entfernung von km	10 t = 17 fm *RM*	1 fm *RM*	Durchschnittspreis loco Wald *RM*	
50	32	. . . . . .	. . . . . .	Selbstkosten frei Ruhrzeche jedesmal je fm 17,29 *RM*, darin enthalten: 1. 1,10 *RM* Fuhrlohn, 2. Fracht, 3. Waldpreis.
100	53	. . . . . .	. . . . . .	
150	73	. . . . . .	. . . . . .	
200	91			
300	124	7,29	8,90	
400	153			
500	178			
600	199			
700	214			
800	226			
900	235			
1000	240			

Die Höhe der Eisenbahnfrachtsätze für Grubenholz bestimmt den Waldpreis des Holzes!

Welchen Waldpreis wird der Grubenholzkäufer unter Berücksichtigung des mit der Entfernung wechselnden Frachtsatzes jedesmal anlegen je fm,

wenn er den normalen Selbstkostenpreis für 300 km Entfernung ansetzt, 1,10 ℛℳ Fuhrlohn kalkuliert, 7,29 ℛℳ Fracht nach der Tabelle einrechnet und deshalb 8,90 ℛℳ loco Wald bezahlt, um ohne Gewinnaufschlag 17,29 ℛℳ je fm frei Ruhrzeche in Rechnung zu stellen?

In seiner Rechnung ist nur eine Veränderliche: der Waldpreis! Bei weiten Entfernungen bleibt nach Abzug der Werbungskosten vom Waldpreis für das Holz nichts mehr übrig! (1910 kostete 1 fm Grubenholz frei Ruhrzeche ohne Rinde gemessen 18,— ℛℳ je fm. Bei 700 km Entfernung loco Wald mit Rinde 5,40 ℛℳ, bei 300 km Entfernung wie vor 8,90 ℛℳ je fm.)

33. Vom Grubenholzverbrauch von 5240 Millionen fm im Jahre 1928 entfielen auf Kiefer 85%, Fichte und Eiche 15%. 96% des Bedarfs werden im Kohlenbergbau verbraucht. Rechne!

V. Schwellen.

1. Bei den Eisenbahnschwellen sind zu unterscheiden:

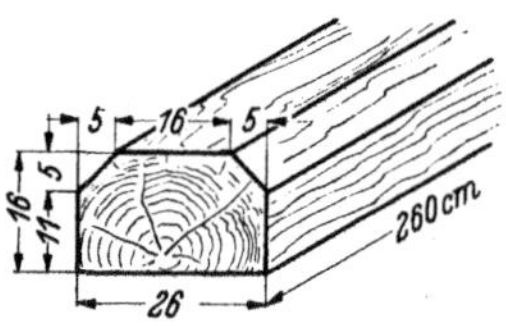

Abb. 54. Das Preußenprofil.

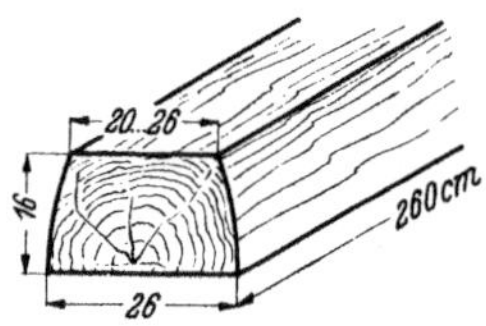

Abb. 55. Das Sachsenprofil.

2. Durch die Waldkante wird die Auflagefläche oben bei der Preußenschwelle auf jeder Seite um 5 cm bei 5 cm Waldkantenhöhe verkürzt. Die Waldkante darf auch auf einer Seite allein liegen oder ungleich groß sein, aber nie mehr als 10 cm Breite überschreiten (5 + 5, 2 + 8, 4 + 6, 0 + 10 cm). An den Lagerstellen für die Schienenunterlagsplatten müssen wenigstens 16 cm Auflagebreite sein, sonst sind kleine Abweichungen gestattet. Unten ist eine 2 cm breite und hohe Waldkante noch zulässig.

3. Berechne das Querprofil, die Bodenauflagefläche, den Inhalt einer Schwelle mit Preußen-(Sachsen-)profil! Der Mindestfestgehalt ist = ... fm.

4. Die eiserne Schwelle ist unten 232 mm, oben 110 mm breit, 75 mm hoch, 2,5 m lang und wiegt 78—84 kg. Vergleiche ihre Auflagefläche mit derjenigen der Holzschwelle!

5. Doppelstoßschwellen liegen an den Schienenendstellen. Die eiserne Doppelstoßschwelle ist unten 482 mm breit, 2,5 m lang und wiegt 131 bis 140 kg.

Berechne die Auflagefläche und vergleiche mit der Auflagefläche zweier Holzschwellen I. Kl., die nebeneinander den Doppelstoß bilden!

6. 1925 war das deutsche Eisenbahnnetz 58156 km lang. 62% der durchgehenden Gleise lagen auf Holz-, 38% auf Eisenschwellen.

Von den 62% Holzschwellen sind 80% Weichholz- (Kiefern und Lärchen) und 20% Hartholzschwellen.

Von den Hartholzschwellen sind 80% Buchen- und 20% Eichenschwellen.

7. Rechne mit einer Schwellenentfernung von 1 m von Mitte zu Mitte und bestimme, auf wieviel Schwellen das deutsche Eisenbahnnetz überhaupt liegt!

8. Berechne nun die Zahl der Eisen- und Holzschwellen, der Weichholz- und Hartholzschwellen, der Buchen und Eichenschwellen!

9. Berechne die Gesamtmasse an Holz, die im Eisenbahnoberbau als Schwellen steckt! Ebenso den Gesamtwert, wenn eine Schwelle mit einem durchschnittlichen Rohholzwerte von 4,20 (5,66) *RM* angesetzt wird!

10. Im großen Durchschnitt liefert 1 fm Rundholz 6 Schwellen I. Kl. mit 0,65 fm Inhalt, das macht im Durchschnitt .... fm je Schwelle I. Beim Bebeilen gehen also .... % in die Späne.

11. Geübte Schwellenhauer hauen täglich 10—12 Buchenschwellen für 0,70 *RM* das Stück. Tagesverdienst? Außerdem verwertet die Kolonne meist die Späne für gemeinsame Kasse.

12. Der Jahresbedarf beträgt rund 1,5 Millionen Holzschwellen. Wieviel fm Rundholz (Nadelholz, Buche und Eiche getrennt) sind das?

13. Bei Anwendung des Rüpingschen Sparverfahrens für die Imprägnierung von Eisenbahnschwellen schreibt die Reichsbahn eine Aufnahmemenge von 63 kg Teeröl (Kreosotöl) je cbm Kiefer (Lärche), 45 kg je cbm Eiche und 145 kg je cbm Buchenschwellen vor. Zur Volltränkung von 1 cbm Kiefer würden je nach Splintanteil 250—420 kg Teeröl nötig sein, bei Eiche 85, bei Buche 270 kg je cbm.

a) Wieviel Schwellen I. Kl. gehören zu 1 cbm abnahmefertiger Schwellen (siehe Aufgabe Nr. 10)?

b) Wieviel Teeröl nimmt eine Buchen-, Eichen-, Kiefernschwelle I. Kl. auf?

c) Gib an, wieviel % an Teeröl gegenüber der Volltränke durch das Rüping-Verfahren bei Kiefern, Eichen, Buchen erspart werden!

14. Roh verwendet, haben Kiefernschwellen nur eine mittlere Lebensdauer von 6—8 Jahren, imprägniert von 20 Jahren; Buchen roh nur 2—3 Jahre, imprägniert 25 Jahre. Setzt man den Holzwert für 1 cbm fertiger, roher Schwellen auf etwa 110,— *RM*, so macht das je cbm und Jahr 110:(6 bis 8) =110:7 rund 16,— *RM*, imprägniert dagegen nur 110:20 rund 5,50 *RM* je cbm und Jahr.

Führe dieselbe Rechnung für Buche durch (175,— *RM* Holzwert).

15. Gewichte getränkter Schwellen:

Holzart	I. Kl. 2,60 26/16 kg	II. Kl. 2,50 24/14 kg
Kiefer	65	50
Buche.......	95	70
Eiche	90	65

a) Berechne das spezifische Gewicht der Kiefern-, Buchen-, Eichenschwelle!
b) Gib das Gewicht der Kiefern-, Buchen-, Eichenschwelle vor dem Tränken an!
c) Wieviel Buchenschwellen faßt ein O-Wagen mit Eisenwänden ungetränkt, getränkt?

16. Welchen Gesamtwert hat die deutsche Jahreserzeugung an hölzernen Masten mit 120000 fm für den Eigenbedarf und 180000 fm Ausfuhr, wenn 1 fm den Durchschnittswert von 50,— *RM* nach der Statistik besitzt?

17. Welche Quecksilbersublimatmasse wäre nötig, wenn man den gesamten deutschen Bedarf an Holzmasten durch Kyanisierung mit 0,8—1 kg je fm $^2/_3$%iger Sublimatlösung behandeln wollte?

18. Ein Rüpingkessel der Tränke in N. von 18 m Länge faßt sechs Loren mit je 36 Schwellen I. Kl. Buchenschwellen bleiben 8 Stunden im Kessel.

Wie lange müßte dieser Kessel im Betrieb sein, um den deutschen Jahresbedarf an Buchenschwellen zu imprägnieren (siehe Aufgabe Nr. 12).

19. Eichen- und Kiefernschwellen brauchen nur $3^1/_2$ bis 4 Stunden Kesselbehandlung. Rechne wie bei Nr. 18! (Die Reichsbahn hat 6 eigene Tränken!)

20. In Aufgabe Nr. 8 ist die Gesamtzahl der Buchen- und Eichenschwellen errechnet. In Jahresdurchschnitt 1925 lieferten die Eichenbestände Deutschlands rund 51% Nutzholz, davon ...% Schwellen, Buchen 30% Nutzholz, davon ...% Schwellen. (Schätze den Schwellenholzanfall!)

Wieviel fm Gesamteinschlag in Eiche und Buche müßte erfolgen, wenn die Schwellen eine Lebensdauer von rund 20 Jahren haben sollen?

VI. Nutzholzverarbeitung und Wertsteigerung.

1. 1 fm Nutzholz steigerte seinen Wert wie folgt: Holzwert auf dem Stock: 15,26 *RM*, dazu Werbungskosten 1,64 *RM*, Holztransport (Nah-, Bahn-, Wasser-) 5,73 *RM* und Holzhandel und Holzbearbeitung 80,50 *RM*, das sind ...... *RM* je fm.

Von 15,26 *RM* Urwert auf ...... Veredlungswert, das sind ....% des Urwerts mehr.

2. Nach Dr. Müller kann aus 1 dz Zellstoff (15—20 *RM*)

Papier im Werte von . . .	40,— bis	50,—	„
Papiergarn im Werte von .	50,— „	100,—	„
Künstliches Roßhaar		1500,—	„
Kunstseide		3000,—	„
Azetatseide		5000,—	„ gewonnen werden.

Das heißt: durch die Holzveredlung wird der ....fache Wert des Urstoffs erzielt.

3. Von 5 Millionen fm Papierholz waren 93% Fichte, 6% Kiefer, 1% Aspe. Rechne!

4. Die Zelluloseausbeute beträgt bei Fichte 30% des Holzgewichts, also 150—200 kg lufttrockne Zellulose je fm.

5. Ein Ballen Zeitungspapier: Format 46 × 63 mit 10000 Bogen wiegt 75 kg. Wieviel fm Fichtenholz war dazu nötig?

6. Berechne die Jahreserzeugung an Zellulose aus Fichte, wenn nur auf Zellulose verarbeitet würde!

7. Ein Sulfitkocher liefert 20000 kg lufttrockne Zellulose. Wieviel fm Fichte sind dazu nötig? Wieviel 10 t-Wagen weißgeschnitzten Fichtenholzes faßt ein Kocher obiger Größe, wenn das spezifische Gewicht zwischen 0,50 und 0,67 schwankt?

8. 1 fm Fichte (entrindet rund 525 kg) liefert rund 350 kg Holzstoff. Ermittle Gewicht und Maße eines normalen Bierglasuntersatzes und berechne den Holzbedarf für eine Rolle mit 100 Untersätzen! Wieviel % vom Holzgewicht werden etwa im Holzschliff wiedergewonnen?

VII. Furnierholz, Sperrholz, Werkholz.

9. Ein Blindholz von 15 mm Stärke wird beiderseits mit 2 mm Absperrfurnier abgesperrt und dann noch auf beiden Seiten mit 1,5 mm starkem Messerfurnier aus Edelholz für Außenwirkung furniert. Wie stark ist diese Platte?

10. Die Rückwand meines Bücherregals mißt $1{,}35 \times 1{,}20$ m. Es ist eine 8 mm starke Kiefernsperrplatte, von der 1 qm 2,50 *RM* kostet.

Zwei Türfüllungen aus 12 mm starkem Sperrholz in Kiefer messen 50×80 cm. 1 qm kostet 4,40 *RM*.

11. Ein Nußbaumblock (Traubeneichenblock) ist für das Messerfurnier vorbereitet: 40 cm breit, 26,5 cm dick und 4,2 m lang.

Die Furnierblätter sollen 1 mm stark werden. Wieviel Blätter werden gewonnen, wenn der Block bis auf etwa 1 cm Dicke gemessert werden kann? Wieviel qm liefert ein Blatt? Wieviel qm Furnier erhält man aus sämtlichen zusammengeleimten Blättern? Welche Holzmasse steckt in den Blättern und noch in dem nicht mehr zu messernden Blockrest?

Welchen Durchmesser hat der Nußbaumstamm mindestens gehabt? Wieviel % sind also verloren gegangen? (Ausbeuteprozent.)

12. Derselbe Block wird auf der Sägefurniermaschine in 1 mm starke Blätter zersägt. Der Sägeschnitt nimmt 1,2 mm Holz fort je Schnitt. Die Aufarbeitung soll auch bis auf einen Blockrest von 1 cm Dicke erfolgen. Wieviel Furnierblätter fallen jetzt an? Wieviel qm? Wie groß ist jetzt die Ausbeute?

13. [Ein Eichenfurnierblock möge für die Rundschälmaschine auf zylindrische Form vorgerundet sein und noch einen Durchmesser von 45 cm haben. Länge $= 4{,}2$ m.

Wieviel qm 1 mm starkes Schälfurnier werden gewonnen, wenn der Rundling bis auf 15 cm Durchmesser geschält werden kann? Hilfe: $D = 45$, $d = 15$, also $U = 0{,}45 \times 3{,}14$ und $u = 0{,}15 \times 3{,}14$ m.

Es gibt also $3{,}14 \cdot 4{,}2\ (0{,}450 + 0{,}449 + \ldots\ldots + 0{,}150)$ qm.]

14. Der Furnierholzbedarf Deutschlands betrug 1928 rund 400000 m³. Die Sperrholzindustrie überhaupt verarbeitete einschließlich Weichholz für Tischlerplatten rund 460000 m³. Wie groß ist der Holzwert, wenn 1 cbm durchschnittlich mit 70,— bis 100,— *RM* angenommen wird?

15. An Sperrholz wurden

im Jahr	eingeführt		ausgeführt		± Bilanz	
	t	für *RM*	t	für *RM*	t	*RM*
1	2	3	4	5	6	7
1925	1 400	600 000	3 600	2 800 000		
1926	2 910	1 220 000	5 025	4 300 000		
1927	18 082	8 879 000	4 015	3 500 000		
1928	34 520	16 530 000	7 010	6 433 000		
1935						

Berechne a) die prozentuale Einfuhrsteigerung (1925 = 100%)!
b) die prozentuale Ausfuhrsteigerung! Vergleiche!
c) die Plus- bzw. Minussperrholzwirtschaft in Spalte 6 und 7!

16. In der Tischlerwerkstatt sehe ich Sperrholzplatten aus drei bis fünf Sperrfurnieren in Birke von 1525 × 1220 mm Größe und erfahre, daß Furnierplatten in Birke

in 3 4 5 6 8 mm Stärke
je qm 1,— 1,30 1,60 2,— 2,75 *RM* kosten.
Rechne!

17. Für 1 mm starkes Furnier in Eiche hat der Tischler 0,90, 0,60 — 1,50 *RM* je qm bezahlt, für „polnische" Kiefer 0,96 *RM*.
Wie teuer ist allein das Absperrfurnier einer Tischlerplatte von 1,50 × 4,50 m für beide Seiten mit Eiche bzw. mit Kiefer?

18. Aus einem Eichenblock von 0,48 fm Inhalt (je fm 32,— *RM*) reißt der Wagner 120 Speichen. Welchen Holzwert hat diese also?

19. Ein rechteckiges Zimmer 4,5 × 5,4 soll gedielt und mit Fußleisten versehen werden. 1 qm Fußboden (Nut- und Federholz), 30 mm, kostet einschließlich Verlegen 6,— *RM*. Rechne!

20. Ein Feuerwehrturm stellt eine quadratische Säule von 12 m Höhe bis zur Dachhaube und 4 m Grundkante dar. Die Dachhaube stellt eine Pyramide mit quadratischer Grundfläche (4 × 4) und 2,67 m Höhe dar.
Welchen Hohlraum hat der Turm?
Wie groß ist die Verschalfläche und wie teuer, wenn 1 qm Verschalung mit Karbolineumtränkung 3,15 *RM* kostet?

21. Ein sechsseitiges Gartenhäuschen will Förster Str. rundum 0,75 m hoch verschalen (ein Feld als Tür). Der Radius des Umkreises ist 1,50 m groß. 1 qm kostet 3,60 *RM*. Was kostet die Dielung des Fußbodens und die Verschalung bei 15% Verschnitt?

22. Auf einem Baumstumpf läßt der Verschönerungsverein in Sp. eine kreisrunde Tischplatte anbringen, an der sechs Personen Platz haben sollen. Auf jede Person werden 0,50 m Sehne gerechnet. Umfang?

23. Welchen Durchmesser bekommt die Tischplatte? Wieviel qm Tischfläche? Wieviel % von der quadratisch zusammengeleimten Platte fallen in den Verschnitt?

24. Ein Eichenstamm kostet je fm 48,— *RM*. Durch Aufsägen in besäumte Bohlen und Bretter entsteht ein Verlust von 20%. Wie teuer ist demnach 1 cbm des Schnittholzes schon allein nach dem Waldpreis des Holzes (ohne Unkosten)?

25. Beim Dielen eines 6 × 4,65 m großen Zimmerfußbodens muß 4,8 m langes Holz genommen werden. Wie groß ist der Verschnitt? 26 mm starkes Holz kostet je qm 2,80 RM.

26. Die Buchendielen eines Eisenbahnwagens mit 2 × 11,8 qm Grundfläche sollen erneuert werden, je qm 3,40 RM. Die Bodenkanten erhalten ringsum eine Befestigung durch eine 5 mm dicke Flacheisenschiene, je lfd. m 1,25 RM. Rechne!

27. Schätze und berechne den Flächeninhalt von: Wandtafel, Türfüllung, vorderer Schrankfläche, -seitenfläche, Fußboden, Fensteröffnung!

28. Ein Hof mit 20 m Breite und 30 m Länge soll einen Bretterzaun aus 4,5 m langen und 20 cm breiten Brettern erhalten. Zaunhöhe 1,5 m. Wieviel Bretter sind nötig? Die Bretter sollen waagrecht (senkrechtstehend) verarbeitet werden. Die Stoßfugen sollen durch Leisten mit 3 cm Breite verdeckt werden. Wieviel lfd. m Leisten sind nötig?

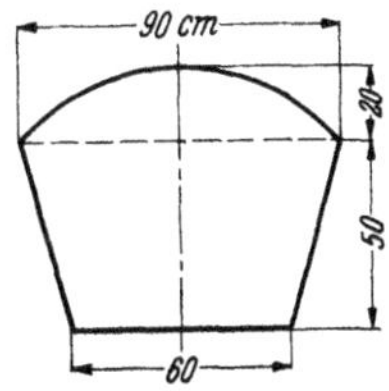

Abb. 56.

29. Das Schütt (Abb. 56) an einem Kastenwagen sieht so aus: Wieviel qm Bretter, je qm 2,35 RM, sind nötig?

30. Der Kasten ist 3,6 m lang. Berechne den Inhalt ohne Überwölbung, den ungefähren Holzbedarf an Brettware. Das Bodenbrett mit 4 m Länge ansetzen!

31. Ein Kastenwagen mit geradem Schütt ist 3,60 m lang, liegt unten 0,70, oben 1,10 m breit zwischen den Rungen und ist 0,52 m hoch. Berechne den ungefähren Bretterbedarf ohne Leisten, den Inhalt! Rechne 15% für Verschnitt zu den Brettern und stelle jetzt 2,80 RM für den qm in Rechnung für 30 mm starke Bretter. Was kostet 1 cbm dieser Schnittware?

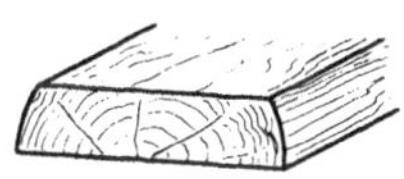
Abb. 57.

32. Unbesäumte Buchenbohlen (Abb. 57) messen unten 36, oben 32 cm und sind 9 cm dick (unten 40, oben 36, 10 cm dick). Berechne den Querschnitt und den Inhalt für 6,4 m Länge!

33. Konisch besäumte Bretter aus einem Kiefernblock sind am Stammende 36 cm, am Zopfende nur noch 20 cm breit und 7,2 m lang.

Bei Berechnung nach qm kosten solche Bretter bei der Firma N. 22 mm stark 2,60 RM, 15 mm stark 1,50 RM, 10 mm stark 1,30 RM.

Was kostet ein Brett mit obigen Maßen in den drei Stärken? Wie teuer kommt 1 cbm Schnittware in den drei Stärken?

34. Wieviel lfd. m Dachlatten $^{4}/_{6}$ ($^{3}/_{6}$, $^{3}/_{4}$, $^{2,5}/_{2,5}$) gehen auf 1 cbm Schnittmaterial? 1 lfd. m kostet 0,18 RM. Rechne!

35. Fußbodendielen (Nut- und Federholz) sind 25 (29, 32) mm dick (d. h. 1″, $^{9}/_{8}$″, $1^{1}/_{4}$″); 5, 6, 7″ = 12, $15^{1}/_{2}$, 17 cm breit und 10′, 11′, 12′ .... 21 Fuß = 2,50, 2,75, 3,00 .... 5,25 m lang.

Berechne den Flächen- und Körperinhalt eines Brettes von 1″ Dicke, 5″ Breite, 10′ Länge!

Ebenso: Dicke	$^{9}/_{8}$″,	Breite	6″,	Länge	20′
„	$^{9}/_{8}$″,	„	7″,	„	16′
„	$1^{1}/_{4}$″,	„	7″,	„	12′
„	$1^{1}/_{4}$″,	„	6″,	„	21′
„	29 mm	„	15,5 cm	„	4,50 m
„	32 „	„	17 „	„	5,00 „
„	25 „	„	17 „	„	5,25 „

36. Die Pianofortefabrik Sch. kaufte an der Veckerhagener Landstraße hundertjährige geradschäftige Rotbuchen mit 5,4 m langem, walzenförmigem Schaft und 0,90 m Durchmesser.

Welche Masse scharfkantigen Schnittholzes fällt an, wenn eine *Kernholzbohle* von 8 cm, im übrigen aber 4 cm starke *Bohlenbretter* ausgehalten werden? (Abb. 58.)

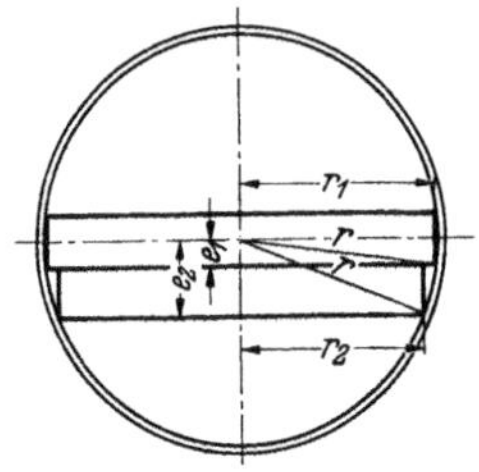

Abb. 58.

Berechne zuerst die Breite jedes anfallenden Brettes; die Kernbohle erhält die Breite $2 \cdot r_1$, die Dicke $2 \cdot e_1 = 8$ cm.

$$r_1 = \sqrt{r^2 - e_1^2} = \sqrt{45^2 - 4^2} =$$

$$r_2 = \sqrt{r^2 - e_2^2} = \sqrt{45^2 - 8^2} =$$

usw.

Wie groß ist der Abfall überhaupt und prozentual?

37. Ein Baumstamm mit 32 cm Zopfdurchmesser (Abb. 59) wird auf dem Zimmerplatz so mit der Kreissäge bearbeitet, daß anfällt

a) ein *Vierkantbalken* . . . . . 20×25 cm
b) zwei *Halbhölzer* . . . . . . je 5×11 „
c) vier *Nutzlatten* . . . . . . „ $2 \times 4{,}5$ „

Berechne den Nutzflächenquerschnitt, den Inhalt des Stammes und den Inhalt der Schnittware für 5,4 m Länge, den prozentualen Verlust!

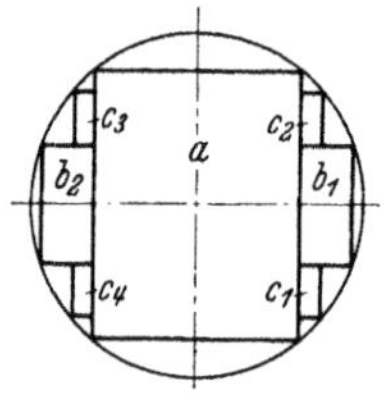

Abb. 59.

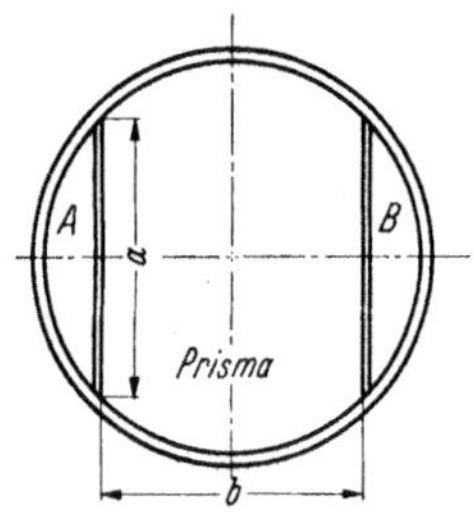

Abb. 60.

38. Beim Sägewerk in X. werden $\mathbf{n} = 5$ scharfkantige, 6,4 m lange Buchenbohlen mit einer Dicke $\mathbf{d} = 6$ cm und einer Breite $\mathbf{b} = 24$ cm verlangt. Die Ware ist nicht vorrätig und soll mit geringstem Materialverlust aus dem Rundholzvorrat des Lagers geschnitten werden. Welcher Zopfdurchmesser wird gewählt?

Solche Bretter liefert das *Prismengatter*. Auf dem *Vorschneidgatter* wird zunächst der Block beidkantig besäumt (s. Abb. 60, **A** und **B** werden dabei sofort in die sehr dünnen *marktgängigen Seitenbretter* aufgesägt) und zwar so, daß ein Block, das *Prisma*, anfällt mit **b** als Höhe und der *Auflage* **a**. Diese Auflage **a** wird errechnet aus der Anzahl der Bretter und der zugehörigen Schnitte (Abb. 61):

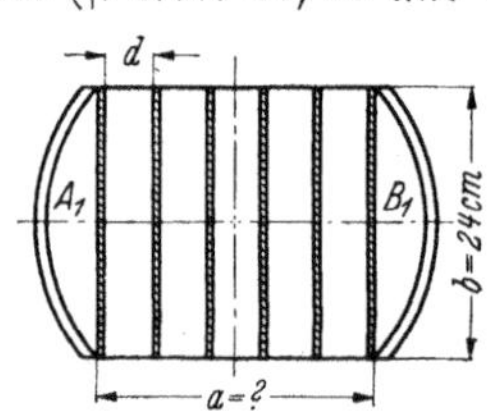

Abb. 61.

$$a = n \cdot d \text{ cm} + (n + 1)\, 3 \text{ mm}$$
$$= 5 \cdot 6 \;„\; + (5 + 1)\, 3 \;„\; = 31{,}8 \text{ cm}.$$

Dazu zur Sicherheit (Risse in den Seitenkanten der anfallenden Bretter) ein Zuschlag von 1 cm, also a = 33 cm rund.

Es ist jetzt der nötige Zopfdurchmesser

$$D = \sqrt{a^2 + b^2} = \sqrt{33^2 + 24^2} = \sqrt{1665} = 41 \text{ cm rund.}$$

Für A_1 und B_1 gilt sinngemäß das zu A und B Gesagte!

Bilde dir hierzu selbst Aufgaben!

39. Berechne die Auflage des Prismas für zehn Bretter zu 3 (2,8, 3,2, 4) cm Dicke und 16 cm Breite, 3 mm Sägeschrank!
    Welcher Zopfdurchmesser gehört dazu? (Zuschlag!)

40. Ein Block mit 28 cm Zopfdurchmesser wird 20 cm hoch besäumt. Welche Brettbreite ergibt das? (Die Auflagebreite a = 20 cm, D = 28, also b = ... ?)

41. Ein Block mit 30 cm Zopfdurchmesser liefert 20 cm breite Bretter. Wie hoch war er besäumt? Wieviel Bretter fallen an bei 1,8 mm Sägeschrank?

42. Ein Block mit 24 (25, 27, 29, 31) cm Zopfdurchmesser wird 15 (16, 18, 21, 23,5) cm hoch besäumt. Wie breit werden die Bretter und wieviel fallen an bei 25 (29, 32) mm Dicke und 2 mm Sägeschrank?

43. Zu einem Hausbau sind Vierkanthölzer 12 × 15, 18 × 20, 15 × 15, 16 × 18, 10 × 14 cm vorgeschrjeben. Welchen Mindestzopfdurchmesser muß das Langholz hierzu jedesmal haben?

44. Die Hölzer mögen 3,2, 5,4, 4,8, 6,0 m lang sein. Wieviel cbm sind das und welchen Wert hat diese Masse, wenn ein cbm Kiefernbauholz mit 42,— *RM* in der Rechnung erscheint?

45. Eine scharfkantig geschnittene Buchenbohle ist 4,25 m lang, 10 cm dick und 22,4 cm breit. Buchenschnittholz kostet je cbm 60,— *RM*.

46. Wie breit wird ein Vierkantholz, wenn der Zopfdurchmesser 24, (30, 32, 36, 40, 45) cm beträgt und der Balken 14 (21, 24, 25, 32, 28) cm hoch besäumt wird?

47. Bei normalen Stämmen rechnet der Gatterist mit 1 cm Durchmesserverringerung durch Abholzigkeit auf den lfd. m. Welchen Zopfdurchmesser darf man also bei Fichtenstämmen mit 24 (18, 21, 25, 18, 17, 17, 12, 10) m Länge und 32 (22, 28, 30, 15, 13, 12, 25, 18) cm Mittendurchmesser erwarten?

48. Welchen Zopfdurchmesser hätten demnach Eichenstämme mit 4 (6, 8, 8, 8, 4, 11, 5,2, 9) m Länge und 19 (19, 15, 18, 22, 24, 28, 35, 29) cm Mittendurchmesser?

49. Bestimme bei 1 cm Abholzigkeit je lfd. m den Stammend- und den Zopfdurchmesser bei Kiefernstämmen, wenn sie 14, 16, 14, 8,2, 6,4, 3, 10,8, 10,2, 10,4, 6 m lang sind und der Mittendurchmesser 26, 36, 36, 38, 45, 53, 47, 49, 41, 37 cm beträgt!

50. Bestimme den Mittendurchmesser von Grubenholzstempeln 2,20 m lang, 10—12 cm Zopf! Bestimme danach den Festgehalt für 100 Stempel! Ebenso für $^{14}/_{16}$ Zopf und 2,50 m Länge!

51. Ein Bauer braucht zu einem Scheunenbau 9,4 m lange Vierkanthölzer 15 × 20 cm. Welchen Zopfdurchmesser müssen die Rundholzstämme in

9,4 m Länge noch mindestens haben? Welche von den Stämmen der Aufgabe Nr. 47 und 49 genügen dieser Anforderung?

52. Welchen größten Vierkantbalken mit quadratischer Kopffläche kann man aus einem Baumstamm mit dem Zopfdurchmesser D heraussägen? Der Zimmermann sagt: Die Kante bekommt $^7/_{10}$ vom Durchmesser! Prüfe! (S. Abb. 62.)

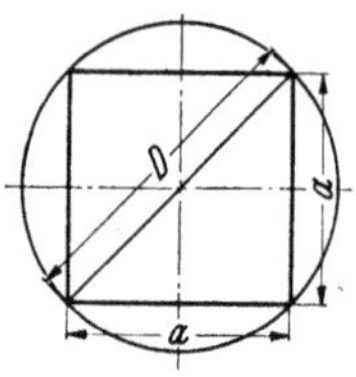

Abb. 62.

53. Berechne die Kante der quadratisch behauenen Balken aus Stämmen mit den Zopfdurchmessern D = 20, 24, 30, 36, 42, 50 cm!

54. Der Zimmermeister braucht quadratisch behauene Balken mit a = 16, 20, 24, 30 cm Kante.

    Welchen Zopfdurchmesser wählt er beim Rundholz auf dem Lagerplatz?

55. Wie verhält sich die Kante a zum Zopfdurchmesser D? Wie verhält sich der Zopfdurchmesser D des Baumstammes zur Kante a des daraus gewonnenen quadratisch behauenen Balkens?

56. Aus einem walzenförmigen Baumstamm mit 4,8 m Länge und 35 cm Durchmesser wird der größte quadratisch behauene Balken herausgearbeitet.

    Wieviel fm hält der Stamm, der Balken?
    Wieviel fm gehen in den Abfall?
    Wieviel % Verlust bedeutet das?

57. Der gewonnene Balken möge einen reinen Holzwert von 45,— *RM* je cbm haben.

    Welcher **Waldpreis** darf für den Baumstamm, aus dem er gewonnen wurde, im ganzen und je fm angelegt werden?

VIII. Die Tragfähigkeit

von Vierkant-Balken berechne nach der Formel $\mathbf{T} = \mathbf{c}\,\frac{\mathbf{b} \cdot \mathbf{h}^2}{\mathbf{l}}$, worin $\mathbf{b}$ = Breite, $\mathbf{h}$ = Höhe, $\mathbf{l}$ = Länge der Hölzer und $\mathbf{c}$ eine Materialkonstante ist, die nicht berücksichtigt werden soll. **Die Tragfähigkeit wächst mit der Breite und mit dem Quadrat der Höhe, ist aber umgekehrt proportional der Länge.**

1. Berechne die Tragfähigkeit eines Balkens von 6 m Länge und 18 × 20 cm Querschnitt.

2. Wie verhält sich die Tragfähigkeit eines Balkens von 6 m Länge, 30 cm Breite und 36 cm Dicke zu der eines andern von 7 m Länge, 40 cm Breite und 45 cm Dicke.

3. Ein Balken mit quadratischer Kopffläche 30 × 30 ist 4 m lang. Vergleiche seine Tragfähigkeit mit derjenigen von Balken: 6 (4,8, 5,4, 7,2) m lang und einem Querschnitt: 24 × 24 (16 × 20, 20 × 25, 30 × 40) cm.

4. Ein Balken mit rechteckigem Querschnitt ist 24 cm breit, 32 cm hoch und 6 m lang. Der Balken wird einmal „hochkant“ eingebaut, ein andresmal „breitkant“.

   Wie verhalten sich die Tragfähigkeiten?

5. Aus der Formel $T = c\frac{b \cdot h^2}{l}$ ergibt sich nach den Regeln der Differentialrechnung für den Balken mit größter Tragfähigkeit eine Breite

$$b = \frac{D}{\sqrt{3}}\left[= \frac{D}{3} \cdot \sqrt{3} = D \cdot \frac{1{,}732}{3} = 0{,}577 \cdot D\right]$$

und eine Höhe $h = \sqrt{2}\, b\, [= 1{,}414 \cdot b = 0{,}816 \cdot D]$.

6. Beim Balken mit größter Tragfähigkeit verhält sich also

$$b : h = \frac{D}{\sqrt{3}} : \sqrt{2}\frac{D}{\sqrt{3}}.$$

Drücke dies Kantenverhältnis ganzzahlig aus!

7. Wie breit und wie hoch wird der Balken mit größter Tragfähigkeit, wenn der Zopfdurchmesser $D = 20$, 24, 26, 30, 36, 40, 45 cm beträgt?

8. Welche Höhe wird man Vierkanthölzern mit größter Tragfähigkeit geben bei einer Breite $b = 14$, 21, 35, 28, 16, 32 cm? und welcher Zopfdurchmesser ist beim Rundholz jedesmal nötig?

9. In der Praxis rechnet der Zimmermann beim Seitenverhältnis der Balken mit größter Tragfähigkeit nicht mit 7:10, sondern mit 5:7. Bestimme danach h für eine Breite $b = 15$, 25, 20, 30, 35, 12, 16, 21, 32 cm! Suche den zugehörigen Zopfdurchmesser!

10. Bei Bauholz gilt nach der Erfahrung, daß der Querschnitt der Balken, Sparren usw. abhängig ist von der größten freitragenden Länge L. Als Abmessungen wählt man:

für Balken $16 + 2.L = h$ in cm
„ Pfosten $10 + 2.L = h$ „ „
„ Sparren $8 + 2.L = h$ „ „

Die Breite b ergibt sich aus der Proportion $b{:}h = 5{:}7$ für Hölzer mit größter Tragfähigkeit.

Es werden gebraucht

a) Balken mit der freitragenden Länge von 4 (3,6, 5, 5,4, 6, 8, 7,2) m,
b) Pfosten mit freier Länge (Höhe) von 2 (3,2, 4, 3,6, 4,8, 5) m,
c) Sparren mit freier Länge von 4 (5, 6, 7, 5,4, 6,4) m.

Berechne b, h und D!

11. Was würden solche Hölzer kosten, wenn Kiefernbalken $^{12}/_{20}$ bis $^{20}/_{26}$ je cbm 42,— *RM*, stärkere je cbm 54,— *RM* und die schwächeren nur 36,— *RM* je cbm kosten? Setze in Aufgabe 10 für die Balken eine wirkliche Länge von 7 (5,4, 8, 7,6, 9, 10, 9,6) m, behalte die freie Pfostenhöhe bei und setze die wirkliche Sparrenlänge = 9 (10, 11, 12, 9,6, 10,8) m!

12. Wie wichtig das Problem der Sägemehlverwertung ist, erkennst du aus dem für 1934 auf 1,8 Millionen cbm berechneten Massenanfall an Sägespänen. Wieviel % Abfall bedeutet das von 65 Millionen fm Gesamtholzverbrauch?

13. Berechne einmal den Sägeverlust an einer Brennscheitrolle (Brennscheit ungespalten) mit 24 cm Durchmesser bei 4 Schnitten mit 6 mm Schrank an der Kreissäge!

Wie groß ist der Sägespäneanfall aus einem rm (schätze die Anzahl der Rollen je rm)?

14. In einem Torfstiche von 45 m Breite und 250 m Länge wird auf 2 m Tiefe Streutorf gewonnen. Aus dem cbm Rohtorf werden rund 100 Soden vom Format $45 \times 15 \times 15$ hergestellt.
Wieviel solche Soden könnten überhaupt anfallen?
15. Gebräuchlich sind für die Soden Formen von der Größe: 30—45 lang, 10—16 im Quadrat Kopf. Wieviel gehen auf 1 cbm Rohtorf vom Format: $10 \times 10 \times 45$; $12 \times 12 \times 40$; $15 \times 15 \times 35$; $16 \times 16 \times 40$?
16. Nach dem Trocknen schwindet die Masse eines Torfbodens vom Format $45 \times 15 \times 15$ auf $39 \times 11 \times 13$, wenn der Rohtorf den leichten Oberschichten entstammt und auf $33 \times 9 \times 11$, wenn der Rohtorf aus schwerem Torf der tieferen Schichten gewonnen wurde.
Wieviel % beträgt die Raumverringerung?
17. 1 cbm Trockentorf = ... leichte oder ...... schwere Soden und wiegt 217 bzw. 265 kg. Berechne die Trockentorfsoden aus der vorigen Aufgabe!
18. Ein Torfstecher mit Gehilfen sticht etwa 20 m³ Rohtorf für 2000 große bzw. 4000 kleine Soden. Wieviel Tagewerke sind also zu einem Torfstiche von 84 m Länge, 12 m Breite und 2,4 m Tiefe zu veranschlagen?
19. Beim Gärtner sah ich handgepreßte Torfmullballen $60 \times 75 \times 100$ mit 100 bis 120 kg Gewicht. Ein Ballen sollte 3,50 *RM* kosten. Ob ein 15 t-Waggon mit 76 cbm Laderaum 160 Ballen faßt?
Welchen Wert würde die Ladung haben?
20. Gewöhnliche Streutorfballen $60 \times 75 \times 100$ wiegen nur 75 bis 100 kg. Rechne!
21. Maschinengepreßte Streutorfballen $65 \times 90 \times 120$ wiegen 90 bis 150 kg. Prüfe die Verladeverhältnisse!

17. Wegebau.

1. **Kostenanschlag für die zerfahrene alte Decke des Dörnbachweges, 1,8 km lang und 3,5 m breit. Vorgesehen ist eine 10 cm starke Basaltdecke.**

100 lfd. m kosten:

a) Räumen der Bankette und Gräben je lfd. m 0,40 *RM*.
b) Abfuhr des Aushubs und gleichzeitige Anfuhr von Steinmaterial zur Ausfüllung von Schlaglöchern je lfd. m 0,40 *RM*.
c) Aufspalten der alten Packlage und Herstellen der vorgeschriebenen Wölbung (3 cm je lfd. m) durch Einsetzen von Sandsteinen je lfd. m 0,35 *RM*.
d) Lieferung von Basaltgrobschlag für eine 10 cm starke Decke
35 cbm = 49 t, Körnung $^3/_5$, je t 4,— *RM*
Anfuhr je cbm 1,50 *RM*.
e) Lieferung von Basaltflickschrott
10 cbm = 13 t, je t 2,50 *RM*
Anfuhr je cbm 1,50 *RM*.
f) Lieferung und Anfuhr von Sand
(2 cm hoch) = ... cbm je 2,25 *RM*.

g) Dampfwalze, für 100 lfd. m 5 Stunden, je 5,50 RM.
h) Wasserwagen (Gespann stellen) 5 Stunden je 2,— RM.
i) Arbeitsleistung beim Einbau des Schotters 35 cbm je 1,— RM.
k) Arbeitsleistung beim Überstreuen mit Flickschrott und Sand, Einschlemmen 17 cbm je 1,75 RM.
l) Einbau eines Durchlasses (6 m Rohr, 50 cm ∅) zusammen 30.— RM.
m) Pflege der Strecke im 1. Jahre 20,— RM.

Bestimme die Kosten für den lfd. m, die ganze Strecke! Trenne Materialkosten einschl. Fuhrlöhne und Löhne! Bestimme den Materialbedarf an Schotter, Schrott, Sand, Rohren usw.!

2. Im Forstamt Spangenberg erfolgte der Ausbau von 1500 m Holzabfuhrweg als Notstandsarbeit.

Bei der Ausführung dieser Notstandsarbeiten hat die Forstverwaltung alle Materialkosten und Löhne selbst zu tragen, dagegen braucht sie nur $^1/_4$ der Löhne und die Soziallastenanteile aufzubringen.

Der Stundenlohn betrug 0,50 RM, die Soziallasten machten 12% von den Löhnen aus.

Der Weg bekam eine 3,50 m breite Steindecke aus 20 cm Packlage und 10 cm Kleinschlag.

Ein Viertel der notwendigen Steine konnte in angrenzenden Beständen gesammelt und an die Baustelle herangetragen werden. Dafür waren je cbm 4,5 Männerstunden nötig.

Der Rest der nötigen Steine wurde zum Teil auch als Lesesteine gewonnen, zum Teil auch behelfsmäßig gebrochen, mußte aber wegen zu großer Entfernung an die Baustrecke herangefahren werden, so daß sich 1 cbm auf 3,1 Männerstunde und 1,28 RM für Fuhrlohn stellte.

Die übrigen Teilarbeiten ergaben nach den Feststellungen des Försters je lfd. m (unauffällige Zeitstudie):

1. Erdkasten herstellen	2,13	Männerstunden	= . . . . . RM
2. Steine für Packlage zurichten und setzen	1,94	„	= . . . . . „
3. Abzwicken der Packlage.	0,82	„	= . . . . . „
4. Aufbringen der Steine für den Kleinschlag und schottern	1,43	„	= . . . . . „
5. Bergseitigen Graben ausheben und Bankette planieren	0,80	„	= . . . . . „
6. Auslegen von geweißten Blendsteinen, Schlagen und Setzen von Schutzpfählen und Grabenbalken (auf 30 m 2 Stück)	0,08	„	= . . . . . „
Zusammen . .	.,..	Männerstunden	= . . . . . RM

Außerdem wurden auf der ganzen Strecke 6 Rohrdurchlässe eingebaut.

Zu jedem Durchlaß wurden 6 Rohre je 2,35 RM frei Wald (30 cm ∅ und 1 m lang) und 16 Männerstunden für den Einbau gebraucht.

1. Welche Kosten hat der Wegebau überhaupt verursacht und wie hoch war der Anteil der Forstverwaltung?
2. Wie teuer kam 1 lfd. m Weg überhaupt und für die Forstverwaltung?

3. Wieviel normale Tagewerke (8 Stunden) ergeben sich aus dem gezahlten Tariflohn und der Lohnsumme?
4. Beachte die Kosten für Gewinnung von 1 cbm Steinen
   a) nur herangetragen,
   b) geworben und gefahren!
   Welche Folgerung ergibt sich daraus für die Arbeitsanweisung?
5. Aus Antwort zu Frage 3 bestimme auch, wieviel lfd. m Weg auf die Leistung eines Arbeiters entfallen!

3. Kostenanschlag für die Befestigung des Talrandweges an Distrikt 171b von der Straße Lichtenau—Melsungen her auf **240 m** Länge und 3 m Breite mit 25 cm Packlage und 10 cm Kleinschlag. Voraussichtliche Gewinnung von 22 cbm Steinen bei Aushub des Erdkastens, die Hauptsteinmasse wird im Steinbruch in Distrikt 180a geworben.

1. Erforderlich sind:

240.0,25.3 = ... cbm Steine für Packlage
240.0,10.3 = ... „ „ „ Schotter

im ganzen ...... cbm Steine
davon werbungskostenfrei 22,00 „ „

noch zu werben ...... cbm Steine.

..... cbm Steine zu werben, je cbm 2,40 *RM*
„ fahren, „ „ 1,15 „
aufzumetern, „ „ 0,40 „

zusammen je cbm .,.. *RM* = ... *RM*

2. Herstellung des Wegeplanums durch teilweisen Abtrag von der Bergseite und Aufschüttung an der Hangseite je lfd. m 2,10 *RM*, für **260 m** . . . . = ... „
3. Erdkasten ausheben für 240 lfd. m (Nacharbeit), je lfd. m 0,30 *RM* . . . . = ... „
4. Setzen der Packlage und Abzwicken, je lfd. m 1,20 *RM* = ... „
5. Kleinschlagdecke herstellen aus .... cbm Schotter, je cbm 2,30 *RM* . . . . = ... „
6. Einbau eines Durchlasses aus 6 Zementrohren 30 cm ∅, je Rohr 2,40 *RM* einschl. Fuhrlohn, 16 Männerstunden je 0,48 *RM* . . . . = ... „

a) Kosten insgesamt . . . . = ... *RM*
b) Darin Löhne . . . . = ... „
c) Darin Material + Fuhrlöhne . . . . = ... „
d) Lohnkosten je lfd. m . . . . = ... „
e) Material- + Fuhrlohnkosten je lfd. m . . . . . = ... „

f) Gesamtkosten je lfd. m . . . . = ... *RM*
g) Anzahl der Tagewerke zu 4,— *RM* . . . . = ... Tagewerke

Auf die Tagesleistung eines Arbeiters kommt die Fertigstellung von ...... lfd. m Weg.

4. **Kosten- und Arbeitsanschlag für die Befestigung des Holzabfuhrweges aus Distrikt 104 nach Pfieffe durch 25 cm Packlage und 10 cm Kleinschlag.**

Wegelänge 360 m. Fahrbahnbreite 3 m.

1. Erforderlich sind:
   360 × .... = ... cbm Steine.
   .... cbm Sandsteine zu werben, Brechen durch Abraum erschwert, je cbm 2,50 RM . . . . = ... RM
   .... cbm Steine anzufahren (2 km) je cbm 1,80 RM . . . . = ... „
2. Herstellung des Wegeplanums auf 80 m Länge durch Erdabtrag auf der Bergseite und Anschüttung auf der Talseite je lfd. m 1,60 RM . . . . = ... „
3. Erdkasten herstellen: 280 lfd. m je 1,20 RM . = ... „
   80 „ „ „ 0,60 „ . = ... „
4. Setzen der Packlage einschl. Abzwicken der Steinköpfe je qm 0,40 RM . . . . = ... „
5. Kleinschlagdecke je lfd. m 0,80 RM . . . . . = ... „
6. Einbau eines Durchlasses mit 6 Zementrohren, 30 cm ∅ . . . . = 25,00 „
7. Anlage des Grabens ~~auf~~ der Bergseite, einschl. Böschungsschutz je lfd. m 0,60 RM . . . . . = ... „
8. 15 % Soziallastenanteil von den Arbeitslöhnen, also 15 % von ...... RM . . . . = ... „
9. Zur Abrundung . . . . = ... „

Für 360 m Gesamtkosten = ... RM
je lfd. m „ = ... „

Das Arbeitsvorhaben umfaßt ...... Tagewerke zu einer Tagelohnsumme von 4,— RM.

Voraussichtliche Beschäftigungsdauer von 12 ständigen Waldarbeitern: .... Wochentage.

5. **Kostenanschlag für den Melsunger Weg. Vorgesehen ist Steinbefestigung von der Reviergrenze 139, ab Grenzstein Nr. 49, bis zum Wegekreuz „Dicke Eiche".**

500 m Wegelänge; 3,5 m befestigte Fahrbahnbreite.
20 cm Packlage + 10 cm Schotter (Sandstein).

1. Erforderlich sind je lfd. m .... cbm Steine; für 500 lfd. m also .... cbm.
   .... cbm Sandstein zu werben je cbm 1,80 RM
   (3 km bergwärts) anzufahren „ „ 2,— „
   zusammen .... RM
2. Ausheben des Erdkastens je lfd. m 1,25 RM . = ... „
3. Packlage setzen je lfd. m 0,75 RM. . . . . = ... „
4. Abzwicken der Steinköpfe je lfd. m 0,40 RM . = ... „
5. Aufbringen der Sandsteinschrotten und Kleinschlagen zu Schotter je lfd. m 0,80 RM . . . . . . = ... „
6. Anlage des bergseitigen Grabens je lfd. m 0,30 RM .... „

7. 15 % Soziallastenanteil auf ..... *RM* Löhne = ... *RM*
8. Zur Abrundung und für unvorhergesehene Fälle (dient der Abrundung der Schlußsumme) . . = ... „

500 lfd. m kosten = ... *RM*
1 „ „ kostet = ... „

Anzahl der Tagewerke (Lohnsumme geteilt durch Tagelohn von 4 *RM*) . . . . = ...

Der Forstmeister weist dem Revierförster X. aus Mitteln für den Wegebau noch 720,— *RM* zu für die Fortführung des Wegeausbaues mit dem ausdrücklichen Vorbehalt, daß Materialkosten und Soziallastenanteile aus der Zuweisung von 720,— *RM* zu decken sind.

Wieviel m Weg können noch ausgebaut werden? Wieviel Tage kann Revierförster X. seine 10 ständigen Waldarbeiter noch länger beschäftigen?

6. **Kostenanschlag für die Neudeckung eines Weges mit 10 cm hoher Schotterdecke nach Ausfüllung der Schlaglöcher mit 10 cbm Steinen zur Ausbesserung der durchgefahrenen Packlage, einschl. Walzarbeit.**

Wegelänge 100 m, Wegebreite 3 m.

a) Erforderlich sind:
10 cbm Sandsteine zur Ausbesserung der Packlage und .... cbm Sandsteine für die neue Decke.
.... cbm Sandsteine zu werben je cbm 2,— *RM*
anzufahren „ „ 1,25 „
aufzusetzen „ „ 0,40 „

zusammen je cbm .... = ... *RM*

b) Ausräumen der Schlaglöcher, Aufspalten von Steinköpfen, 10 cbm Steine in Schlaglöcher einbauen als neue Packlage, Abzwicken der Köpfe und angleichen je lfd. m 0,50 *RM* . . . . = ... „
c) Herstellung von 30 cbm Kleinschlag je cbm 2,— *RM* = ... „
d) Aufbringen des Kleinschlags je cbm 2,25 *RM* = ... „
e) Walzen 100 lfd. m = 5 Std. je 5,50 *RM* = ... „
f) Übersanden des Kleinschlags mit 10 cbm Sand, Werbung und Anfuhr, zus. je cbm 4,— *RM* = ... „
g) 6 Std. Wasserfahren je 1,50 *RM* . . . . . . = ... „
h) Hilfeleistung beim Walzen je lfd. m 0,30 *RM* = ... „

100 lfd. m kosten = ... *RM*
1 „ „ kostet = ... „

Die reine Lohnsumme beträgt für 100 lfd. m . = ... *RM*
Darauf 15 % Soziallastenanteil . . . . = ... „
Die Baukosten betragen also für 100 m überhaupt = ... „
Die Zahl der Tagewerke für 100 lfd. m bei Zugrundelegung eines normalen Tagelohnes von 4.— *RM* ergibt:

$$\frac{\text{....... } RM \text{ Lohnsumme}}{\text{....... } RM \text{ Tagelohn}} = \text{....... Tagewerke.}$$

Ein Arbeiter stellt täglich .... lfd. m Weg fertig.

7. **Kostenanschlag für den Ausbau der Wegequerverbindung durch Distrikt 96.**

Wegelänge 360 m, Breite 3 m.
Packlage 0,20 m, Kleinschlagdecke 8 cm.
Vorhanden ist der Erdweg mit stechbarem Boden.

1. Erforderlich sind je lfd. m .... cbm Steine. Für 360 m .... cbm Sandsteine vom Unternehmer an die Baustelle zu liefern je cbm 3,60 *RM* = ... *RM*
2. Ausheben des Erdkastens je lfd. m 0,40 „ = ... „
3. Packlage setzen **je qm** 0,25 *RM* .... = ... „
4. Abzwicken der Steinköpfe je lfd. m 0,50 *RM* . = ... „
5. Kleinschlagen des Schotters u. Aufbringen je cbm 3,— *RM* .... = ... „
6. Beiderseitige Gräben je lfd. m 2 × 0,15 *RM* . = ... „
7. Zwei Rohrdurchlässe je 6 Rohre, 30 cm ∅, je 2,50 *RM* und je Durchlaß 8 Männerstunden je 0,50 *RM* . = ... „

Kosten für 360 m = ... *RM*
„ „ 1 lfd. „ = ... „

8. **Kostenanschlag über den Ausbau von 100 lfd. m eines 3,5 m breiten Holzabfuhrweges mit 25 cm Packlage und 10 cm Kleinschlag aus eignem Sandsteinbruch im Distrikt 124. Planvorschlag für den Wegebauplan der Revierförsterei Mörshausen, Distrikt 125, Wirtschaftsjahr 1935.**

1. Erforderlich sind:
   100 · 0,25 · 3,5 = ... cbm Steine für Packlage
   100 · 0,10 · 3,5 = ... „ „ „ Schotter
   zusammen = ... cbm Steine überhaupt
   Werben von ..... cbm Steine, je cbm 2,— *RM*
   Anfuhr „ ..... „ „ „ „ 1,— „
   Aufsetzen „ ..... „ „ „ „ 0,40 „
   zusammen je cbm ... *RM* = ... *RM*
2. Erdkasten ausheben, je lfd. m 0,80 *RM* . . . = ... „
3. Setzen der Packlage, einschl. Abzwicken, je lfd. m 1,40 *RM* .... = ... „
4. Herstellung von .... cbm Kleinschlag, je cbm 2,— *RM* .... = ... „
5. Aufbringen von .... cbm Kleinschlag, je cbm 0,50 *RM* .... = ... „
6. Herstellung der Bankette und Gräben, je lfd. m 0,60 *RM* .... = ... „

Gesamtkosten für 100 lfd. m = ... *RM*
Kosten für 1 lfd. m = ... „

9. **Nach dem Wegebauplan für öffentliche, nicht in den Landwegebau aufgenommene Wege sind vorgesehen (Ausschnitt):**

1. Dörnbachweg, öffentlicher Landweg im Eigentum der Stadt Sp.; Forstfiskus allein unterhaltungspflichtig. Auf 300 lfd. m Länge:

a) Ausbessern der vorhandenen Packlage und Decke unter Verwendung von 100 cbm Basaltkleinschlag je lfd. m 5,— *RM* . . = ... *RM*

b) Öffnen der Gräben, Freimachen der Bankette, Einbau von Durchlässen je lfd. m 1,— *RM* = ... „

2. Kaltenbacher Weg, von Spangenberg über Elbersdorf, Kaltenbach nach Günsterode, Weg nicht versteint, auf 600 m Länge:

a) Ausbessern der vorhandenen Packlage und Sandsteindecke auf der besonders zerfahrenen Strecke im Distrikt 154/161/162 mit 70 cbm Sandsteinkleinschlag, je cbm 8,— *RM* . . . . = ... „

b) Instandsetzung der Gräben und Durchlässe = 240,— „

3. Günsteröder Weg durch Distrikt 192/193, Weg nicht versteint, auf 100 m Länge:

a) Fertigstellung der Befestigung der letzten 100 m. Setzen von 20 cm Packlage und Aufbringen von 10 cm Kleinschlag je lfd. m 8,— *RM* . . . . = ... „

b) Anlegen des bergseitigen Grabens und Einbau von zwei Rohrdurchlässen . . = 100,— „

4. Laufende Unterhaltungsarbeiten an sämtlichen öffentlichen Wegen. Offenhalten der Wasserkandeln und Gräben . . . . = 540,— „

5. Beiträge für U. L. F.-Tage, sowie für Sozialversicherungsanteile . . . . = 600,— „

Summe des Titels . . . . *RM.*

10. **Arbeits- und Kostenanschlag für die Befestigung des Melsunger Weges durch Einbau von Fichtenknüppeln.**

Wegelänge 1620 m. Befestigungsbreite 3,5 m, Bankette je 0,5 m, Gräben je 0,5 m. Knüppel 7—12 cm ⌀ Zopf. Unterlagen mindestens 12 cm ⌀ Mitte, 6 m lang. Verwertung des Hirschfraßholzes in Distrikt 103, 105, 108.

Kosten:

1. Ausheben eines 25 cm tiefen Erdkastens mit gleichzeitiger Planierung des Wegeprofils je lfd. m 1,50 *RM* (2,00 *RM*) . = ... *RM*

2. Werben von Fichtenstangen und Tragen an die Baustelle je fm 2,— *RM*.

   Eingebaut werden einschließlich der stärkeren Unterlagen je lfd. m 0,33 fm; also Werbungskosten für insgesamt . . . . . . fm . . . . = ... „

3. Holz werbungskostenfrei (nach erzieltem Durchschnitt für Papierholz, Brennholz) je fm 3,— *RM*), also . . . . . fm = ... „

4. Zuschneiden, Legen der Unterlagen und Knüppel, je lfd. m 0,50 *RM* . . . . = ... „

5. Anlage der beiderseitigen Gräben, 30 cm tief, je lfd. m $2 \times 0{,}15$ *RM* . . . . = ... *RM*
6. Übererden der eingelegten Knüppel, 10 cm hoch, Abräumen der Bankette, je lfd. m 0,60 *RM* . . . . = ... „
7. Grabenbalken, Schutzpfähle je lfd. m 0,03 *RM* . . . . = ... „

Kosten insgesamt = ... *RM*

Lohnkosten (ohne Holzwert, Punkt 3) = ... „

dazu 10% Soziallastenanteil = ... „

Kosten je lfd. m = ... *RM*

einschließlich Holzwert „ „ „ = ... „

Der Kostenrechnung ist normale 8stündige Arbeitszeit zugrunde gelegt und ein Tagelohn von 4,— *RM*.

Mithin Anzahl der erforderlichen Tagewerke für das Arbeitsvorhaben: . . . .

11. **Ein Kostenanschlag für die Befestigung eines Holzabfuhrweges von 200 m Länge und 3,30 m breiter Fahrbahn mit 30 cm hohem Holzpflaster** sieht folgende Arbeiten vor:

Erforderlich sind $3{,}3 \times 0{,}3 \times 200 = 200$ rm Buchenknüppel.

1. Werben und Herantragen der Knüppel . . .	Tagesleistung	2 rm
2. Zerschneiden in rund 30 cm lange Pflasterklötze .	„	2 „
3. Bearbeitung der Klötze fürs Pflaster	„	3 „
4. Planieren und Erdkasten ausheben	„	3 lfd. m
5. Pflastern des Weges	„	2 „ „
6. Übererden und sorgfältiges Ausfüllen der Zwischenräume im Pflaster	„	4 „ „
7. Graben an Bergseite ausheben und Bankette ebnen	„	4 „ „

Berechne die Anzahl der Tagewerke, die voraussichtlichen Kosten, die Gesamtkosten einschl. 15% Soziallastenanteil bei 0,49 *RM* Stundenlohn! Wieviel lfd. m entfallen auf 1 Tagewerk?

12. Bei einem Wegebau durch Arbeitsdienst legt Revierförster Sch. folgende Tagesleistungen für den Kostenanschlag zugrunde: Neubau von 450 lfd. m Holzabfuhrweg mit 3,5 m Breite:

1. Wegeplanum herstellen auf 5 m Breite . .	je	Tagewerk	1 lfd. m
2. Verbringen von 300 cbm Erde mit Karren und Feldbahn	„	„	1,5 cbm
3. Erdkasten ausheben, 3,5 m breit, 0,20 m tief	„	„	4 lfd. m
4. 450 cbm Lesesteine sammeln	„	„	1,5 cbm
5. Hilfeleistung beim Auf- und Abladen der Steine	„	„	3,0 „
6. Packlage setzen, $3{,}5 \times 0{,}20$	„	„	3 lfd. m
7. Abzwicken der Köpfe und verkeilen	„	„	6 „ „
8. Kleinschlag aufbringen, vorher schottern, 135 cbm	„	„	1,5 cbm
9. Böschung abschrägen, bergseitigen Graben anlegen	„	„	4 lfd. m
10. Feldbahngleise aufladen, abladen, verlegen .	„	„	3 „ „

11. Fuhrwerkskosten je cbm 1,20 *RM*.

Bestimme Anzahl der Tagewerke für den Arbeitsdienst! Kosten bei 2,— *RM* für 1 Tagewerk insgesamt und je lfd. m! Leistung je Tagewerk!

13. Unternehmer A. will die Anfuhr von 360 cbm Steinen zu einem Wegebau für 600,— *RM* ausführen.

B. verpflichtet sich in seinem Angebot, täglich 20 cbm Steine für 20,— *RM* an die Baustelle zu fahren, wenn ihm die Forstverwaltung zwei Waldarbeiter für das Freimachen, Auf- und Abladen der Steine zur Verfügung stellt.

Die Waldarbeiter arbeiten 8 Stunden täglich bei 0,50 *RM* Tariflohn und machen auch noch die Bereitstellung von etwa 10% der Lohnsumme für den Soziallastenanteil der Forstverwaltung nötig.

Welches Angebot ist für das Forstamt günstiger und um wieviel % liegt das günstigere unter dem höheren Angebot (= 100%)?

14. Ein Waldweg von 350 m Länge und 3,5 m Breite soll mit einer Packlage Grobschlag aus 28 cm Höhe und einer Kleinschlagdecke von 7 cm Höhe befestigt werden. Die Kiesdecke soll 2,5 cm hoch werden.
   a) In welcher Höhe müssen die Steine für die Packlage aufgesetzt werden, wenn sie in Form einer Bank von 0,80 m Breite ohne Unterbrechung längs des zu befestigenden Weges stehen sollen?
   b) Wie lange dauert das Zerkleinern des Kleinschlages, wenn 4 Waldarbeiter zur Verfügung stehen und wenn jeder am Tage bei 8stündiger Arbeitszeit 2,3 cbm zu Schotter kleinschlägt?
   c) Was kostet die Anfuhr des Kieses, wenn der Fuhrmann 1,25 cbm auf den Wagen lädt und für jede Fuhre 3,50 *RM* rechnet?

15. Zur Erprobung des **Betonalverfahrens,** Befestigung einer Kalksteinschüttung mit Wasserglas und Walzarbeit, wurde im Dörnbach eine stark beanspruchte Wegestrecke von 50 m Länge und 3 m Breite nach diesem Verfahren behandelt. Der Kalkstein wurde in unmittelbarer Nähe gewonnen durch Sprengung. Wasser lieferte der angestaute Dörnbach.

Es entstanden an Kosten:

1. Grobschlag sprengen, 30 cbm für 5,— *RM*, Aufladen, Abladen, Schütten, 8 Arbeitstage je 4,24 *RM*, zur Anfuhr ein Gespann 8 Stunden, je 1,50 *RM*.
2. Kalksplitt (Korngröße 0,5/1,5) = 3 cbm, Werben, Zerkleinern, Durchwerfen durchs Grobsieb in 78 Arbeitsstunden je 0,53 *RM*; Aufladen 4 Stunden je 0,53 *RM* und 1 Stunde Anfuhr je 1,50 *RM*.
3. Kalkstaub (Korngröße 0,0/0,3) = 3 cbm je 29 Ztr. Werben liegt in voriger Position. Einsacken, Auf- und Abladen, zur Mühle tragen = 18 Stunden; Mühle freimachen = 12 Stunden. Anfuhr zur Mühle und dann zur Baustelle = 3 Stunden. Mahlerlohn für Betonmischmaschine = 7,— *RM*.
4. Betonal von den Persilwerken, 100 kg = 7,65 *RM*, 7,5 kg je qm, also für .... qm Baustrecke sind .... kg Betonal für .... *RM* nötig.
5. Fracht nach Spangenberg und Anfuhr zur Baustrecke = 55,30 *RM*.
6. 8 Arbeiter zur Hilfeleistung beim Walzen und zur Nacharbeit = 8.10 Arbeitsstunden je 0,53 *RM*.
7. Walze, 4 Stunden je 4,80 *RM*.
8. Wasserfahren 10 Stunden je 1,50 *RM*.

Berechne die Gesamtkosten für die Wegstrecke und für den lfd. m! Berechne ebenso die Kosten je qm Baufläche bei jeder Position!

16. Ein Straßenbauamt stellt im September 1930 folgende Baukostenrechnung auf:

Silikatdecke von km 0,6—1,0 = 400 lfd. m. 4 m breit = 1600 qm, 10 cm Schütthöhe mit 116 cbm Kalkstein, 30—50 mm Körnung und 65,3 t Kalksand, Körnung 0—5 mm.

Kalksteine 116 cbm je 4,75 *RM* frei Straße . . .	= . . . . . *RM*
„ 116 „ „ 0,83 „ aufmetern	= . . . . . „
„ 116 „ „ 5,15 „ zerkleinern . . .	= . . . . . „
Kalksand 65,3 t, je t 5,70 *RM*	= . . . . . „
„ 65,3 t, je t 4,— *RM* Fracht	= . . . . . „
„ 65,3 t = 4 Waggons Nebenkosten . . .	= 4,80 „
Wasserglas 7772 kg, je 8,5 *Rpf*	= . . . . . „
„ 7772 „ , Frachtauslagen	= 196,70 „
„ 7772 „ , Fuhrlohn	= 14,68 „
Kalksand 65,3 t, je t 1,80 *RM* Fuhrlohn	= . . . . . „
Arbeitslohn 17 Arbeiter, 50 Arbeitstage rund, je Arbeitstag 6,70 *RM*	= . . . . . „
Fuhrlohn für Wasserfahren und leere Fässer zur Bahn	= 123,— „
Dampfwalzlohn 28 Stunden je 5,80 *RM*	= . . . . . „
Nebenausgaben	= 6,— „
400 lfd. m = 1600 qm	= . . . , . . *RM*
1 lfd. m	= . . . , . . „
1 t Kalksand = ... cbm? 1 qm	= . . . , . . „

17. Für eine wassergebundene Straße stellte ein preuß. Landesbauamt folgende Baukostenrechnung für die 10 cm hohe Kalksteindecke auf 600 lfd. m und 3,5 m Breite:

. . . . cbm Kalkstein,	je 6,35 *RM*	frei Straße
	„ 0,55 „	aufsetzen
	„ 3,00 „	schottern
	„ 0,60 „	einbauen
42 cbm Kies	„ 3,00 „	frei Straße
2100 qm Walzarbeit	„ 0,15 „	
39 Stunden Wasserfahren . . .	„ 2,00 „	
600 lfd. m Hilfe beim Walzen .	„ 0,11 „	

Gesamtkosten, Kosten je lfd. m, je qm?
Schotter- und Kiesverhältnis?

18. Kostenanschlag für den Ausbau eines Weges mit Packlage, Kleinschlag und Walzarbeit.

Wegelänge	100 m	Packlage	25 cm
Wegebreite	3 „	Kleinschlag . . .	10 „

a) Erforderlich sind: . . . . = ... cbm Steine.

. . . . . . cbm Steine zu werben:	je cbm 1,50 *RM*	= . . . . . *RM*
anzufahren:	„ „ 1,50 „	= . . . . . „
aufzusetzen:	„ „ 0,40 „	= . . . . . „
zusammen	je cbm . , . . *RM*	= . . . . . *RM*

b) Herstellung des 3 m breiten, 25 cm tiefen Erdkastens, je lfd. m 0,75 *RM* . . . . = ... *RM*
c) Setzen von 100 lfd. m Packlage, je lfd. m 0,90 *RM* . . . = ... „
d) Abzwicken der Steinköpfe, je lfd. m 0,40 *RM* . . . . = ... „
e) Herstellung von . . . . . cbm Steinschlag, je cbm 2,00 *RM* = ... „
f) Aufbringen des Kleinschlages, je cbm 0,40 *RM* . . . . = ... „
g) Walzen mit der Dampfwalze, 100 m = 6 Std. je 5,50 *RM* = ... „
h) Wasserfahren, 6 Std. je 1,50 *RM* . . . . = ... „
i) Übersanden des Kleinschlages mit 10 cbm Sand, Werben und Anfuhr, zusammen je cbm 4,— *RM* . . . . . . = ... „
k) Hilfeleistung beim Walzen, je lfd. m 0,16 *RM* . . . . = ... „

100 lfd. m kosten = ... *RM*
1 „ „ kostet = ... „

Bereitzustellen sind nach dem Kostenanschlag für 100 lfd. m . . . . . *RM*. Dazu kommt noch der Soziallastenanteil mit 15% von den Arbeitslöhnen = 15% von . . . . . *RM* = ... *RM*, also Kosten für 100 lfd. m insgesamt: . . . . . *RM*, je lfd. m . . . . . *RM*. Aus der Lohnsumme von . . . . . *RM* errechnen sich unter Zugrundelegung normaler 8stündiger Arbeitszeit und des Tariflohnes von 0,48 *RM* im ganzen . . . . . Tagewerke.

19. Ein vorhandener Erdweg soll auf 3,5 m Breite eine 20 cm hohe Packlage und eine 10 cm starke Kleinschlagdecke erhalten.

Die Kosten betragen:

1. Für das Ausheben des Erdkastens je lfd. m 1,20 *RM*.
2. Für Brechen, Anfahren und Aufsetzen des Steinmaterials je cbm (1,50 + 1,50 + 0,40) *RM*.
3. Für Kleinschlagen des Schotters je cbm Sandstein 2,25 *RM*.
4. Für Einbauen des Packlagers, Abzwicken der Köpfe und Aufbringen des Schotters je lfd. m: (0,90 + 0,40 + 0,15) *RM*.
5. Für Ausheben beiderseitiger Gräben je lfd m 2 × 0,25 *RM*.

Die Arbeiten zu 2. werden von einem Unternehmer, die übrigen Arbeiten von Waldarbeitern ausgeführt. Wie hoch stellen sich die Kosten für den lfd. m, wenn man bei den Lohnkosten noch 15% für den Soziallastenanteil der Forstverwaltung berücksichtigt?

In wieviel Arbeitsstunden werden 400 m Weg ausgebaut, wenn man den Tariflohn von 0,50 *RM* zugrundelegt?

20. Der Grabenaushub wird auf eine 3,6 m breite Fahrbahn verteilt.

Wie hoch wird die Erddecke (ohne Berücksichtigung der Auflockerung ausgehobenen Erdreichs, Faktor für Lehm etwa 1,2), wenn der Graben oben 60 cm, unten 30 cm breit und 25 cm tief ist?

21. Ein 3,5 m breiter Waldweg soll 20 cm hoch Packlage und 10 cm hoch Schotter erhalten.

Die nötigen Steine werden längs der auszubauenden Wegestrecke auf dem 1,2 m breiten Bankette in einer ununterbrochenen Bank aufgesetzt. Wie hoch wird diese Bank?

Mache Vorschläge für günstigere Aufmeterungsmaße!

22. Beiderseits eines Waldweges werden 600 m weit die Gräben ausgehoben und die anfallende Erde wird gleichmäßig auf die 3,5 m breite Fahrbahn verteilt.

Die Gräben messen oben 0,60, unten 0,30 m und sind 25 cm tief.

Welche Erdmasse wird ausgehoben und wie stark wird die Erddecke auf der Fahrbahn?

23. Um eine Sumpffläche trocken zu legen, sind 120 m Hauptabzugsgräben (oben 1,40 m, unten 0,40 m breit und 0,60 m tief), 240 m Neben- oder Fanggräben (oben 0,60, unten 0,30 m breit und 0,20 m tief) und 600 m Sauggräben (oben nur 0,30 m, unten 0,10 m breit und sich zum Ende verjüngend, durchschnittlich 0,10 m tief) ausgehoben worden. Wieviel cbm Erde waren ausgehoben und wie lang kann ein trockengelegtes Bachbett mit trapezförmigem Querschnitt zugeschüttet werden, wenn es oben 3 m, unten 1,20 m breit ist und 2,40 m tief liegt?

24. Ein durch das Revier führender öffentlicher Weg, der von der Staatsforstverwaltung unterhalten werden muß, soll auf einer Länge von 600 m eine neue Basaltschotterdecke bekommen.

Die Steindecke wird 3,6 m breit und 7 cm hoch angelegt. Verwendet wird Basaltschotter (Korngröße $^3/_5$ oder $^4/_6$) und Basaltsplitt oder Flickschrott (Korngröße $^{15}/_{25}$), die im Verhältnis 2:1 gemischt wurden. Auf 5 cbm Kleinschlagdecke aus Schotter und Splitt rechnet man außerdem noch jedesmal 1 cbm Basaltgrus oder Basaltsand (Körnung $^0/_{10}$).

1. Die Lieferung des Schotters erfolgt frei Bahnhof und kostet im 10 t-Waggon 35,— + 12,— *RM* Fracht, zusammen 47,— *RM* (1 t = 0,6 cbm).
2. Der Basaltflickschrott kostet frei Bahnhof im 10 t-Waggon 21,— + 12,— = 33,— *RM* (1 t = 0,65 cbm).
3. Der Basaltsand kostet frei Bahnhof je 10 t-Waggon 12,— + 12,— = 24,— *RM* (1 t = 0,70 cbm).
4. Die Anfuhr ist an einen Unternehmer verdungen und kostet je t 2,50 *RM*.
5. Die Straßenbaugesellschaft berechnet für das Aufreißen und Rauhen der alten Decke, Wasserfahren, Stellen der Kehrmaschine zum Einschlemmen und das Walzen **je qm 0,15** *RM*.
6. Das Aufbringen der Decke durch Waldarbeiter kostet je lfd. m 0,20 *RM*.
7. Die Walzhilfe (übersanden, kehren, einschlemmen) kostet noch 0,11 *RM* je lfd. m.
   a) Wie hoch werden die Gesamtkosten?
   b) Wie hoch werden die Kosten je qm, je lfd. m?
   c) Die reine Walzarbeit fordert für 100 lfd. m 6 Stunden je 5,50 *RM* (3,6 m Breite!), Wasserfahren je Stunde 2,— *RM*. Rechne!

25 Ein Weg von 900 m Länge soll ausgebaut werden. Der geübte Waldarbeiter stellt dort je Tag bei achtstündiger Arbeitszeit 0,50 m fertig.

Es soll Arbeitsdienst eingesetzt werden, dessen Stundenleistung sich nur auf 64% der normalen Waldarbeiterleistung stellt.

In der siebenstündigen Arbeitszeit der Arbeitsdienstmänner sind auch noch $1^1/_4$ Stunden für den An- und Abmarsch zur bzw. von der Arbeitsstelle enthalten. Wieviel Tagewerke sind für den Arbeitsdienst zu veranschlagen?

26. Nach Fertigstellung von 240 m Weg hat sich die Tagesleistung der Arbeitsdienstmänner auf 75% der normalen Waldarbeiterleistung verbessert und beim letzten Wegedrittel bleibt sie nur noch um 20% hinter ihr zurück.

Wieviel Tagewerke werden vom A. D. tatsächlich für den Ausbau der 900 m langen Wegestrecke aufgewendet?

27. 25 Arbeitsdienstmänner haben 65 Tage lang gearbeitet. Die Forstbehörde hat je Arbeitstag und je Mann 0,25 *RM* Taschengeld zu zahlen.

Waldarbeiter würden täglich 8 Stunden zum Tariflohn von 0,52 *RM* arbeiten und noch 15% für den Soziallastenanteil der Forstverwaltung benötigen.

Die Arbeitsdienstmänner kommen mit ihrer Tagesleistung auf 60% der normalen Waldarbeiterleistung.

Wieviel spart die Forstverwaltung bei der Ausführung der Arbeit durch den Arbeitsdienst?

28. Eine Wegestrecke ist mit dem Bose ausgemessen und weist nach der Feldskizze folgende Längen und Steigungsprozente auf:

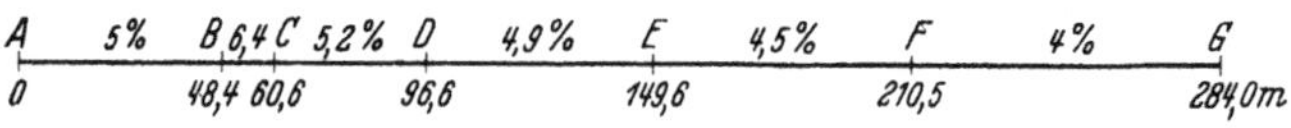

Abb. 63.

a) Wie hoch ist die tatsächliche Steigung in den Einzelabschnitten und insgesamt? (mm angeben!)

AB hat 48,4 . 0,05 m = 2,420 m Steigung
BC "
⋮
FG "

AG = 284,0 m Weg mit = ... m Steigung.

b) Wieviel % Steigung zeigt der Bose, wenn man von A aus den Punkt G direkt (Luftlinie) anvisiert?

29. Am Bose liest man 4% (3,6, 5, 5,2, 6,4, 7,5, 8,2, 9, 10%) Steigung ab und mißt bis zur Scheibe: 100 m (50, 40, 20, 10, 5, 8, 14, 32, 96, 108, 4,8, 7,2, 14,4, 21,6 m).

Wie groß ist jedesmal die tatsächliche Steigung?

30. Der Weg ist 100 m (200, 150, 120, 50, 25, 20, 12, 9,6, 36, 72, 84,4 m) lang und steigt 3,6 m (4,8, 2,4, 6,3, 8,0 m). Mit wieviel % steigt er jedesmal?

31. Ein Entwässerungsgraben ist 360 m lang und hat 1,80 m Gefälle. 0,25% Gefälle genügen bei der Anlage von Drainagen. Urteile!

32. Zwischen A und B soll ein Weg ausgebaut werden. A liegt 104,32 m, B 192,56 m über N. N. Die Entfernung beträgt 1695 m.

Wie muß das Bosesche Pendelinstrument eingestellt werden, wenn der Weg überall gleichmäßig ansteigen und ohne verlorenes Gefälle ausgesteckt werden soll?

33. Der Bahnhof Spangenberg liegt 243,814 m, das Schloß 352 m über N. N. Wie lang würde der gleichmäßig ansteigende Weg vom Bahnhof zum Schloß werden, wenn die Steigung nur 4% betragen soll?

34. Am Bose liest man 4,8% Steigung ab und mißt bis zum Fluchtstabe mit der Visierscheibe 64,40 m.

Wie groß ist die tatsächliche Steigung?

35. Eine andere Wegestrecke A—H steigt nach dem Bose mit 5,4% an. Die einzelnen Teilstrecken zeigen nach der Handskizze folgende Längen (ohne maßstäbliche Zeichnung):

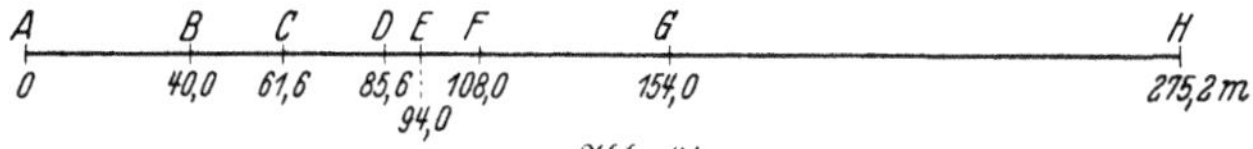

Abb. 64.

Wie hoch ist die tatsächliche Steigung bei den Einzelabschnitten und wie hoch liegt der Endpunkt über dem Ausgangspunkt des Nivellements?

36. Zwischen A und B besteht ein Höhenunterschied von 115,20 m auf 2,4 km Entfernung in der Waagrechten. Welches Steigungsprozent?

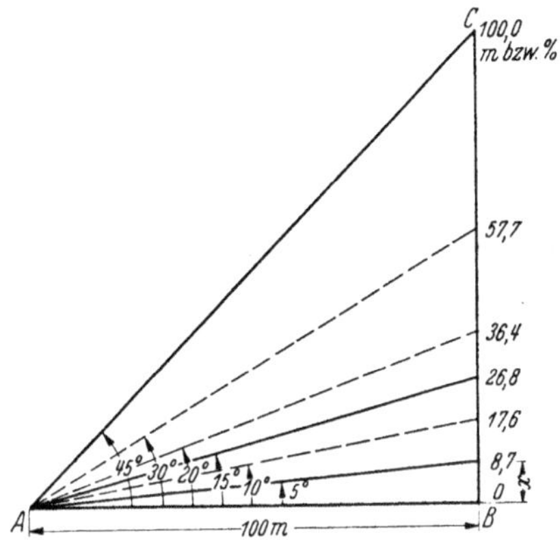

Abb. 65.

37. Abb. 65 zeigt die Umrechnung der Steigungsgrade in -prozente. AB = 100 m = BC.

Steigung bis 5° eben oder fast eben, Steigung 5—10° sanft oder schwach geneigt, 11—20° lehn, 21—30° steil, 31—45° schroff, über 45° Felsabsturz.

Lies die zugehörigen % an der Ordinate ab!

$$(\text{tg } 5^0 = \frac{X}{100} = 0{,}087\,49;\ X = 8{,}7.)$$

38. Wegekurven sollen mit einem Radius $R = \frac{b^2}{4\,l}$ ausgesteckt werden, wobei l die Länge des Gespanns (Langholzwagen einschl. Zugtiere) und b die Wegbreite bedeutet.

a) Brennholzwagen haben 8 m Gespannlänge, b) Langholzwagen dagegen 20—30 m.

Setze die Wegbreite in der Kehre zu a) = 4 m, zu b) = 5 bzw. 6 m und berechne den Kurvenradius! Bilde weitere Beispiele!

39. Beim Wegebau an Hängen muß der Abtragsmassenquerschnitt gleich dem Auftragsmassenquerschnitt sein (Abb. 66), z. B. AB = Wegbreite = 3,5 m. Wähle MA = 2 m und h_2 = 2,4 m.

Berechne den Abtrags- bzw. Auftragsquerschnitt und die Fußigkeit der beiden Böschungen! Siehe Abb. 48! Seite 76!

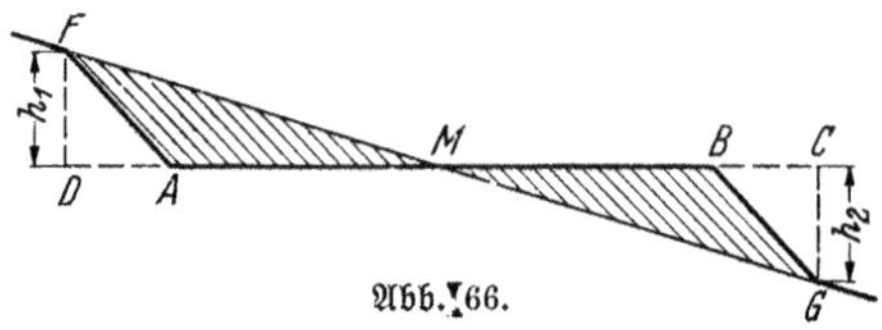

Abb. 66.

40. Ein 3,5 m breiter Weg soll auf 400 m Länge mit einer 30 cm starken Packlage und 8 cm Kleinschlagdecke befestigt und 2 cm hoch mit Kies übersandet werden.
   a) Wieviel cbm Steine sind zu Packlage und Kleinschlag erforderlich?
   b) Wieviel cbm Kies müssen angefahren werden?
   c) Was kostet der lfd. m Schüttung, wenn bezahlt werden:
   für Brechen der Steine je cbm 2,— *RM*,
   „ Kleinschlagen des Schotters je cbm 3,— *RM*,
   „ Anfahren der Steine je cbm 1,80 *RM*,
   „ Werben und Anfahren des Kieses je cbm 3,50 *RM*,
   „ Aufbringen des Kleinschlages je cbm 0,55 *RM*,
   „ Walzen einschl. Hilfeleistung je lfd. m 0,80 *RM*?

41. Längs eines Weges soll ein 225 m langer Graben von 60 cm Tiefe, 46 cm Sohlenbreite und 92 cm oberer Breite ausgehoben werden.
   a) Wieviel cbm Erde sind zu bewegen?
   b) Wieviel achtstündige Arbeitstage dauert die Arbeit, wenn zwei Arbeiter zur Verfügung stehen und der Mann am Tage 2,3 cbm Erde aushebt und mit dem Schubkarren zur nahegelegenen Aufschüttungsfläche abfährt?
   c) Wieviel lfd. m Graben hebt ein Mann täglich aus und wie teuer wird das bei einem Stundenlohn von 0,50 *RM*.

42. Ein Vorflutgraben, oben 1,80 m breit, unten 0,80 m breit und 1,0 m tief wird 776 m weit ausgehoben.

   Was kostet seine Herstellung, wenn je cbm des ausgehobenen Bodens 0,72 *RM* bezahlt werden?

43. Ein 2,7 km langer und 6 m breiter Weg soll auf $^1/_3$ seiner Länge 15 cm hoch mit Kies und auf der Reststrecke 5 cm hoch mit Lehm und 10 cm hoch mit Kies befahren werden.

   Wieviel cbm Kies und Lehm sind anzufahren?

44. Die senkrechte Erhebung einer Bergspitze über der Talsohle beträgt 248 m; der kürzeste Weg im Steilgefälle ist 1100 m lang.

   Wie hoch ist das Steigungsprozent dieses Weges?

   Wie lang wird ein neu zu bauender Holzabfuhrweg, der bis zur halben Höhe des Berges eine gleichmäßige Steigung von $6^0/_0$ und dann bis zur Kuppe eine Steigung von $8^0/_0$ haben soll?

45. Ein Waldweg soll auf 3,5 m Breite befestigt werden. Die Packlage soll 35 cm hoch, die Decklage noch 9 cm dick werden. Sämtliches Material

wird als Grobschlag aufgesetzt. Die Steine sollen auf einer Straßenseite in einer fortlaufenden, mit der zu chaussierenden Strecke gleichlangen Bank aufgesetzt werden. Wie hoch wird die Bank, wenn ein Bankett von 1,25 m Breite zum Aufsetzen zur Verfügung steht? Wieviel Tagewerke dauert das Zerkleinern des Kleinschlags, wenn 4 Waldarbeiter zur Verfügung stehen und wenn jeder am Tage 2,25 cbm kleinschlägt. (Bei Basalt zahlt man je cbm 4—4,50 *RM*).

46. Eine Quelle, die 305 m über dem Meeresspiegel liegt, ist durch einen geradlinig verlaufenden Abflußgraben von 250 m Länge mit einem Teich verbunden worden, der 290 m über dem Meeresspiegel liegt.

Der Graben hat eine obere Breite von 0,60 m, mißt unten noch 0,20 m und ist 20 cm tief.

Für den Aushub des Grabens waren 1,80 *RM* je cbm als Lohn vereinbart worden.

1. Welches Gefällprozent hat der Graben?
2. Wieviel fußig ist die Grabenböschung?
3. Welche Kosten entstanden für den Aushub des Grabens insgesamt und je lfd. m?

47. Zur Ausführung von Notstandsarbeiten sind vom Arbeitsamt 4998 Tagewerke mit einem Förderungsbetrage von täglich 2,50 *RM* für 42 Notstandsarbeiter, die dem Forstamt zugewiesen werden, bewilligt worden.

Als Entgelt für ersparte Wohlfahrtsunterstützung gibt der Kreisausschuß für $33^1/_3\,^0/_0$ der Arbeiter einen täglichen Zuschuß von 1 *RM*.

Der Tagesverdienst der Arbeiter soll 4 *RM* betragen.

Wie hoch muß der Zuschuß der Staatsforstverwaltung im ganzen und für ein Tagewerk sein?

Bestimme:

1. Die volle Lohnsumme für das Arbeitsvorhaben!
2. Den Anteil des Arbeitsamtes!
3. Den Zuschuß des Kreisausschusses!
4. Den Anteil der Staatsforstverwaltung!

48. Ein Graben mißt oben 0,60 m, in der Sohle 0,30 m, ist 0,40 m tief und 600 m lang.

Wie groß ist die auszuhebende Erdmasse?

Wieviel Aushub muß je lfd. m Graben gefördert werden?

Was darf 1 lfd. m kosten, wenn für den cbm Aushub 0,72 *RM* gerechnet werden?

Wie hoch kann mit dem Grabenaushub die 3,6 m breite Erdwegfahrbahn übererdet werden?

Wie hoch kann eine rechteckige Ödlandfläche 15 × 24 m mit der ausgehobenen Erde aufgefüllt werden?

Wieviel Schubkarren je 75 l Inhalt (0,07—0,1 cbm) sind zu karren (Kipploren je 0,50; Zweispännerkastenwagen je 1,75 cbm)?

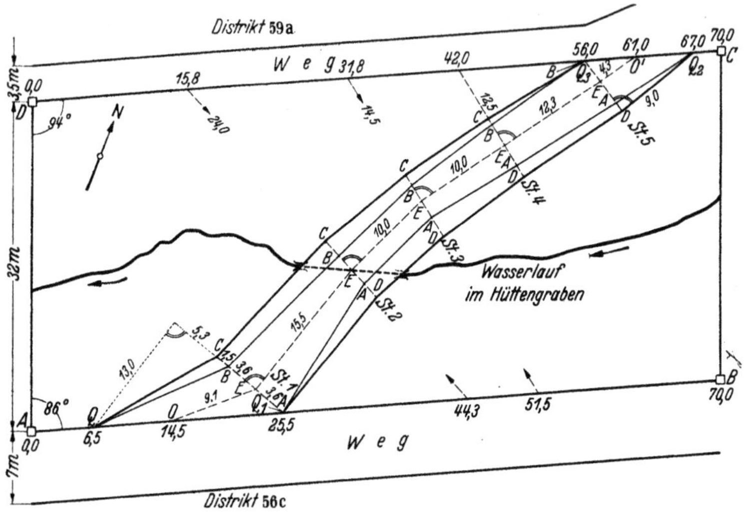

Abb. 67. **Damm durch den Hüttengraben.** I. Grundriß: 1:750.

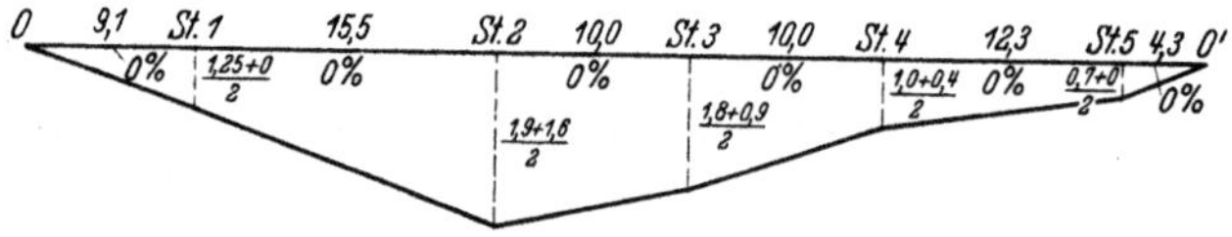

Abb. 68. IIa. Längsprofil. Länge 1:750. Höhe 1:150.

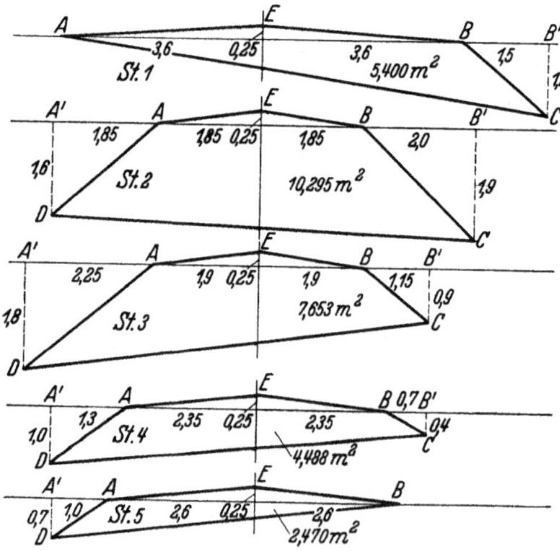

Abb. 69 IIb. Querprofile. Maßstab 1:150.

49. **Anlage eines Überfahrtdammes für die Holzabfuhr durch das Hüttengrabental** (Abb. 67—69).

I. Grundriß,
II. Profile: a) Längsprofil, b) Querprofile,
III. Massenberechnung,
IV. Kostenberechnung,
V. Leistungsberechnung.

Die Arbeit wurde ausgeführt vom FAD. Benutzt wurden 1 Kipplore und 70 lfd. m Gleis. Die Erde für den Damm wurde in unmittelbarer Nähe gewonnen und zur Ausweitung der Kurven für Langholzfuhrwerke an der Bergseite abgetragen. Es haben gearbeitet: 7 Arbeitsdienstmänner und ein Vorarbeiter. 5 Männer haben die Erde losgehackt, 2 haben die Kipplore bedient, alle haben geladen. Der Vorarbeiter hat den angefahrenen Boden eingeebnet und mit den beiden das Gleis nach Bedarf verlegt.

I. Lies jetzt den Grundriß und die Profile genau!
II. Berechne die Querprofile in den Stat. 1—5!
III. Berechne nun die aufgeschüttete Masse: Die Teilabschnitte des Dammes sind entweder Pyramiden (Stat. 0—1 und Stat. 5—0 am andern Ende) oder können annähernd als Prismen mit mittlerer Grundfläche aus den beiden Kopfprofilen und der Länge des Teilabschnittes auf der Mitte der Dammkrone berechnet werden). Rechne mit 3 Dezimalen! (Gesamtlänge des Dammes = 61,20 m, Erdmasse = 347,033 cbm).

IV. Kostenberechnung:

a) Arbeitstage: 75 Tage je 2,44 RM = ... RM
35 „ „ 2,04 „ = ... „
7 „ „ 1,70 „ = ... „

zus. FAD = ... Tage = ... RM
Vorarbeiter 20 Tage je 4,16 RM = ... „

überhaupt ..... Tage = ... RM
b) Beschaffung von 10 lfd. m Rohr 50 cm ⌀ = 76,00 „
c) Transport des Feldbahngleises. ...... = 13,50 „

Insgesamt Kosten = ... RM

Kosten im einzelnen:

α) Werben und Transport der Erdmassen:
75 Tage je 2,44 RM + 35 Tage je 2,04 RM + 2 Tage je 1,70 RM, zus. ..... Tage mit ..... RM Lohnsumme.
Mithin je lfd. m Lohnsumme: Dammlänge ... = ... RM
je cbm Lohnsumme: Erdmasse ...... = ... „

β) Herstellen und Planieren der Überfahrt:
20 Tage je 4,16 RM = ... RM, also je lfd. m = ... „
je cbm = ... „

γ) Einbetten der Rohre: 5 Arbeitstage je 1,70 RM = ... „
also je lfd. m = ... „
je cbm = ... „

Reiner Arbeitslohn: $(\alpha + \beta + \gamma)$
je lfd. m = ... RM, je cbm = ... „

δ) Ankauf der Rohre und Transport der Gleise 76,00 + 13,50 RM = ... RM, also je lfd. m = ... RM, je cbm .... = ... „

Ergebnis: Gesamtkosten je lfd. m Damm .... RM
Gesamtkosten je cbm Erde .... „

V. Leistungsberechnung:

a) Werben und Transport der Erdmassen in 112 Tagen, mithin je Tag ..... cbm, je Tag für ..... lfd. m Damm.
b) Ausbreiten der Erde, Herstellen und Planieren des Dammes, Einbetten der Rohre in 25 Tagen, also je Arbeitstag ..... cbm Erde.
c) Insgesamt sind in 137 Arbeitstagen ...... cbm Erde aufgeschüttet und ...... lfd. m Damm hergestellt, also je Arbeitstag ...... cbm Erde, ... lfd. m Damm.

50. Für Erdtransporte und im Wegebau rechne mit dem spez. Gewicht bei

Kies	= 1,7	Abraumerde	
Gneis	= 2,6	gewöhnlich, trocken	= 1,6
Granit	= 2,8	naß	= 2,0
Basalt	= 3,0	mit Kies gemengt	= 2,3
Grobschlag	= 2,0	Tonboden	= 2,2
Schotter	= 1,7		
Splitt	= 1,6	Zum Vergleich:	
Grus trocken	= 1,4	Eisen, Grauguß	= 7,2
Sandstein	= 2,4	„ , Weißguß	= 7,6
Bruchsteine	= 1,3—1,5	Schmiedeeisen	= 7,8
Schotter	= 1,2	Stahl	= 7,7
Kalkstein	= 2,7	Aluminium	= 2,6
Bruchsteine	= 1,6	Mennige	= 8,6
Schotter	= 1,4	Quecksilber	= 13,6
Ziegelstein	= 1,5	Gold	= 18,8
Ackererde	= 1,5—1,7	Silber	= 10,0
Lehm	= 1,7, 2,1, 2,4	Platin	= 22,7
Sand, trocken	= 1,6		
„ feucht	= 1,9—2,0		

51. **Erdarbeiten:**

Das Lösen von 1 cbm

a) Kies; Sand oder Lehm mit dem Spaten oder der Flachschippe dauert 0,8—1,2 Erdarbeiterstunden,
b) leichtem Hackboden mit Kreuzhacke erfordert 1,3 Stunden,
c) schwerem Hackboden mit Steinen (Spitzhacke, Brecheisen) erfordert 1,8 Erdarbeiterstunden, jedesmal einschließlich aufladen bzw. 2,5 m weit fortwerfen.

Gelöste Erde aufzuladen auf Schubkarren dauert je cbm 0,6, auf Wagen 0,8 Handlangerstunden.

1 Schubkarren faßt 0,07—0,10 cbm, 1 Kipplore 0,50—0,75 cbm. Aus 1 cbm gewachsenem Boden werden 1,1—1,3 cbm gelöster, aufgelockerter Boden.

52. Bei einem Wegebau muß ein Erdbuckel mit 442 cbm gewachsenem, schwerem Hackboden zur Aufschüttung auf 40—60 m Entfernung weggekarrt werden. Die Auflockerung beträgt 30%. Der Karren faßt 0,07 cbm. Berechne die gelockerte Erdmasse und die Anzahl der Karren, ferner die Anzahl der Tagewerke für Lösen und Aufladen der Masse auf Schubkarren!

Ein Arbeiter macht in der Stunde $\frac{4000}{\text{Weg} + 300}$ Karrengänge. Für Feststampfen des aufgeschütteten Bodens rechne je cbm noch 2 Handlangerstunden.

Berechne die Gesamtzahl der Tagewerke für Erdarbeiten und die Tagesleistung eines Arbeiters in cbm gewachsenem Boden!

53. In der Revierförsterei Sch. wurden 720 m des Viereckweges durch Verwendung von 187,50 cbm Steinen und 24 cbm Sand mit Walze befestigt. An Kosten sind dafür nachgewiesen:

1. Anfuhr von 187,50 cbm Kalksteinen je 4,— *RM*;
2. Anfuhr von 24 cbm Sand je 2,40 *RM*;
3. 18,5 Stunden Walzarbeit je 6,80 *RM*;
4. für Wasserfahren 39 Stunden je 1,80 *RM* (2 Gespanne = 2 × 18,5 Std.);
5. Abkratzen der alten Steindecke 29 Stunden je 0,60 *RM*;
6. Steinbruchaufräumung 48 Stunden je 0,60 *RM*;
7. Brechen, Aufsetzen, Kleinschlagen und Einbauen von 187,50 cbm Kalksteinen je cbm 5,40 *RM*;
8. Hilfeleistung beim Wasserfahren 45 Stunden je 0,60 *RM*;
9. Hilfeleistung beim Sandfahren und -ausbreiten 42 Stunden je 0,60 *RM*.

Berechne die Gesamtkosten und je lfd. m, auch für 1 cbm Steine!

54. Für die Anfuhr und Lieferung von 9 cbm Kalksteinen hat der Bauer Z. 58,50 *RM* erhalten. Die Zerkleinerung hat je cbm 2,— *RM* gekostet. Die Schüttung und Übererdung durch den bei der Auffrischung der Wasserabzüge auf 500 m Länge gewonnenen Boden hat 32 Stunden je 0,60 *RM* gekostet.

18. Forstkulturen.

I. Begründung des Fichtenbestandes durch Saat.

A. **Vollsaaten** (ungebräuchlich): 10 kg, 90%, je ha.

1. Bodenverwundung durch Eggen, Harken usw. je ha 40—50 Männerstunden	rund 20—25 *RM*
2. Einsaat und Bedecken des Samens je ha 48 Frauenstunden	„ 16,— „
Kosten je ha . .	36—41 *RM*

B. **Streifensaaten:** 4 kg, 90%, je ha. (Siehe auch bei Kiefernsaaten!). Saatstreifen 1,3—1,5 m von Mitte zu Mitte entfernt und 0,40—0,60 m breit, je nach Graswuchs. 7700 bzw. 6667 lfd. m je ha.

Normale Arbeiten:

1. Saatstreifen anlegen durch Abplaggen des Bodenüberzuges und Durchhacken, je nach Schwierigkeit je lfd. m	1,2—2,5 *Rpf*.
2. Nachlockern der Streifen mit der Harke je ha	10—12 *RM*.
3. Einbringen und Bedecken des Samens:	
Handsaat (Säflasche)	10—25 *RM*
Maschinensaat	3—6 „
Bei schwierigen Verhältnissen noch:	
Kurzhacken der Saatstreifen mit der Blatthacke je lfd. m 0,5—0,75 *Rpf*, 6700 lfd. m . . . . =	35—50 *RM*
oder Lockerung mit dem Untergrundpflug je ha	15—20 „
oder Lockerung mit dem Igel je ha	10—20 „

1. Fall: Besonders leicht:

1. Saatstreifen, 1,5 m Abstand, 0,40 m breit, 6667 lfd. m je ha, abplaggen, durchhacken, je lfd. m 1,2 Rpf, rund	80,— RM
2. Abharken und lockern zur Saat rund	10,— "
3. Maschinensaat mit Waldbank rund	3,— "
Kosten je ha . .	93,— RM

2. Fall: Normale Verhältnisse:

1. Saatstreifen anlegen durch Abplaggen des Überzuges und Grobhacken, 1,5 m Abstand, 0,5 m breit, 6667 lfd. m je ha, je lfd. m 1,35 Rpf, rund	90,— RM
2. Nachlockern mit der Blatthacke, Kurzhacken je lfd. m 0,5—0,6 Rpf, rund	35—40 "
3. Abharken vor der Saat je ha rund	12,— "
4. Maschinensaat mit Waldbank rund	3,— "
Kosten je ha . .	140—145 RM

3. Fall: Besonders schwer:

1. Saatstreifen anlegen durch Abplaggen des Bodenüberzuges und Grobhacken, 1,5 m Abstand, 0,5 m breit, 6667 lfd. m je ha, je lfd. m 2 Rpf, rund	135,— RM
2. Kurzhacken mit der Blatthacke je lfd. m 0,6 Rpf, rund .	42,— "
3. Abharken vor der Saat je ha rund	10,— "
4. Maschinensaat je ha rund	3,— "
Kosten je ha .	190,— RM

Beispiel: Im Distrikt 51 wurde eine Kiefern-Lärchen-Fichten-Mischsaat auf 2,5 ha Fläche ausgeführt. An Kosten entstanden je ha:

1. Streifen hacken, 1,5 m Entfernung, 0,40 m breit, 6667 lfd. m je ha, je lfd. m 1,5 Rpf	= 100,— RM
2. Durchhacken mit der Blatthacke je ha	= 40,— "
3. Durchharken je ha	= 10,— "
4. Säen mit der Hand je ha.	= 25,— "
Kosten je ha .	= 175,— RM

C. **Fichtenplätzesaaten:** 4 kg, 90%, je ha.

Plätze 0,4 × 0,5 m im 1,3 oder 1,5 m Quadratverbande.

Je ha 1,3 m □ = 5917 Saatplätze,
1,5 m □ = 4444 "

Bodenarbeit:

1. Saatplätze abplaggen, durchhacken, auflockern je Platz 1,5—3 Rpf.
2. Einbringen des Samens mit Hand und Bedecken je ha 20—30 RM.

Kosten:

1. 5917 Saatplätze je 2,4 Rpf, rund	144,— RM
4444 " " 2,4 Rpf, "	110,— "
2. Handsaat	25,— "
Kosten je ha 1,3 m □ . .	169,— RM
" " " 1,5 m □ . .	135,— "

Zu Unterbau:

Verband 2 × 1,5 m, Plätze 1 × 0,5 m, je ha 3333 Saatplätze. Anlegen der Saatplätze je 3—4 Rpf.

II. Fichtenbestandesbegründung durch Pflanzung.

Die hauptsächlichsten Verbände: 1 m □, 1,2 m □, 1,3 m □, 1,4 m □, 1,5 m □, 1,7 m □, 1,75 m □, 2,0 m □.

Im Regierungsbezirk Kassel sind in den letzten Jahren am häufigsten die Verbände 1,75 m □, 2 m □ und 1,50 m □ angewendet worden. Die Gründe für den weiten Verband liegen in der Ersparnis an Pflanzen und Kosten. Die Kosten wachsen mit dem Quadrat des Pflanzenabstandes.

Pflanzenbedarf in den gebräuchlichsten Verbänden:

Verband . .	1 m □	1,2 m □	1,3 m □	1,4 m □	1,5 m □	1,7 m □	1,75 m □	2 m □
Wuchsraum .	1,00 qm	1,44	1,69	1,96	2,25	2,89	3,0625	4,00 qm
Pflanzen je ha	10000	6944	5917	5102	4444	3460	3265	2500 Pfl.
Hdt. Pflanzen je ha . . .	100,00	69,44	59,17	51,02	44,44	34,60	32,65	25,00 Hdt.
Abgerundete Hdt. für die Praxis . .	100	70	60	51	44	35	33	25 Hdt.

Gepflanzt werden 3- und 4jährige, 1jährig verschulte Fichten, auch 4jährige, 2jährig verschulte und 2jährige, unverschulte Fichten, meist auf Hack- oder Grabeplätzen: 40 × 40, 50 × 50, 40 × 70 und 20—30 cm tief.

Bodenarbeit (3 Fälle):

1. Abplaggen des Bodenüberzugs und leichtes Durchhacken der Pflanzplätze für günstige Verhältnisse, je Platz 1,8 *Rpf*.
2. Abplaggen des Bodenüberzugs und kräftiges Durchhacken der Pflanzplätze, normale Verhältnisse, je Platz 2 *Rpf*.
3. Abplaggen des Bodenüberzugs und Pflanzhügel anfertigen, ungünstige, schwere Verhältnisse, je Platz 3 *Rpf*.

Die Kosten bei der Pflanzung von 3—4jährigen verschulten Fichten (Lärchen, Douglasien) auf Hackplätze betragen bei Auspflanzung von 1 ha Fläche mit 3jährigen, 1jährig verschulten Fichten im 1,5 m □ Verbande auf Hackplätzen 0,40 × 0,40; 0,30 m tief, also 4444 Pflanzen je ha:

1. Fall:	4444 Hackplätze abplaggen und leicht durchhacken, je Platz 1,8 *Rpf*, je ha	80,— *RM*
	Auspflanzen von 4444 3jährigen, 1jährig verschulten Fichten, je Fichte 1 *Rpf* rund	45,— „
	Kosten je ha . .	125,— *RM*
2. Fall:	4444 Hackplätze abplaggen, kräftig durchhacken, je Platz 2 *Rpf*, je ha rund	90,— *RM*
	Auspflanzen von 4444 3jährigen, 1jährig verschulten Fichten auf mittleren Böden, je Pflanze 1,2 *Rpf* je ha rund	54,— „
	Kosten je ha . .	144,— *RM*
3. Fall:	4444 Hackplätze abplaggen, Pflanzhügel anfertigen, je Platz 3 *Rpf*, je ha rund	135,— *RM*
	Auspflanzen von 4444 3jährigen, 1jährig verschulten Fichten, je Platz 1,5 *Rpf* rund	65,— „
	Kosten je ha . .	200,— *RM*

Die Gesamtkosten betragen in den meisten Fällen 3—4 Rpf je Stück (2,8, 3,2, 4,5 Rpf).

Zu den angeführten Kosten kommen hinzu für den Pflanzentransport je nach Entfernung und Größe der Kulturfläche 0,1—0,2 Rpf je Stück, also 4444 . (0,1 bis 0,2) = rund 4,50 bis 9,— RM je ha.

Ebenso sind oft noch die Kosten für das Abräumen der Kulturfläche: Schlagreisig verbrennen oder auf Wälle zusammenbringen mit 30—60 RM je ha in Rechnung zu stellen.

Bei Hügelpflanzung entstehen
für das Graben der Hügel und die Plaggendeckung je Hügel 3—4 Rpf und
für das Bepflanzen mit einer 3—5jährigen Pflanze auch 1—2 Rpf Kosten.

Beim 1,5 m □ Verband mit 4444 Hügeln bzw. Pflanzen je ha also 4444 × (4 bis 6 Rpf) = 180—270 RM.

Bei der Ballenpflanzung kostet die Pflanzung einschließlich Bodenarbeit je Pflanze (1—1,5), (1,25—3), (3—4), (4—7,5) Rpf, und zwar:

1. Ausheben, Löchermachen, Verpflanzen von 2—3jährigen Pflanzen bei Anwendung des 5 cm weiten Hohlbohrers, je Stück 1—1,5 Rpf.
2. Desgl. für 4—5jährige Pflanzen mit 7,5 cm Hohlbohrer 1,25—3 Rpf je Stück.
3. Desgl. mit dem Hohlspaten 3—4 Rpf.
4. Desgl. mit dem gewöhnlichen Grabespaten 4—7,5 Rpf.

Über die Heranzucht der Fichtenpflanzen im Kamp siehe Aufgabe Nr. 21 ff., Seite 138.

Im Kamp sät man bei Rillensaat je a 0,6—0,8 kg Fichtensamen mit 80 bis 90% Keimkraft.

Geerntet werden 40—45000 1jährige Sämlinge vom a Saatbeet.

Übliche Verschulverbände für Fichten: 15 × 15, 15 × 20, 10 × 20 und 7,5 × 25.

Ein a Verschulbeet liefert:

beim Verband: 7,5 × 25 . . . . . 5333 verschulte Fichten
10 × 20 . . . . . 5000 " "
15 × 15 . . . . . 4444 " "
15 × 20 . . . . . 3333 " "

III. Kiefernbestandesbegründung durch Saat.

A. **Vollsaaten**: (kaum noch angewendet): 8 kg Samen, 90%, je ha. Kosten wie bei Fichte je ha etwa 40,— RM.

B. **Streifensaaten**: 1,8—3,5 kg Kiefernsamen, 96—80%, je ha, üblich 1,3 und 1,5 m Abstand der Streifen von Mitte zu Mitte.

I. 1. Waldpflugstreifen, 1,3 m von Mitte zu Mitte entfernt, 7700 lfd. m, je ha . . . . 24,— RM
2. Nachlockern mit Untergrundpflug je ha . . . 12,— "
3. Abharken . . . . 3,— bis 8,— "
4. Einbringen und Bedecken des Samens:
♀ Handsaat mit Säflasche. . . . . 10,— "
♀ Maschinensaat . . . . 3,— "

Kosten je ha . . 49,— (42,—) bis 54,— (47,—) RM

II. 1. Hackstreifen, 1,5 m von Mitte zu Mitte entfernt, 0,25, **0,40**, 0,50 m breit, ♂ Arbeit, je lfd. m nach Schwierigkeit:
a) besonders leicht . . 1,3 *Rpf*
b) normal . . . . . 2,0 „
c) besonders schwer . 2,5 „
6667 lfd. m je ha . . . . . . 90,—, 125,—, 170,— *RM*
2. Saatstreifen mit Harke nachlockern je ha . . . . 10,— *RM*
3. Einbringen u. Bedecken des Samens:
♀ Handsaat . . . . 10,— „
♀ Maschinensaat . . . . 3,— „

Kosten je ha . . 110,—, 145,—, 190,— *RM*
103,—, 138,—, 183,— „

Die Kosten liegen in normalen Fällen bei 150,— *RM* je ha.

Diese Kosten können sich verteuern, wenn die Hackstreifen vor der Saat tiefer aufgelockert werden müssen:
a) durch Anwendung des Igels um rund 10,— *RM*,
b) „ „ „ Untergrundpflugs um etwa 12,— *RM*,
c) bei Durchhacken mit der Blatthacke je lfd. m etwa 0,5 *Rpf*, also um 35 bis 40 *RM*.

C. **Plätzesaaten:** 1,8—3,5 kg Kiefernsamen, 96—80%, je ha.

Plätze: 40×40, 40×50, 50×50, 40×70.

Bodenarbeit: Abplaggen des Bodenüberzuges und je nach Schwierigkeit: Lockern mit der Harke oder lockern mit der Blatthacke.

Bodenarbeit je Platz: 1,5, 2,4, 3 *Rpf*.

Verband: a) 1,3 m □ mit 5917 Saatplätzen,
b) 1,5 m □ „ 4444 „

Kosten zu a): 5917 Saatplätze je ha rd. 90,—, 144,—, 180,— *RM*,
zu b): 4444 „ „ „ „ 70,—, 110,—, 135,— „

Dazu: Einbringen des Samens mit Hand und Bedecken, ♀, je ha . . . 25,— *RM*

Gesamtkosten je ha zu a): 115,—, 169,—, 205,— *RM*,
zu b): 95,—, 135,—, 160,— „

D. **Mischsaaten:** Bei Reinsaaten sät man im Osten meist 2 kg, im Westen 3 kg Kiefernsamen je ha. An Stelle der Reinsaaten tritt in vielen Fällen die Kiefern-Lärchen-Fichten-Mischsaat.

Bei dieser Mischsaat gilt für das Saatgut das Mischverhältnis:

Kiefer : Lärche : Fichte = 2 : 1 : 0,5 für den Westen,
3 : 1 : 1 für Kurhessen (alte „Kurhess. Mischung"), neuerdings auch 2 : 1 : 0,5,
1,5 : 0,5 : 0,5 für den Osten.

Dabei rechnet man mit 2,5 kg Mischsaatmenge je ha für den Osten, 3,5 kg für den Westen und 3,5 (bis 5) kg für Kurhessen.

Die Ausführung der Mischsaaten und ihre Kosten entsprechen den Verhältnissen bei Reinsaaten.

E. **Pflege der Saaten:** Zur Pflege der Saaten gehört bei starkem Graswuchs ein ein- oder zweimaliges Hacken im ersten und zweiten Jahre, manchmal genügt Ausschneiden des Grases für 6,— *RM* je ha. Einmal hacken der Saaten kostet je ha etwa 25,— *RM*.

IV. Kiefernbestandesbegründung durch Pflanzung.

Gepflanzt werden 1jährige Kiefernsämlinge bei Neukulturen und 2jährige, 1jährig verschulte Kiefern bei Nachbesserungen.

Ausgeführt werden die Kiefernpflanzungen auf Pflugfurchen, Hackstreifen und in Löchern.

Der Reihenabstand beträgt 1,3—1,5 m, von Mitte zu Mitte der Streifen gemessen.

Bei geringem Graswuchs wird ein Pflanzenabstand von 0,40 m, bei stärkerem Graswuchs von 0,60 m gewählt.

Die engeren Verbände 0,3 und 0,33 m verteuern die Kulturen durch den stärkeren Pflanzenbedarf und die höheren Pflanzkosten, sind aber nötig zur Erziehung hochwertigen, astfreien Stark- bzw. Wertholzes. Die weiten Verbände 0,60—0,80 m mit geringeren Kulturkosten dienen hauptsächlich der Bauholzerzeugung. Über den Pflanzenbedarf je ha gibt die folgende Tabelle eine Übersicht:

Pflanzenabstand m	Abstand der Streifen von Mitte zu Mitte 1,3 m	1,5 m
0,30	25 641	22 222
0,33	23 310	20 202
0,40	19 231	16 667
0,50	15 385	13 333
0,60	12 821	11 111
0,80	9 615	8 333

Setze die Pflanzenzahl beim normalen Verbande von 1,3 × 0,4 bzw. 1,5 × 0,4 gleich 100% und gib die prozentuale Verteuerung bzw. Verbilligung der Kulturen bei den engeren bzw. weiteren Verbänden an.

Kosten von Kiefernkulturen je ha.

A. Streifenpflanzung:

1. a) Waldpflugfurchen in 1,3 m von Mitte zu Mitte, je ha 12—16 Gespannstunden je 1,50 *RM* . . . . . . = 18—24 *RM*

   b) Pflanzung von 19250 1jährigen Kiefernsämlingen (1,3 × 0,4) nach dem verbesserten Klemmspatenverfahren mit 1 Klemmspatenführer und 3 Pflanzerinnen mit Pflanzholz in der Rotte. Stundenleistung: 200 Pflanzen für 1/3 Männerstunde und 1 Frauenstunde = 0,17 + 0,30 = 0,47 *RM*, rund 20000 Kiefern, je Hundert 0,24 *RM* . . . . = 48 „

   c) Pflanzentransport und Behandlung je ha . . . = 4—8 „

Kosten je ha = 70—80 *RM*

Unter schwierigen Verhältnissen muß vierspännig gepflügt werden, dann wird auch die Klemmspatenpflanzung nicht möglich sein und die Kosten je ha würden sich beträchtlich erhöhen.

2. Hackstreifen in 1,3 m Abstand von Mitte zu Mitte gemessen, 0,40 m breit, 7700 lfd. m je ha, Abplaggen des Bodenüberzugs je lfd. m 1,3 *Rpf* . = 100,— *RM*

a) Klemmpflanzung von 19250 1jährigen Kiefern (1,3 × 0,4), ein Mann oder eine Frau als Keilspatenführer und eine Frau ohne Pflanzholz arbeiten zusammen, Stundenleistung 100 Stück für 50 + 30 bzw. 30 + 30 *Rpf*, je ha 192,5 × 0,80 bzw. 0,60 *RM*, rund . . . . = 115—155 „

Kosten je ha zu 2a = 215—255 *RM*

b) Handklemmpflanzung (1 Mann mit Keilspaten und 3 Frauen ohne Pflanzholz in einer Rotte, Stundenleistung je Frau 200 Stück), je Hundert 0,24 *RM*, je ha 192,5 × 0,24 *RM* rund . . . . = 48,— „

Kosten je ha zu 2b = 148,— *RM*

c) Spatelklemmpflanzung nach Wolter (1 Mann mit Klemmspaten und 3 Frauen mit Pflanzholz in jeder Rotte, Stundenleistung jeder Frau 150 Stück) 19250 Pflanzen je Hundert 0,31 *RM* rund. . . = 60,— „

Kosten je ha zu 2c = 160,— *RM*

d) Handspaltwühlpflanzung (2 Männer und 5 Frauen in jeder Rotte), Stundenleistung jeder Frau 80—100 Stück, meist für Nachbesserungen mit älteren Pflanzen, je Hundert 2jähriger, 1jährig verschulter Kiefern 0,50—0,60 *RM*, 19250 Pflanzen (ev. Bodenarbeit nicht nötig!) rund . . . . . . = 100—120 „

Mit Bodenarbeit Kosten je ha zu 2d = 200—220 *RM*

e) Handspaltpflanzung nach Spitzenberg: Abplaggen des Bodenüberzugs, 7700 lfd. m, 0,50 m breit, je lfd. m 1 *Rpf*, je ha rund . . . . . . = 77,— *RM*
Pflanzen im Verband 1,3 × 0,5 von 15400 2jährigen, 1jährig verschulten Kiefern als Handspaltpflanzung nach Spitzenberg (1 Frau fertigt die Löcher mit dem Pflanzspaltschneider für 3 Pflanzerinnen), Stundenleistung jeder Pflanzerin 40 Pflanzen, Pflanzkosten je Pflanze also 1 *Rpf*; je ha 15400 × 1 *Rpf*, rund . . . . = 154,— „

Kosten je ha zu 2e = 231,— *RM*

Die Kosten bei den verschiedenen Pflanzverfahren auf Hackstreifen erhöhen sich noch, wenn nach Abplaggen des Bodenüberzugs auf den Hackstreifen nicht sofort gepflanzt werden kann, sondern wegen stärkeren Graswuchses, Seggevorkommens (Calamagrostis) eine stärkere Auflockerung des Bodens oder eine bessere Durchmischung mit dem Auflagehumus nötig ist, und zwar:

α) bei zusätzlicher Anwendung des Igels um 10—20 *RM* je ha.

β) bei zusätzlicher Anwendung des Untergrundpflugs um 15—20 *RM* je ha.

γ) bei Durchhacken mit der Blatthacke je lfd. m bis um 0,5 *Rpf*, oder bei Durchhacken bzw. Umgraben von Pflanz- bzw. Grabplätzen auf den Streifen um 0,50 bis 0,75 *Rpf* je Platz.

Zum Beispiel:

f) Sandboden, Segge.

1. Anlegung von 7700 lfd. m Hackstreifen, 0,60 m breit, je lfd. m 1,3 *Rpf*, rund . . . . = 100,— *RM*
2. Grabplätze auf den Streifen, 0,60 m entfernt, 0,30 m tief, 30 × 30, je Grabeplatz 0,5 *Rpf*, je ha rund 13000 Grabeplätze = 130 × 0,50 *RM* rund . . . . = 65,— „
3. Lochpflanzung mit dem Pflanzholz von rund 13000 2jährigen, 1jährig verschulten Kiefern je Hundert 0,60 *RM*, rund . . . . = 78,— „

Kosten je ha zu 2f = 243,— *RM*

B. Lochpflanzung:

1. Mit dem Lochbohrer: Verband 1,3 × 0,5, 1 Mann und 2 Frauen in jeder Rotte. Stundenleistung jeder Frau 100 Pflanzen, je Hundert Pflanzen: $^1/_2$ Männerstunde + 1 Frauenstunde = 0,25 + 0,30 = 0,55 *RM*. Auspflanzen von 15400 Pflanzen je ha rund . . . = 85,— *RM* (Angewandt bei Ackeraufforstungen und wenn ohne Bodenvorbereitung gepflanzt werden kann.)
2. Lochpflanzung mit 2jährigen, 1jährig verschulten Kiefern im 1,2 m □ Verband, Löcherhacken 40 × 40, 30 cm tief, 6944 je ha, je Loch 2—3 *Rpf* . . . . = 140—200 *RM* Pflanzen je Stück 1—1,5 *Rpf* . . . . = 70—100 „

je ha Kosten insgesamt 210—300 *RM*

V. Eichensaaten.

Sie erfordern:

a) Anlegen von Hackstreifen, 0,50 m breit, 1,5—2 m von Mitte zu Mitte entfernt, je ha 6667 bzw. 5000 lfd. m, je lfd. m $1^1/_4$—$2^1/_2$ *Rpf*, oder

b) Anlegen von Grabestreifen, Entfernung und Breite wie bei a), je lfd. m 2—4 *Rpf*, oder

c) Waldpflugstreifen, 1,5—2 m Entfernung, je ha 12,— bis 24,— *RM*, dazu Lockerung mit Untergrundpflug je ha 8,— bis 10,— *RM*, oder

d) Abplaggen von Streifen, 1,5 m Entfernung, Lockerung und Durchhacken der Mittelrille mit der Schmalhacke, je lfd. m $1^1/_2$ *Rpf*.

Dazu jedesmal: Einlegen von Eicheln in Streifen mit Häckchen, 50—70 Frauenstunden je ha, rund 15,— bis 21,— *RM*.

Demnach für 5000 lfd. m bei 2 m Abstand:

Gesamtkosten nach a)	=	62,50	bis	125,— RM
	+	15,—	„	21,— „
je ha . .	=	77,50	bis	146,— RM
„ „ b)	=	100,—	bis	200,— „
	+	15,—	„	21,— „
je ha . .	=	115,—	bis	221,— RM
„ „ c)	=	20,—	bis	34,— „
	+	15,—	„	21,— „
je ha . .	=	35,—	bis	55,— RM

Für 6667 lfd. m bei 1,5 m Abstand:

Gesamtkosten nach a)	=	172,—	bis	375,— RM
„ „ b)	=	150,—	„	390,— „
„ „ c)	=		„	55,— „
„ „ d)	=	115,—	„	121,— „

Billiger wird in Naturverjüngungsschlägen das Einstufen von Eicheln (ebenso auch Bucheln) mit 24,— bis 32,— RM je ha; Bodenverwundung mit Waldigel zur Förderung der natürlichen Ansammlung je ha 20,— RM.

Eichenpflanzungen erfolgen:
(Esche, Ahorn, Ulme)

1. auf Grabestreifen mit 2 m Abstand, 5000 lfd. m je ha, je lfd. m 2,4 bis 3,2 Rpf	=	120,—	bis	160,— RM
Auspflanzen (im 2 m □ Verband) mit 2500 mehrjährigen Loden je $^3/_4$ bis 1 Rpf . . .	=	18,—	„	25,— „
je ha . .	=	138,—	bis	185,— RM
2. in Grabe- oder Wühlspatenlöchern im 2 m □ Verbande, je Loch 1,6—2 Rpf, 2500 Löcher je ha	=	40,—	bis	50,— RM
Auspflanzen mit 2jährigen Pflanzen, Handpflanzung je Stück 1 Rpf	=			25,— „
„ mit mehrjährigen Loden, je Stück 2 Rpf	=			50,— „
Kosten je ha 2jähriger Pflanzen	=	65,—	bis	75,— RM
„ „ „ mehrjähriger Pflanzen	=	90,—	„	100,— „
3. Heisterpflanzungen einschließlich Bodenarbeit, 3 oder 4 m □ Verband je Stück bis 0,40 RM, je ha 1111 oder 625 Stück	=	250,—	bis	450,— RM

Buchelnsaaten.

Sie erfolgen auf Grabe- bzw. Hackstreifen wie bei Eiche oder als Plätzesaaten zu Unterbau auf 0,50 m breiten und 1 m langen Plätzestreifen. Plätze im 2 m □ Verband, je Platz für Abplaggen 0,8—1,2 Rpf, je ha 2500 Plätze . . . . = 20,— bis 30,— RM

Lockern der Plätze mit der Hacke je Platz bis 1,8 Rpf, je ha 2500 × 1,8 Rpf . . . . = 45,— RM
oder Lockern der Plätze mit der Harke je Platz bis 0,5 Rpf, je ha 2500 × 0,5 Rpf . . . . . = 12,50 RM
Einbringen der Bucheln . . . . = 15,— „

Buchelnplätzesaat je ha . . 47,50 (57,50) bis 80 (90) RM.

Buchenpflanzungen:

a) in **Grabe- oder Wühlspatenlöchern** zu Unterbau im 2 m □ Verband, oder im 2× 1,5 m □ Verbande, je Loch 1,2—1,6 Rpf,

b) oder in **Hacklöchern** 40 × 40 oder 50 × 50, je Loch 1,2—2,0 Rpf.

Bodenarbeit Kosten je ha zu a) 2500 Löcher je 1,2—1,6 Rpf = 30—40 RM
oder 3333 „ „ 1,2—1,6 „ = 40—44 „
zu b) 2500 Hacklöcher „ 1,2—2 „ = 30—50 „
3333 „ „ 1,2—2 „ = 40—67 „

Dazu Auspflanzen 1. von 2500 (3333) 2jährigen unversch. Pflanzen, je Stück 1 Rpf . . . . = 25 (33) RM
oder 2. von mehrjährigen, verschulten Loden, je Stück 1,2 Rpf = 30 (40) „

Gesamtkosten zu a_1 55—65 (73— 77) RM
„ a_2 60—70 (80— 84) „
„ „ b_1 55—75 (73—100) „
„ „ b_2 60—80 (80—107) „

VI. Das forstliche Saatgut.

1. Die deutschen Samenprüfungsanstalten stellen für Kiefer und Fichte die Keimzahlen am 7., 14. und 21. Tag fest. Das Ergebnis vom 7. Tag bezeichnet das **Keimenergieprozent**, das vom 21. Tag das **Keimprozent** überhaupt, der Verlauf vom 7. über den 14. zum 21. Tage des Keimversuchs die **Keimschnelligkeit**.
2. Bei gutem Samen mit 90% Keimkraft keimen oft schon 80 Körner von 100 in den ersten 7 Tagen!
3. Dazu kommt noch das **Pflanzenprozent**. Es bezeichnet diejenige Pflanzenzahl von 100 Samenkörnern, die sich bei Aussaat im Freien unter normalen Verhältnissen als lebensfähig erweist und zur Überwinterung kommt.
4. Nach **Haack** beträgt das Pflanzenprozent bei Kiefer:

Die Verhältnisse sind	bei einem Keimprozent von:				
	90	80	70	60	50
I. günstige . .	54	41	30	20	11
II. mittlere . .	37	26	18	11	5
III. ungünstige .	20	12	7	2	0

Beachte das viel stärkere Absinken des Pflanzenprozentes gegenüber dem Keimprozent!

5. Setze die Leistung des 90%igen Samens gleich 100 und stelle dann die Proportion für das Pflanzenprozent zu I, II und III für die angeführten Keimprozente auf!

Z. B. Keimprozent: 100:89:78:67:56
Pflanzenprozent I: 100:76:57:37:20
Pflanzenprozent II:
Pflanzenprozent III:

6. Lies die folgende Tabelle über Kiefernsamen (1 kg = 150000 Körner):

Keimprozent	Pflanzenprozent	Gleichwertige Samenmenge (D. A. IV. S. 12)	Körnerzahl	Keimlinge	Brauchbare Sämlinge
1	2	3	4	5	6
65	**14**	(2,2) **2,1 kg**			
70	18	1,7 „			
75	**21**	**1,4** „			
80	25	1,2 „			
85	**31**	**1,0** „			
90	38	0,8 „			
95	**44**	**0,7** „			

Beachte die hervorgehobenen Prozente und Mengen in den Spalten 1—3! Berechne die Spalten 4—6! 1 kg Samen mit 85% Keimkraft liefert 0,85 × 150000 Keimlinge, aber nur 0,31 × 150000 Sämlinge. Vergleiche: D. A. IV. S. 20!

7. Bei jeder Saat mit Saatgut verschiedener Keimkraft soll im Endziel die gleiche Anzahl Pflanzen auf der Fläche erzielt werden. Man hat darum die Samenmenge in Spalte 3 errechnet, die einem normalen Keimprozent von 85 entspricht.
   Lies: Keimprozent: 85%, 95%, 75%, 65%
   Samenmenge: 1,0, 0,7, 1,4, 2,1fach!

8. Auf einer gutgelungenen $1^1/_2$jährigen Fichtensaat zählte ich je lfd. m 40 Pflanzen! Reihenentfernung 1,3 m. Wieviel Pflanzen sind noch auf 1 ha Fläche?

9. Im Kamp (Abb. 70) soll Fichtensamen in Rillen gesät werden.

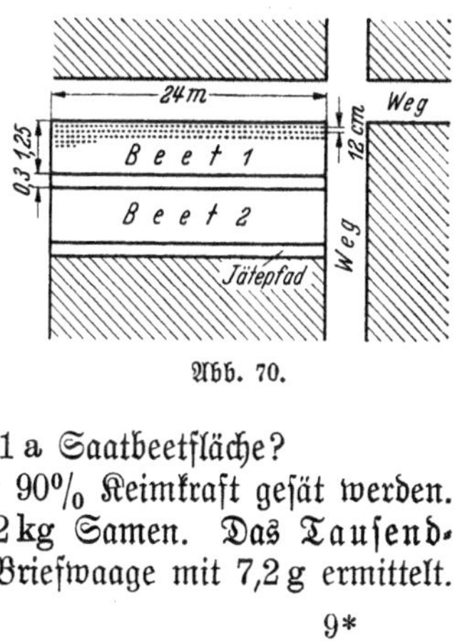

Abb. 70.

   A. Die Beete werden 24 m lang, 1,25 m breit, die Jätepfade 0,30 m breit angelegt. Die Saatrillen verlaufen in der Längsrichtung des Beetes mit rund 12 cm Abstand, so daß 11 Saatrillen auf jedem Beet parallel laufen.
      1. Wie groß ist ein Saatbeet?
      2. Wieviel lfd. m Saatrillen sind drauf?
      3. Wieviel lfd. m Saatrillen sind auf 1 a Saatbeetfläche?
   B. Es sollen je a 0,7 kg Fichtensamen mit 90% Keimkraft gesät werden. Zur Verfügung stehen im ganzen 2,52 kg Samen. Das Tausendkorngewicht hat der Förster auf der Briefwaage mit 7,2 g ermittelt.

1. Wieviel g Samen werden für jedes Beet abgeteilt?
für jede Rille „ ?
2. Wieviel Beete werden überhaupt angelegt?
3. Wieviel Körner kommen auf den lfd. m Saatrille?
4. Wieviel Sämlinge werden voraussichtlich geerntet, wenn ich mit dem Pflanzenprozent 44 rechne und zwar
   a) vom lfd. m Saatrille ....
   b) vom Saatbeet ....
   c) von 1 a Beetfläche und
   d) von der ganzen Beetfläche überhaupt?
5. Wie groß ist das ganze Fichtensaatquartier einschließlich der Jätepfade?
6. Wieviel % dieser Gesamtfläche sind also Nutzfläche?

C. Stelle noch die Kampkosten für die Heranzucht von ... Tsd. Fichtensämlingen fest! Es werden bezahlt für:

a) Umgraben und Einteilen der Beete	je a 5,— *RM*
b) Säen mit Hand	„ „ 3,50 „
c) Decken	„ „ 4,— „
d) Jäten je a (und Jahr)	„ „ 5,— „

Beachte, daß die Kosten zu a) und d) für die ganze Fläche, einschließlich Wege, zu berechnen sind!

daß die Kosten zu b) und c) nur für die wirkliche Saatfläche entstehen!

D. Im folgenden Frühjahr wird die eine Hälfte der Fichtensämlinge, nachdem rund 10% als minderwertig und für die Verschulung nicht lohnend ausgemerzt sind, an den Verschulkamp des Forstamts abgegeben, die andere Hälfte im eigenen Kamp im 15 × 15 cm Verbande auf einem einzigen großen Quartier (ohne Jätepfade) verschult.
1. Wieviel Pflanzen werden abgegeben bzw. selbst verschult?
2. Wie groß ist das Verschulquartier?

E. Berechne jetzt die Kosten für die Verschulung der geernteten Fichtensämlinge (die eine Hälfte)!
   a) Umgraben der Verschulfläche und Vorbereiten für das Verschulen: je a 5,— *RM*
   b) Ausheben, Sortieren, Auszählen und Verschulen je Hdt. Fichtensämlinge **0,30** *RM* (0,20—0,35 *RM*).
   c) Unkrautfreihalten der Fläche und Auflockern durch zweimal jährliche Anwendung der Hilfschen Krümelhacke je Arbeitsgang 4 Frauenstunden je a, also 2 × 4 = 8 Frauenstunden je a jährlich.
   d) Wieviel Frauenstunden sind überhaupt im Laufe des Verschuljahres an der Fichtenverschulfläche nötig (29 bzw. 30 *Rpf*)?

F. Die Fichten sollen als 4jährige Pflanzen auf die Freikultur kommen. Man rechnet für die 3 Jahre im Verschulbeet mit 4% Abgängen bei den verschulten Pflanzen und bezahlt noch für das Ausheben einschl. Auszählen je a 1,20 *RM*.

Berechne jetzt den Selbstkostenpreis für das Tausend 4jähriger, 1jährig verschulten Fichten (Saatgut je **kg** anerkannte Saat Harzer Ernte 10,— *RM*. Unterhaltung des Kampes und Betriebskapital bleiben unberücksichtigt!)

10. Preistafel für Waldsamen.
(Nach dem Stande vom Frühjahr 1935.) Alle Preise je **kg**.
Kiefernsamen, anerkanntes Saatgut, mindestens 90% keimfähig.

1. Ostpreußen	33,—	*RM*
2. Kurmark, Schneidemühl, Pommern, Mecklenburg, Lübeck	24,—	"
3. Schlesien	32,—	"
4. Provinz und Freistaat Sachsen, Hannover, Westfalen, Rheinprovinz, Hessen-Nassau, Oldenburg, Braunschweig	18,—	"
5a. Württemberg, Hohenzollern, Baden, Bayern	18,—	"
5b. Schwarzwald-Höhenkiefer	40,—	"
6. Thüringer und Mitteldeutsche Höhenkiefer	32,—	"
7. Süddeutsche Höhenkiefer	32,—	"
Fichtensamen, anerkannt, mindestens 80% keimfähig	13,—	"
" , nicht anerkannt	11,—	"
Lärchensamen, mindestens 45% keimfähig	5,—	"
Sudeten-, 45%	20,—	"
japanische, 40%	24,—	"
Douglasie, Washington 80%	**80**,—	"
Schwarzkiefern 85%	4,50	"
Weymouthskiefern 80%	10,—	"
Weißtanne 60%	1,50	"
Bergahorn	1,40	"
Spitzahorn	1,40	"
Roterle	5,—	"
Weißerle	6,—	"
Birke	1,20	"
Hainbuche	1,50	"
Rotbuche	1,—	"
Esche	0,60	"
Traubeneicheln, anerkannte	0,48	"
" gewöhnliche	0,24	"
Stieleicheln	0,12	"
Roteicheln	0,50	"
Akazien	1,40	"
Ginster	4,00	"
Sommerlinde	1,80	"
Winterlinde	2,20	"
Perennierende Lupine	2,—	"
Blaue Lupine	0,16	"
Gelbe "	0,24	"

11. Preistafel für Pflanzenankauf (Frühjahr 1935). Pflanzen aus anerkanntem Saatgut, Provenienz garantiert; Kosten je Tausend

Kiefer:

1jähr. Säml. Auslese	1. Größe	2. Größe	2jähr. Säml.	2 j., versch.	
3,60	2,80	2,40	8,—	12,—	RM

Douglasie, grüne, Washingtonsamen:

1jähr. Säml.	2jähr. Säml. 8—20	10—25	12—30	15—35 cm hoch	
16,—	17.—	20,—	24,—	28,—	RM

3j., versch. 20—40	25—50	4j., versch. 30—60	40—70 cm hoch	
38,—	45,—	50,—	60,—	RM

Fichte:

2j. S. 5—25	7—25	10—25	3j., v. 12—25	15—30	20—35 cm hoch	
3,90	4,40	5,50	10,—	11,—	13,—	RM

4jähr., versch. 15—35	20—40	25—50	30—60 cm hoch	
13,—	14,—	17,—	20,—	RM

Lärche:

	1jähr. Säml.	5—10	7—15	10—25 cm hoch	
a) europäische:		5,—	7.—	9,—	RM
b) japanische:		7,—	9,—	11,—	„

	2j. S. 15—30	20—40	25—50	30—60 cm hoch	
a) europäische:	12,—	15,—	20,—	—	RM
b) japanische:	14,—	18,—	22,—	26,—	„

	2j., versch. 15—30	20—40	25—50	30—60 cm hoch	
a) europäische:	20,—	25,—	28,—	—	RM
b) japanische:	—	25,—	28,—	33,—	„

	3j., versch. 30—60	40—65	65—100	100—140 cm hoch	
a) europäische:	33,—	38,—	50.—	—	RM
b) japanische:	—	40,—	60,—	80,—	„

Edeltanne (Abies pectinata):

2jähr. Säml.	3jähr.	3jähr., verschulte	4jähr., versch.	5jähr., versch.
6,— RM	8,—	14,— RM	20,— RM	27,50 RM

Eichen:

1j. Säml.	3j., v. 100—140	4j., v. 140—180	mehrm. v. 180—220 cm
8—15,—	100,—	125,—	200,— RM

Eschen:

1jähr. Säml.	3jähr., v. 140—180 cm	4jähr., v. 180—220 cm
4—7,—	80,—	120,— RM

Buchen:

1j. Säml.	3j., v. 8—120	4j., v. 120—150	2mal v. 120—150 cm
9—15,—	80,—	120,—	160,— RM

Kanadische Pappel:

Stecklinge	1j. 40—65	65—100	100—140	140—180 cm
9,—	25,—	35,—	45,—	60,— *RM*

2jährige, verschulte 180—220 cm kosten 80,— *RM*.

Robustapappel:

Stecklinge	1j. 40—65	65—100	100—140	2j. 140—180 cm
—	—	50,—	65,—	80,— *RM*

2jährige, verschulte 180—220 cm kosten 100,— *RM*.

12. Nach einer Veröffentlichung hat der Kamp in B. gekostet:

1. Erstmalige Anlage, einschließlich Geräten und Maschinen 6025,— *RM*
2. Jährliche Unterhaltungskosten
   a) für Material, Sämereien, Düngen, Geräte und Fräsenbetrieb . . . . 1200,— *RM*
   b) für Löhne . . . . 4000,— „ 5200,— „

Leistungsfähigkeit: Es können jährlich abgegeben werden:

400000 3- und 4jährige verschulte Fichten
100000 2jährige Fichtensämlinge
80000 2jährige Lärchensämlinge
80000 Kiefernsämlinge
20000 2jährige verschulte Kiefern
15000 3jährige verschulte Douglasien
35000 Douglasiensämlinge
2000 mehrmals verschulte Eichen 180—220 cm hoch
800 3jährige, verschulte Eichen
500 3jährige, verschulte Eschen
1000 Eschensämlinge
1500 Buchensämlinge
500 3jährige, verschulte Buchen
1000 1jährige kanadische Pappeln in 4 Stärkeklassen.

Berechne den Wert der Pflanzenzucht nach der Preistafel für Pflanzenankauf, stufe nach den Stärkeklassen anteilig ab!

Nimm 10% Wertminderung am Anlagekapital und dem Inventar an! Um wieviel Prozent liefert der eigene Kamp alle Pflanzen billiger als der Baumschulbetrieb? (Setze den errechneten Marktwert der Pflanzen = 100%, der jährliche eigene Aufwand einschließlich Wertminderung der Anlage nennt die Selbstkosten.)

13. Wissenswertes von den Waldsämereien:

Holzart	Körnerzahl je kg in Tausend	hl = Gewicht in kg	Tausendkorngewicht in g	Keimprozent	Saatmenge in kg je a Kamp	Saatmenge in kg, Freisaaten je ha: Vollsaat	Streifensaat	Plätzesaat
Kiefer	150—**160**—190	45	5—7	70—**85**—96	0,4	7—8	1,8—**2,5**—3,5†	1,8—3,5
Fichte	120—**140**—160	35	6—8—10	70—**90**—96	0,6—0,8	10	**4**—6	4
Lärche	135—**170**—180	50	6—8	30—**45**—80	**0,8**—1,5	20	12	3—6
Tanne	15—**23**—25	27	40—60	40—**50**—60	**3**—5—8	60	40	30
Douglasie	85—**90**—95	—	8—**10**—11—13	55—80	1—**0,75**—1,5	—	—	—
Schwarzkiefer	46—**55**	—	19—22	70—**80**	1,0	—	—	—
Weymouthskiefer	50—**52**—60	—	13—23	50—70—75	0,8—1,0	—	—	—
Stieleiche	0,2—0,3	65—75	3,3—5 kg	70—**75**	6—12	700	500	250
Traubeneiche	0,3—0,4	55—65	2,5—3,3 kg	70—**75**	6—12	700	500	250
Rotbuche	4—5	40—**50**	200—250	65—**80**	**6**—10—12	250	150	75
Hainbuche	25—32	42—50	45—**40**—55	55—**65**	1,5—2,0	50	30	15
Spitzahorn	7,5—**9,5***	12	100—130*	60—**85**—90	1,5	50	30	15
Bergahorn	10—**11***	14	90—110*	60—**85**—90	1,5	50	30	15
Ulme	100—150*	4—**5**—6	6—**10**—13	40—**50**	1,5	30	20	10
Esche	**14***	14—16	70—80*	60—**85**—90	1,5	50	30	15
Birke	1,500—2,000*	7,5—**9**—10	0,1—0,2*	20—**35**	0,8—**1**—2	40	25	15
Schwarzerle	500—600*	30—35	1,100—1,300*	20—**40**	2—3	25	20	—
Akazie	40—60	70—80	18—**20**—25	—	1,5—2	—	—	—
Linde (Sommer)	10—12	25—36	90—105	90	1,5	—	—	—
Linde (Winter)	24—26	25—36	28—36	—	—	—	—	—

* Flügelsamen

† Kiefernzapfensaaten mit 3—4 hl je ha.

14. Zur Saatgutgewinnung.

Kiefer: 1 hl Zapfen liefert 0,6—0,8—1,0 kg Samen (Vollkorn).

In Kiefernschlägen kommen auf 100 fm Stammholz durchschnittlich 5—6 hl Zapfen, je Stamm etwa 2,6 l. In 1 l sind rund 100 Zapfen mit 3,8 cm durchschnittlicher Länge. Jeder Zapfen liefert 15 Vollkörner = 10 g Samen je 1 Zapfen. 1 ha bei mittelguter Ernte 10 kg Samen. Pfeffer- und Salzfarbe: 60% dunkle und 40% helle Körner.

Fichte: 1 hl Zapfen mit 8—1100 Stück wiegt frisch 25—30 kg und liefert 1,3 kg Vollkorn. 4 hl Tagesleistung der Zapfenpflücker.

1 hl Samen flügellos = 40—60 kg. 10—70% Hohlkörner.

Tanne: 1 hl Zapfen wiegt 30 kg, liefert 1,5—2,3 kg ungeflügelten bzw. 6—7 kg Flügelsamen. 1 hl Samen = 24—32 kg Gewicht.

Lärche: 1 hl Zapfen wiegt waldfrisch 36—40 kg, 1 hl Kornsamen 46—52 kg. 1 hl Zapfen liefert 1,8—2,7 **(2,4)** kg entflügelten Samen.

Weymouthskiefer: 1 hl = 1500—1800 Zapfen = 35 kg mit 0,5—0,7 kg Samen, 1 hl Kornsamen = 40—50 kg.

Douglasie: 1 hl = 1500—2000 Zapfen mit 0,5—0,7 kg reinen Samens.

Schwarzkiefer: 1 hl = 1,6 kg entflügelten Samens. 1 hl Körner = 50 bis 56 kg.

Buche: 5—10 l sammeln Tagesleistung. 1 hl = 50 kg = 190—200000 Bucheckern. 400—780 kg je ha Ernte (beim Lesen bis 60% Hohlkorn).

Esche: 1 hl geflügelter Same 15—17 kg.

Hainbuche: 1 hl Flügelsamen = 9—12 kg ergibt 7 kg Kornsamen. 1 hl Kornsamen = 45—50 kg.

Stieleiche: 1 hl = 16—26000 Eicheln = 65—75 kg.

Traubeneiche: 1 hl = 20—24000 Eicheln = 55—65 kg.

15. Die Darre in Wolfgang berechnet 1934 den Selbstkostenpreis für Roteicheln auf 0,26 RM, Bucheln auf 2,58 RM, für Traubeneicheln auf 0,40 RM und Stieleicheln auf 0,58 RM, Esche 1,40 RM, Roterle 16,94 RM, Sudetenlärche 14,77 RM, Weymouthskiefer 10,73 RM und Douglasie auf 14,41 RM je kg. 1 Ztr. Traubeneicheln kostete 5—6 RM, Stieleicheln 4—5 RM und Bucheln 15—17 RM zu sammeln. Bilde selbst Rechenaufgaben!

16. Pflanzenverluste im Verschulbeet (April 1935):

Aus Saat	Pflanzensorte April 1935	Jahr der Verschulung	Verschult Hdt. Pfl.	Geerntet Hdt.	Verlust Hdt.	Verlust %	Bemerkung: alle Beete 24×1,25=30 □ Verband:
1932	3 j. Fichte . .	1933	160,00	146,84			15 cm □
1931	4 j. Douglasie	1932	45,00	44,12			20 cm □
1932	3 j. „	1933	150,00	131,46			20×10 cm
1932	3 j. Lärche . .	1933	37,50	34,00			20 cm □
1932	3 j. „ . .	1933	22,50	22,25			20 cm □, gedüngt
1933	2 j. Buchen .	1934	30,00	29,62			20 cm □
1933	2 j. Kiefern .	1934	120,00	117,40			10×15 cm

17. Bei der Sortierung 2jähriger verschulter Kiefern wurde nach 4 Stärkeklassen getrennt, dann die Pflanzzeit beobachtet und schließlich der Abgang an Pflanzen im nächsten Jahre festgestellt. Das Ergebnis liefert die folgende Tabelle:

Stärkeklassen der Pflanzen	Pflanzzeit für 100 Pflanzen Minuten	Abgang während eines Jahres %
I. stärkste . . .	34,5	16,0
II. starke . . .	26,4	14,5
III. mittlere . .	23,5	16,5
IV. schwächste .	23,9	23,0

Keine Mammutpflanzen, schwierigere und teuere Pflanzarbeit! Berechne die Kosten für das Hundert vorhandener Pflanzen (Frauenstunde = 30 *Rpf*)!

18. Nach einem Bericht von Michaelis über die reiche Buchenmast des Jahres 1909 waren von 522 Bucheln je qm im Herbst 316 Stück = ...% bis zum Frühjahr verschwunden.

Vom Rest (522 — 316 = ... Stück = ...%) waren 68 Bucheckern taub, 31 faul.

Im Herbst waren schon 68 taube Bucheln dabei. Erkläre! Rechne! An der Vertilgung der Mast waren Mäuse und Bergfinken beteiligt.

19. Eichenmasten brachten die Jahre:
1811, 1822, 1825, 1829, 1834, 1840, 1842, 1850, 1857, 1874, 1878, 1881, 1886, 1892, 1893!
Buchenmastjahre:
1800, 1811, 1823, 1834, 1847, 1853, 1858, 1869, 1877, 1884, 1888, 1890, 1909, 1912, 1918 1922!

Nach wieviel Jahren kommt also durchschnittlich eine Vollmast bei Eiche, bei Buche?

20a. Unsere Rotbuche hat nach der Eiszeit einen Rückzugsstandort in Frankreich gehabt. Nimmt man die schrittweise Wanderung durch natürliche Besamung bis nach Ostpreußen zur Rückeroberung des verlorenen Verbreitungsgebietes an, so dürften auf den Wanderungssprung in jedem 60. Jahre des Mannbarwerdens rund 20 m kommen. Wieviel Jahre gehören demnach zu 1 km Vorrücken? Zur Wanderung Frankreich—Ostpreußen?

Durch die Mithilfe der Tiere (Hähersaaten) hat sich aber die Rückwanderung in rund 4—5000 Jahren seit der Eiszeit vollzogen, also wieviel mal schneller?

20b. In Schweden hat sich die Südwestgrenze der Fichte in den letzten 200 Jahren um 10—15 km verschoben. Wieviel m jährlichem Vorrücken (Baumlängen) entspricht das?

21. Welche Kampfläche braucht man alljährlich zur Heranzucht von 3jährigen, 1jährig verschulten Fichten für 1 ha Kulturfläche?
Pflanzverband: 1,5 m □.
Verschulverband: 10 × 15 cm.
Saatmenge: 0,7 kg je a Saatbeet. Keimkraft 90%. 140000 Körner je kg. 60000 1jährige Sämlinge je kg.
Für Wege: 15% Aufschlag auf Nutzfläche.
Berücksichtige auch den jährlichen Abgang von etwa 2% im Verschulbeet!

22. Welche Kampfläche braucht man alljährlich zur Heranzucht von 4jährigen, 2jährig verschulten Fichten für 1 ha Kulturfläche?

Zahlen wie in der vorhergehenden Aufgabe, nur ist zu berücksichtigen, daß aus 1 kg Saatgut nur noch 48000 2jährige Sämlinge für die Verschulung verwendungsfähig sind.

23. Welche Kampfläche ist nötig zur alljährlichen Heranzucht von 3jährigen, 1jährig verschulten Lärchen für 1 ha Kulturfläche?

Pflanzenverband: 1,75 m □.
Verschulverband: 20 × 20.
Saatmenge: 0,8 kg je a mit 80—90% Keimkraft. 140000 Körner je kg. 20000 1jährige Sämlinge aus 1 kg Saatgut.
Sonst Verhältnisse wie oben!

24. Welche Kampfläche ist nötig zur alljährlichen Heranzucht von 3jährigen, 1jährig verschulten Douglasien für 1 ha Kulturfläche.

Pflanzverband: 1,80 m □.
Verschulverband: 20 × 10.
Saatmenge: 0,75 kg je a mit 80% Keimkraft. 100000 Körner je kg. 700000 1jährige Sämlinge aus 1 kg Saatgut (Herbstsaat).

25. Welche Kampfläche ist nötig zur alljährlichen Heranzucht von 1500 4jährigen, 1jährig verschulten Weißtannen.

Verschulverband: 20 × 20.
Saatmenge: 5,0 kg je a Saatbeet mit 50% Keimkraft. 25000 Körner je kg. 4000 1jährige Sämlinge aus 1 kg Saatgut.

26. Welche Kampfläche braucht man alljährlich zur Heranzucht 1jährig verschulter Kiefern, die 2jährig auf die Kulturfläche verpflanzt werden sollen?

Kulturfläche: 1 ha.
Pflanzverband: 1,3 × 0,33 (Wertholzerzeugung).
Verschulverband: 10 × 10 cm.
Saatmenge je a Saatkamp: 0,4 kg Kiefernsamen mit 85% Keimkraft und 160000 Körnern je kg.

Nach den Erfahrungen im Großkamp B. gewinnt man aus dieser Saat 70000 1jährige Sämlinge je kg Saatgut (Pflanzen-% = ...). Zur Nutzfläche sind mindestens 10% für Wege zu rechnen.

1. Pflanzenbedarf je ha $= \frac{\text{Fläche}}{\text{Wuchsraum}} =$ ..... 2jährige, 1jährig verschulte Kiefern.
2. Saatfläche $= \frac{\text{Pflanzenbedarf}}{\text{Sämlinge je a}} =$ ..... a.
3. Verschulfläche = Pflanzenbedarf × Wuchsraum eines verschulten Pflänzchens = ... qm = ... a.
4. Nutzfläche = ... a für Saat + ... a für Verschulung = ... a.
5. Für Wege = 10% von ..... a Nutzfläche = ... a.
   Mithin Kampgröße: ..... a.

27. Fülle die folgenden Tabellen aus!

Holzart	Saatmenge je a Saatbeet kg	Keim-%	Körnerzahl je kg in Tsd.	1 jähr. Sämlinge aus 1 kg in Tsd.	Pflanzen-%	Tsd. Sämlinge je a Saatbeet	Verband auf Kultur	Pflanzenbedarf je ha	Dazu gehört eine Saatbeetfläche in a	1000 Pflanzen brauchen eine Saatbeetfläche a
Kiefer	0,4	85	160	70			1,3×0,5			
Fichte	0,7	90	140	60			1,5□			
Douglasie . . .	0,75	80	90	70			— 1,8□			
Lärche	0,8	80—90	170	20			1,75□			
Tanne	5,0	50	25	4			1,5□			

28.

Holzart	Verschulverband cm	Verschulte Pflanzen je a	Pflanzenbedarf je ha Kulturfläche		Verschulfläche		Zugehörige Saatfläche aus voriger Tabelle a	Für die Heranzucht	
			Verband	Stück	für jedes Verschuljahr	überhaupt für 1, 2 bzw. 3 Jahre in a		des Pflanzenbedarfs für 1 ha Kultur sind nötig Nutzkampfläche in a	von 1000 Pflanzen sind nötig Nutzkampfläche in a
2jähr., 1j. v. Kiefer .	10×10		1,3×0,5						
3jähr., 1j. v. Fichte .	10×15		1,5□						
4jähr., 1j. v. Fichte .	15×15		1,75□						
3jähr., 1j. v. Douglasie	20×10		1,8□						
3jähr., 1j. v. Lärche .	20×20		1,75□						
3jähr., 1j. v. Tanne .	20×20		1,5□						
4jähr., 1j. v. Tanne .	20×20		2,0□						

29. Gib an, wieviel Saatgut alljährlich zu beschaffen ist und berechne die nötige Kampfläche für die einzelnen Pflanzensortimente, wenn gebraucht werden jährlich:

4500 3jährige, 1jährig verschulte Lärchen.
10000 1jährige Lärchensämlinge zur Lieferung ans Nachbarforstamt.
36000 1jährige Kiefernsämlinge.
5000 2jährige, 1jährig verschulte Kiefern für Nachbesserungen.
20000 3jährige, 1jährig verschulte Fichten.
4000 4jährige, 1jährig verschulte Fichten.
2500 4jährige, 1jährig verschulte Weißtannen.
13000 3jährige, 1jährig verschulte Douglasien!

30. Eine Kulturfläche soll im Quadratverbande mit 2 m Pflanzenabstand so ausgeführt werden, daß in jeder 5. Reihe jede 5. Pflanze eine Lärche ist, im übrigen aber Fichten gepflanzt werden.

Die Pflanzkosten betragen für das Hundert Lärchen einschließlich Selheimscher Pfähle 8,40 *RM*, für das Hundert Fichten 4,50 *RM*.

Wie teuer ist die Kultur je ha und um wieviel % ist sie teurer als eine reine Fichtenkultur?

31. Eine Försterei unterhält einen Verschulkamp mit einer Verschulfläche von 12 a ohne Wege. Es wird im 12 cm Quadratverbande verschult. Die Pflanzen stehen 2 Jahre im Verschulbeet. Auf der Kultur wird im 1,5 m Quadratverbande gepflanzt. Wieviel ha können alljährlich kultiviert werden?

32. Ein Revierförster hat jährlich nötig:

44500 4jährige, 2jährig verschulte Fichten,
20000 2jährig verschulte Kiefern,
20000 1jährige Kiefernsämlinge.

Welche Kampfläche ist nötig?

1. Pflanzenbedarf: 44500 4jährige, 2jährig verschulte Fichten.

a) Verschulverband 15×15.
Wuchsraum: ..... qm, je a ..... Pflanzen.

Für 44500 Pflanzen sind nötig: $\frac{\text{Pflanzenbedarf je Jahr}}{\text{Pflanzen je a}} = \ldots\ldots \text{a}$

Verschulfläche für 1 Jahr.
Für 4jährige, 2jährig verschulte Fichten sind ..... a nötig.

b) Saatbeetfläche: Je a sät man 0,7 kg Samen je kg 135000 Körner, also ..... Körner. Bei Verwendung von Samen mit 85% Keimkraft erhält man aus ..... Körnern 31% Pflanzen = ... Sämlinge. Die Saatbeetfläche für die 1jährigen Sämlinge ist gleich

$$\frac{\text{Pflanzenbedarf je Jahr}}{\text{Zahl der 1jährigen Sämlinge je a}} = \ldots\ldots \text{a}.$$

Dieselbe Fläche wird gebraucht für das Saatbeet, dessen Sämlinge im 2. Jahre verschult werden.

Ergebnis: Bei jährlichem Bedarf von 44500 4jährigen, 2jährig verschulten Fichten sind ..... a Verschulfläche und ..... a Beetfläche = ... a Nutzfläche im Kamp nötig.

2. Pflanzenbedarf: 20000 2jährige, verschulte Kiefern.

a) Verschulfläche: Verband: 10 × 15.
Wuchsraum ..... qm.
Pflanzenzahl je a ..... Stück.

Für 20000 2jährige, 1jährig verschulte Kiefern sind $\frac{20000}{.....}$ = ... a Verschulfläche nötig.

b) Saatfläche:

Man sät 0,4 kg Kiefernsamen mit 85% Keimkraft je a (je kg 160000 Körner) also = ... Körner.

Beim Pflanzenprozent 31 liefert 1 a Saatbeet also 0,31 × ..... = ... Kiefernsämlinge.

Für 20000 Sämlinge sind nötig: $\frac{20000}{\text{Kiefernsämlinge je a}} = \frac{20000}{.....} =$ ..... a Beetfläche.

Ergebnis: Für 20000 2jährige, 1jährig verschulte Kiefern sind ..... a Verschulfläche und ..... a Beetfläche, zusammen ..... a Nutzfläche im Kamp nötig.

3. Pflanzenbedarf: 20000 1jährige Kiefernsämlinge.
Ergebnis aus Punkt 2b: ..... a Nutzfläche im Kamp.

Insgesamt sind nötig:

..... a für 4jährige, 2jährig verschulte Fichten
..... a „ 2jährige, 1jährig verschulte Kiefern
..... a „ 1jährige Kiefernsämlinge

zusammen: ..... a Nutzfläche im Kamp.

Dazu für Wege ein Aufschlag von 15%
= 15% von ..... a = ... a Wege

Mithin Größe der Kampfläche: ..... a Nutzfläche
..... a Wege

zusammen: ..... a.

33. Eine Försterei hat eine jährliche Neukulturfläche von 5 ha, außerdem müssen alljährlich 8% der vorjährigen Kulturfläche nachgebessert werden.

Verwendet werden 3jährige verschulte Fichten im 1,5 m Quadratverbande.

Wie groß muß der Verschulkamp ohne Wege sein, wenn die Fichten als 1jährige Sämlinge im 10 × 12 cm Verbande verschult werden?

34. Eine Kulturfläche hat die Form eines Dreiecks mit einer Grundlinie von 260 m und einer zugehörigen Höhe von 80 m.

Durch die Kulturfläche führt ein Holzabfuhrweg von 130 m Länge und 6 m Breite. Außerdem befindet sich auf der Fläche noch eine kreisrunde Fläche mit 15 m Durchmesser, die unter Naturschutz steht, weil auf ihr zypressenblättrige Bärlapp wächst (oder ein Eichen-, Douglasienhorst).

a) Wie groß ist die zu kultivierende Fläche?

b) Wieviel Fichten sind für die Auspflanzung im 1,75 m Quadratverbande nötig?

35. Auf eine Kulturfläche von 7,2 ha Größe werden Fichten im Reihenverbande mit 1,80 m Reihenabstand und 1,3 m Pflanzenabstand gepflanzt.

Zwischen den Pflanzen jeder 3. Reihe wurde auf jedem 2. Zwischenraume plätzeweis Lärchensamen eingebracht.

Für die ganze Fläche hatte man 1000 g Lärchensamen mit 36% Keimkraft zur Verfügung.

Wieviel Fichten sind auf der ganzen Fläche?

Wieviel Lärchensaatplätze werden noch angelegt?

Der Förster soll ferner den Waldarbeiter, der den Prisensäer bedient, anweisen, wie oft er auf den Knopf des Prisensäers je Lärchensaatplatz zu drücken hat, wenn bei der Ausprobung hintereinander: 12, 13, 13, 14, 12 Lärchensamenkörner aus dem Säloch des Prisensäers herausfallen und das kg Lärchensamen mit 150000 Samenkörnern angenommen wird?

36. Für 1 ha Kiefernkultur entstanden im Durchschnitt eines Regierungsforstamts an Kosten:

a) bei Saat:

Für Schlagaufräumung	8,—	*RM*
Ausheben von Rüsselkäfergräben, und Käfersammeln im 1. und 2. Jahre	12,—	„
Pflügen	39,—	„
Säen	7,—	„
2,5 kg Kiefersamen	20,—	„
Hacken im 1. Jahr	19,—	„
Hacken im 2. Jahr	18,—	„
Spritzen von 2 Jahrgängen	24,—	„
Ausziehen kranker Pflanzen	3,—	„
Nachbesserungskosten	54,—	„
Selbstkostenwert der hierzu gebrauchten Pflanzen	6,—	„
zusammen also je ha Saat		*RM*.

b) bei Pflanzung:

Für Schlagaufräumung, Ausheben von Rüsselkäfergräben und Käfersammeln	20,—	*RM*
Streifenhacken	70,—	„
Selbstkosten von 154 Hundert Pflanzen je ha	12,—	„
Pflanzen	41,—	„
Ausziehen kranker Pflanzen	3,—	„
Nachbesserungskosten	54,—	„
Selbstkosten der Nachbesserungspflanzen	6,—	„
Spritzen mit Bordelaiser Brühe	24,—	„
zusammen je ha Pflanzung		*RM*.

Um wieviel % ist demnach die eine Kulturart teurer als die andere?

37. Im Distrikt 84a wird eine Fichtenkultur auf 2,4 ha mit 3jährigen, 1jährig verschulten Fichten aus eigenem Kamp im Quadratverbande mit 1,75 m Pflanzenabstand ausgeführt.

Die Kosten werden betragen:

1. je Hackplatz, 0,40 × 0,40, 0,30 m tief = 2 *Rpf*,
2. der Pflanzentransport .... = 0,15 *Rpf* je Stück,
   für das Pflanzen .... = 1,5 *Rpf* je Stück.

a) Welche Kosten werden entstehen je ha und insgesamt?

b) Um welchen Betrag erhöhen sich die Kosten je ha und überhaupt, wenn der engere Verband von 1,5 m im Quadrat angewendet wird?

c) Welche Kosten entstehen bei Anwendung des Dreiecksverbandes mit 1,75 m Pflanzenabstand je ha und insgesamt?

d) Um wieviel % liegen die Kulturkosten beim 1,75 m Dreiecksverbande höher als beim 1,75 m Quadratverbande?

38. Auf einer 2,5 ha großen Kulturfläche sind Fichten im Quadratverbande mit 1,5 m Pflanzenabstand gepflanzt.

Zwischen den Pflanzen jeder 2. Reihe wurde mit dem Prisensäer auf jedem 2. Zwischenraum Lärchensamen eingebracht und zwar 445 g mit 30% Keimkraft auf der ganzen Fläche.

Wieviel Samenkörner macht das auf jeden Platz (also auch für jede Prise aus dem Prisensäer), wenn das kg Lärchensamen 170000 Körner enthält?

39. Eine Kultur wird auf 2,4 ha Fläche im Reihenverbande von 1,2 × 1,5 m mit Fichten und Rotbuchen so ausgeführt, daß kleine Buchengruppen entstehen und zwar so, daß zuerst 10 Reihen nur mit Fichten, und die nächsten 5 Reihen so bepflanzt werden, daß in ihnen die 21.—25. Pflanzen jedesmal Rotbuchen sind.

Wieviel Fichten und wieviel Rotbuchen sind auf der Fläche?

Beachte: Eine Pflanzeinheit bilden 15 Reihen, jede mit 25 Pflanzen, darunter 5 Reihen mit jedesmal 5 Rotbuchen, also 375 Pflanzen, darunter 25 Rotbuchen und 350 Fichten.

40. Im Gemeindewald B., Distrikt 14b, wurde eine 4,16 ha große Ödlandfläche mit 3jährigen, 1jährig verschulten Fichten aus einer Halstenbeker Baumschule im Quadratverbande mit 1,75 m Pflanzenabstande aufgeforstet.

Kosten:

1. Fichten, 3jährige, 1jährig verschulte, je Tausend frei Bahnstation 12,— *RM*.
2. Anfuhr zur Kulturfläche 0,12 *Rpf* je Stück.
3. Abräumen der Fläche (Wacholder, Besenpfriem, Schwarz- und Weißdorn, Kusselkiefern usw.) je ha 40,— *RM*.
4. Hackplätze je Stück 2,5 *Rpf*, 40 × 40 und 0,30 m tief.
5. Auspflanzen je Stück 1,5 *Rpf*.

a) Was kostet die Aufforstung je ha und insgesamt nach obiger Kostenzusammenstellung?

b) Die Arbeit wurde im Rahmen des Ödlandaufforstungsprogramms mit Hilfe des Freiwilligen Arbeitsdienstes (1932) ausgeführt. Der Arbeitsdienst räumte die Fläche ab und hackte die Pflanzplätze.

Von den Lohnkosten des FAD. trug das Arbeitsamt ¾, die Gemeinde nur ¼.

Wie hoch stellten sich demnach die Kosten der Kultur für die Gemeinde je ha und insgesamt?

Welchen Gesamtbetrag schoß das Arbeitsamt zu?

41. Nach dem Kulturplan sollen im Frühjahr 10 ha mit 1jährigen und 2 ha mit 2jährigen, 1jährig verschulten Kiefern im Verbande 1,3 × 0,5 auf Hackstreifen bepflanzt werden.

Es sind 4 a Saatkamp und 5 a Verschulkamp im Vorjahr angelegt worden.

Ist der Pflanzenvorrat ausreichend, wenn

1. Zur Feststellung der vorhandenen Kiefernsämlinge folgende Richtzahlen gegeben werden:

   je qm Saatbeet sind nach Vorschrift 4 g Kiefernsamens mit 85% Keimkraft gesät. Das kg Kiefernsamen soll mit 150000 Körnern angerechnet werden. Die Saat soll 31% Pflanzen liefern (Pflanzenprozent = 31% bedeutet: 31% der gesäten Körner liefern brauchbare 1jährige Sämlinge),

2. zur Feststellung der vorhandenen verschulten Pflanzen der Verschulverband angegeben wird

   für 2 a Verschulfläche mit 10 × 10 cm
   „ 2 a „ „ 10 × 15 „ und
   „ 1 a „ „ 12 × 12 „ .

42. Nach dem Kulturplan sollen 6,4 ha mit 1jährigen und 1,2 ha Nachbesserungsfläche mit 2jährigen, 1jährig verschulten Kiefern im Verbande 1,3 × 0,5 auf Hackstreifen bepflanzt werden.

Reichen 4 a Saatkamp und 3,6 a Verschulungskamp, die im Vorjahre angelegt wurden, für den Pflanzenbedarf im Frühjahr aus?

a) Je qm Saatbeet sind .... g 95%igen Kiefersamens gesät (1 kg Kiefernsamen mit 85% Keimkraft ist gleich 0,7 kg Kiefernsamens mit 95% Keimkraft) nach der Dienstvorschrift.
b) Das Pflanzenprozent sinkt bei 95% Keimkraft auf 44% der Körnerzahl.
c) Das kg Kiefernsamen hatte rund 150000 Körner.
d) Die 2jährigen Kiefern sind im Verbande 10 × 15 verschult und ein Abgang von 8% für Verluste während des Verschuljahres wäre zu berücksichtigen.

43. 23,30 ha Kiefernkulturen wurden 1931 im Forstamt C. (Bez. Köslin) auf stark vergrasten, zum Teil steinigen Böden als Ergänzung mißlungener Flächen aus den Jahren 1922—1924 neu durchgeführt.

Die Kosten betrugen je ha:

1. Für Bodenbearbeitung (im Herbst im Stücklohn durchgeführt):
   a) Hackstreifen 1,3 m von Mitte zu Mitte entfernt, 0,60 m breit, je lfd. m 1 *Rpf* . . . . = ... *RM*
   b) Grabeplätze, 0,80 m entfernt, 0,30 im □ groß, 0,30 m tief durchgehackt, je Grabeplatz 0,5 *Rpf* . . . . . = ... „
2. Ausheben der Pflanzenkeller, Hauen von Deckmaterial (9 Keller) 37,80 *RM* im ganzen, je ha . . . . . . = ... „
3. Pflanzenanfuhr, Anbringen von leeren Körben und Arbeitsgeräten, im ganzen 14,40 *RM*, je ha . . . . . = ... „
4. Einschlagen der Pflanzen, Wurzelbeschnitt, im ganzen 36,84 *RM*, je ha . . . . = ... „

5. Nach dem Arbeitsbuch sind für das Auspflanzen der ganzen Fläche (23,30 ha) geleistet:

419	Stunden zu	0,60 *RM*	. . . . =	. . . . *RM*
1335	„ „	0,41 „	. . . . =	. . . . „
69	„ „	0,32 „	. . . . =	. . . . „
61	„ „	0,26 „	. . . . =	. . . . „
69	„ „	0,25 „	. . . . =	. . . . „
zus.	Stunden		. . . . =	. . . . *RM*

In diesen . . . . . . *RM* sind enthalten die Kosten für das Auspflanzen von insgesamt . . . . 1jährigen Kiefern im 1,3 × 0,8 m Reihenverbande, einschließlich Zutragen der Pflanzen und des Wassers, die Kosten zu Punkt 5 betragen je Hundert Kiefern . . . . *RM*, je ha . . . = ... „

Summe der Kosten der Kulturen je ha . . = ... *RM*

„ „ „ für 23,30 ha . . . . . = ... „

Durchschnittlich gepflanzt wurden je Stunde und je Arbeitskraft . . . . Pflanzen.

44. Die nebenstehende Kulturfläche (siehe Feldskizze, Abb. 71, nicht maßstäblich) soll mit 3jährigen, 1jährig verschulten Fichten im 1,75 m □ Verbande bepflanzt werden.

Bestimme:

a) Größe der Fläche,

b) Größe des Wuchsraums,

c) Pflanzenbedarf,

d) Kulturkosten (je ha 160,— *RM*).

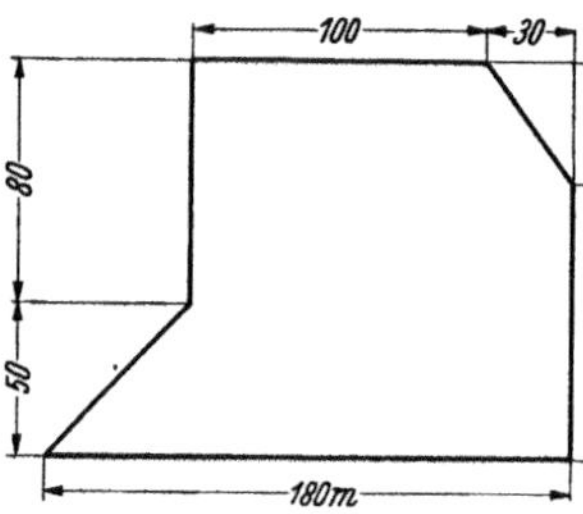

Abb. 71.

45. Eine im 1,8 m □ Verbande begründete Fichtenkultur von 1,95 ha Größe hat ausschließlich Sozialzuschlägen, aber einschließlich Pflanzenankauf, 402,75 *RM* gekostet.

Der Kaufpreis für die Pflanzen stellt sich auf 1,70 *RM* je Hundert frei Wald (3jährige, 1jährig verschulte Fichten).

Wie hoch war der Arbeitslohn für Löchermachen und Pflanzen beim Hundert Fichten?

46. Bei einer rechteckigen Fläche mit 1400 m Umfang verhält sich die Längsseite zur Breite wie 4:3.

Bei der Ausführung einer Kiefernkultur entstanden folgende Kosten:

a) Bodenbearbeitung:

1. Hackstreifen, im Herbst angelegt, 1,3 m von Mitte zu Mitte entfernt, 0,60 m breit = ... lfd. m, je m 1,2 *Rpf* . . . . = ... *RM*

2. Grabeplätze, im Frühjahr angelegt, auf den Hackstreifen 0,80 m entfernt, 0,3 m im □ und 30 cm tief durchgehackt = ... Grabeplätze, je Hundert 0,50 *RM* . = ... „

b) Ausheben, Fuhrlohn und Wiedereinschlagen von . . . . . . Kiefern, je Tausend 0,16 + 0,08 + 0,06 *RM* . . . . = ... „

c) Wurzelbeschnitt vor dem Pflanzen, je ha 1,70 *RM* . . . = ... *RM*
d) Auspflanzen von . . . . . . Hundert 1jährigen Kiefern, je Hundert 0,40 *RM* . . . . = ... „

Kulturkosten für . . . . . ha . . = ... *RM*
„ „ 1 ha . . = ... „

Stelle fest:

1. Länge und Breite der Kulturfläche!
2. Größe der Kulturfläche in qm, in ha!
3. Zahl der lfd. m Hackstreifen je ha, insgesamt!
4. Zahl der Grabeplätze je ha, insgesamt!
5. Größe des Wuchsraumes einer Pflanze!
6. Pflanzenbedarf, in Hundert und in Tausend Stück je ha und für die ganze Fläche!
7. Die Kosten der Teilarbeiten je ha und insgesamt!
8. Die Gesamtkosten je ha und insgesamt!

47. Im Forstamt W. wurden 1930 708,85 ha Kulturen mit 1jährigen Kiefern auf der Pflugfurche nach dem verbesserten Klemmspatenverfahren im Verbande 1,3 × 0,6 m bei einem Männerstundenlohn von 0,60 *RM* und einem Frauenstundenlohn von 0,40 *RM* ausgeführt.

Früher arbeiteten in einer Rotte:
3 Klemmspatenführer und
3 Pflanzerinnen ohne Pflanzholz zusammen. In jeder Pflanzreihe standen also 1 Mann und 1 Frau mit einer Stundenleistung von 180 Pflanzen.

Nach dem verbesserten Verfahren hat ein Mann für 3 Frauen die Pflanzlöcher anzufertigen, so daß in einer Rotte 1 Klemmspatenführer und 3 Pflanzerinnen, aber mit Pflanzholz, arbeiten. Auf die Stundenleistung jeder Frau kommen jetzt 200 Pflanzen.

1. Berechne die Pflanzkosten
   1. für das Hundert Pflanzen,
   2. für 1 ha Kulturfläche,
   3. für die Gesamtfläche
      a) nach dem alten,
      b) nach dem neuen Verfahren!
2. Bestimme die Ersparnis überhaupt und je ha!
3. Setze für das Pflügen 20,— *RM* je ha ein und gib die Gesamtkulturkosten für 1 ha und für die ganze Fläche an!
4. Wieviel Leute müssen im Forstamt während der 6 Wochen langen Kulturzeit beschäftigt werden, wenn man rechtzeitig nach dem verbesserten Verfahren fertig werden will und 54 Stunden wöchentlich arbeiten darf?

48. Bei der Bepflanzung eines Waldrandes mit Akazien (Bienenweide) stellt der Förster fest, daß er 30 Bäume weniger braucht und dann gerade mit seinem Vorrat ausreicht, wenn der Pflanzabstand von 10 m wie vorgesehen war, auf 12 m erhöht wird. Welche Strecke soll bepflanzt werden? Wieviel Akazien stehen zur Verfügung?

49. Bei der Bepflanzung einer Landstraße mit Obstbäumen braucht man 800 Stück, wenn man sie 12 m weit voneinander entfernt pflanzt.

Wieviel Bäume braucht man, wenn man den Abstand auf 10 m verringert?

50. Ein quadratischer Kamp von 12,96 a Größe wird von 1,5 m breiten Steigen rechtwinkelig geschnitten. Auf der Innenseite des Zaunes bleibt ein Randstreifen von 0,50 m Breite als Randweg liegen.
Wie groß ist die Nutzfläche des Kampes, eines Quartiers? Wieviel % von der Gesamtfläche sind Nutzfläche?

51. Berechne dieselben Stücke für einen rechteckigen Kamp von 42×31 m Größe, wenn die gleichen Verhältnisse vorliegen wie in der vorhergehenden Aufgabe!

52. Ein quadratischer Kamp von 12,25 a Größe hat eine um 20% kleinere Nutzfläche. 3 a Nutzfläche werden mit 1jährigen Kiefern im Verschulverband 10×10, die Restflächen mit 1jährigen Fichten im Verschulverbande 15×15 bepflanzt.
Wieviel Kiefern und Fichten sind auf der Verschulfläche?

53. Nach preußischer Vorschrift sind je qm Saatbeet im Kamp 4 g 85%igen Kiefernsamens zu säen. 0,7 kg 95%igen Samens sind aber 1 kg 85%igen Samens gleichwertig.
Wieviel 95%iger Samen ist demnach im Kamp auf 1 qm Saatbeetfläche, auf 2,32 a Saatbeetfläche zu säen?

54. Eine eingeklemmte Ackerfläche von genau 5,616 ha Größe wurde im Reihenverbande mit 1,3 m Pflanzen- und 1,8 m Reihenabstande mit Fichten so ausgepflanzt, daß an Stelle der 4. Fichte in jeder 2. Reihe jedesmal eine Lärche eingebracht wurde.
Die Pflanzkosten betragen je Hundert Fichten 4,20 *RM*, je Hundert Lärchen einschließlich Verbißschutz 9,80 *RM*.
Wie teuer kam die ganze Kultur und je ha und um wieviel % ist sie teurer als eine reine Fichtenkultur?

55. Auf 2,7 ha wird eine Mischsaat mit Kiefer, Fichte und Lärche im Verhältnis 3:1:1 (kurhessische Mischung) mit 3,4 ha Mischung je ha ausgeführt.
Wieviel Saatgut ist im ganzen und von jeder Samensorte nötig?

56. Auf 1,92 ha werden Kiefer, Fichte, Lärche im Gewichtsverhältnis 2:1:0,5 auf 50 cm breite Saatstreifen 1,5 m von Mitte zu Mitte entfernt gesät und zwar 2,8 kg je ha. Wieviel Saatgut wird von jeder Sorte gebraucht? Wieviel lfd. m Saatstreifen sind anzulegen? Wie groß ist die Saatfläche, die bearbeitet wird?

56a. Drei Wege schneiden eine 3eckige Schlagfläche so heraus, daß die Seiten 150, 200 und 250 m lang sind.
Auf der abgeräumten Fläche wird eine Kiefern-Fichten-Lärchen-Mischsaat im Gewichtsverhältnis 2:1:0,5 und mit 2,8 kg je ha ausgeführt.
Wieviel Samen ist von jeder Sorte zur Mischung zu nehmen? Siehe dir die Zahlen für die Dreiecksseiten genau an!

57. Auf einer Probefläche von 20×20 m zählt man auf einer Fichtenkultur 15 unbefriedigende Pflanzen. Größe der ganzen Kultur 1,8 ha. Pflanzverband 1,5 m □. Wie groß ist das Nachbesserungsprozent, die Nachbesserungsfläche (1 Dezimale), die Zahl der nötigen Pflanzen?

58. Auf einer im 1,75 m □ Verbande begründeten Fichtenkultur mußte man mit 1172 4jährigen, 2jährig verschulten Fichten nachbessern. Wie groß ist

die Nachbesserungsfläche? das Nachbesserungsprozent, wenn die Kulturfläche 2,8 ha groß ist?

59. Kulturplanvorschlag für Distrikt 183b, Größe 2,1 ha, Auspflanzen mit 3—4jährigen, verschulten Fichten im 1,5 m Quadratverbande auf Platten: 40 × 40 × 30. Kosten je ha:
   1. Beseitigung des Schlagabraumes . . . . 50,— RM
   2. Plattenhacken, je Platte 3 Rpf . . . . "
   3. Ausheben und Anfuhr von ..... Hundert 3—4jährigen verschulten Fichten . . . . 15,— RM
   4. Pflanzen von ..... Fichten, je Hundert 2,— RM . . . . "

   Stelle die Kulturkosten je ha und für die Gesamtfläche fest. Bestimme den Pflanzenbedarf für die Anforderung beim Forstamt!

60. Für die Nachbesserung der lückigen Verjüngung im Distrikt 102 sind je ha 1,0 Hundert 3—4jährige verschulte starke Lärchen und Douglasien vorgesehen. Größe der Fläche 1,6 ha. Kosten je ha 7,— RM.

61. In einem Verschulkamp von 12 a Größe ohne Wege wird in einem Verbande von 12 × 12 cm verschult. Die Pflanzen stehen 2 Jahre im Kamp. Auf der Kultur wird in einem 1,5 m Quadratverbande gepflanzt.

   Wieviel ha können alljährlich kultiviert werden?

62. Kulturplanvorschlag (Kap. II, 2).

   Vorgeschlagen wird die Auspflanzung der Kulturfläche im Distrikt 31c, Größe 1 ha, mit 44,44 Hundert 3—4jährigen, einjährig verschulten Fichten aus eignem Kamp im Quadratverbande mit 1,50 m Pflanzenabstand auf Grabeplätzen von 40 × 40 cm und 30 cm Tiefe.

   Kosten je ha:
   1. Verbrennen des Schlagabraumes . . . . 50,— RM
   2. Plattenhacken: 44,44 Hundert Platten 40 × 40 × 30; 1,5 m □; je Hundert 3,— RM . . . . "
   3. Pflanzung von 44,44 Hundert 3 bzw. 4jähriger Fichten 2,— RM je Hundert . . . . "
   4. Für Ausheben, Anfuhr (3,50 RM) und Wurzelbeschnitt von 44,44 Hundert Fichten zusammen . . . . 15,— "

   Kosten je ha . ... RM

   Die Arbeiten zu 1., 2. und 4. werden von Männern, das Pflanzen wird von Frauen ausgeführt. Stundenlohn des Mannes: 0,50 RM; der Frau: 0,32 RM.

   Wieviel Tagewerke, nach Männer- und Frauentagewerken getrennt, werden also voraussichtlich je ha nötig?

63. Vorgeschlagen wird für die Kulturfläche im Distrikt 31c, Größe 1 ha, eine Kiefern-Fichten-Lärchen-Mischsaat auf Hackstreifen, 50 cm breit, 1,3 m von Mitte zu Mitte entfernt, mit 5 kg Saatgut je ha.

   Kosten je ha:
   1. Verbrennen des Schlagabraumes . . . . 50,— RM
   2. Streifenhacken: ..... lfd. m, je lfd. m 1,2 Rpf . . . . "
   3. Auflockern der Hackstreifen, Säen mit Walddank und Bedecken des Samens nach Bedarf . . . . 15,— "

   Kosten je ha . ... RM

64. **Arbeits- und Kostenanschlag für die Bewirtschaftung des 16,50 a großen Kampes in Distrikt 100:**

Kampfläche . . . . 16,50 a
Wege und Pfäde . . 1,50 „

1. Zu bearbeitende Fläche . . . . a
2. Davon werden frei . . . 2,8 a Lupinenfläche
5,2 a alte Verschulfläche

Zus. . . . . a

3. Umgraben und Einteilen der Beete für . . . . a, je a 4 *RM* = ... *RM*
4. Davon a) zu besäen 5,2 a mit 10,4 kg Lupine
0,5 a „ 0,5 „ Lärchensamen
0,8 a „ 0,5 „ Fichtensamen

. . . . a, je a 2,00 *RM* . . . . . . = ... „

b) zu verschulen . . . . . a mit 1 jähr. Fichten im Verband 15×15 cm = ... Hdt, je Hdt. 0,30 *RM* . . . . = ... „

5. Reinigen der Wege und Freihalten der Kampfläche (16,5 a) vom Unkraut während des Jahres, 2× Hacken bzw. Jäten, je a verdingen für 5,— *RM* . . . . . . = ... „
6. Herstellung eines Komposthaufens unter Verwendung von 50 kg Thomasmehl, je dz 4,40 *RM* . . . . .
20 „ 40% Kali, je dz 8,40 *RM* . . . . . .
400 „ Ätzkalk, je dz 2,00 *RM* . . . . } = ... „
7. Zweimal Umstechen der 3 vorhandenen Komposthaufen, jedesmal je Haufen 2,5 Arbeitsstunden zu 0,50 *RM* . = ... „
8. Transport des 4. Komposthaufens zu den Kampflächen = 5,00 „
9. Düngung der Restfläche mit 100 kg Thomasmehl, 20 kg 40er Kali, 10 kg Kalkammonsalpeter (je kg 0,20 *RM*) = ... „
10. Anfuhr des Düngers zum Kamp . . . . = 1,50 „
11. Ausbessern des Zaunes (20 m Maschendraht) mit . . = 9,60 „

Kosten insgesamt . . . = ... *RM*

65. In einer Försterei sind jährlich 6 ha mit 3jährigen, 1jährig verschulten Fichten im Quadratverbande mit 1,5 m Pflanzenabstand aufzuforsten.
Welche Kampfläche ist für die Verschulung nötig, wenn im 15 cm Quadratverbande verschult wird?

66. Auf einer Kulturfläche von 1,8 ha Größe, die im 1,3 m Quadratverbande aufgeforstet ist, sind im Laufe eines Jahres 2355 Pflanzen eingegangen. Wie groß ist das Nachbesserungsprozent (1 Dezimale) und die Nachbesserungsfläche?

67. Eine 1,5 ha große Kulturfläche ist mit Fichten im 1,3 m Quadratverbande bepflanzt.
Es werden 2480 Pflanzen nachgebessert.
Wie groß ist die Nachbesserungsfläche und das Nachbesserungsprozent?

68. Nach der D. A. IV ist 1 kg Kiefernsamen mit 85% Keimkraft gleich 0,7 kg mit 95% Keimkraft, 1 kg = 160000 Körner.

Je qm Saatbeet sollen im Kamp 4 g 85%igen Kiefernsamens gesät werden.

Wieviel 95%igen Kiefernsamen braucht man also auf 0,84 a Beetfläche? Wieviel Keimlinge erscheinen auf dieser Fläche?

Wieviel Pflanzen erzielt man auf der Fläche, wenn das Pflanzenprozent gleich 42% (= 42% von der Körnerzahl) ist?

69. Aus der Sämaschine fielen auf 1 m Saatstreifenlänge 40 Kiefernkörner. Wieviel Keimlinge und wieviel Pflanzen darf man erwarten, wenn das Keimprozent = 85% und das Pflanzenprozent = 31% von der Körnerzahl ist (1 kg = 160000 Körner).

70. Bei einer Kiefernstreifensaat sät man je ha 2 kg Kiefernsamens auf 7700 lfd. m Saatstreifen.

Wieviel Körner fallen je lfd. m aus der Sämaschine, wieviel Keimlinge erscheinen, wieviel brauchbare Sämlinge bleiben? Nimm Samen (1 kg = 160000 Körner!)

a) mit 85% Keimkraft, 31% Pflanzen,
b) „ 95% „ 42% „
c) „ 75% „ 21% „
d) „ 65% „ 14% „

71. Auf einer durch Saat begründeten Kiefernkultur von 9,6 ha Größe, die einem Privatwaldbesitzer gehört, vernichtet ein Brand eine kreisrunde Fläche mit rund 200 m Durchmesser.

Die im Frühjahr ausgeführte Saat hat je ha gekostet:

1. Saatgut 2,5 kg je 24,— RM . . . . = ... RM
2. Herstellung der Saatstreifen; 1,3 m von Mitte zu Mitte entfernt, 60 cm breit; . . . . . lfd. m, je lfd. m 1,2 Rpf = ... RM
3. Auflockern des Bodens und Säen mit der Walddank-Sämaschine . . . . 10.— „
4. Soziallasten 15% von . . . . . RM Löhnen . . . . . = ... „

Summe der Kosten je ha . . . . = ... RM
„ „ „ für 9,6 ha . . = ... RM

Die Brandfläche wird im folgenden Frühjahr mit 1jährigen Kiefern auf den alten Saatstreifen mit 0,3 m Entfernung bepflanzt.

Die Kosten für die Auspflanzung der Brandfläche stellen sich je ha auf:

1. Ankauf von . . . . . . Tausend 1jährigen Kiefern je Tausend . . . . . RM . . . . = ... RM
2. Auflockern und Durchhacken der alten Saatstreifen, je lfd. m $^3/_4$ Rpf . . . . = ... „
3. Auspflanzen von . . . . . Hundert 1jährigen Kiefern, je Hundert 0,50 RM . . . . = ... „

Summe der Kosten je ha . . . . = ... RM
„ „ „ für . . . . ha . . = ... RM

Wie hoch stellen sich die Kosten der Bestandsbegründung für diese 9,6 ha bis zum 3. Jahre, wenn man die Brandfläche im 3. Frühjahr auch noch mit 30% nachbessern muß und auf der übrigen Saatfläche gleichzeitig 2% Fehlblößen mit nachgebessert werden?

72. Auf nebenstehender Fläche (Abb. 72) soll eine Kiefernstreifensaat ausgeführt werden. Entfernung der Streifen von Mitte zu Mitte 1,3 m. Samenmenge je ha 2,5 kg. Kosten des Samens = 30,— *RM* je kg. Die Herstellung der Saatstreifen kostet je lfd. m 1,6 *Rpf*, das Aussäen des Samens mit Auflockern des Bodens und nachträglichem Bedecken des Samens 8,— *RM* je kg. Zu den Löhnen kommen noch 11% für den Soziallastenanteil der Forstverwaltung.

Wie hoch sind die Gesamtkosten für die ganze Fläche und je ha?

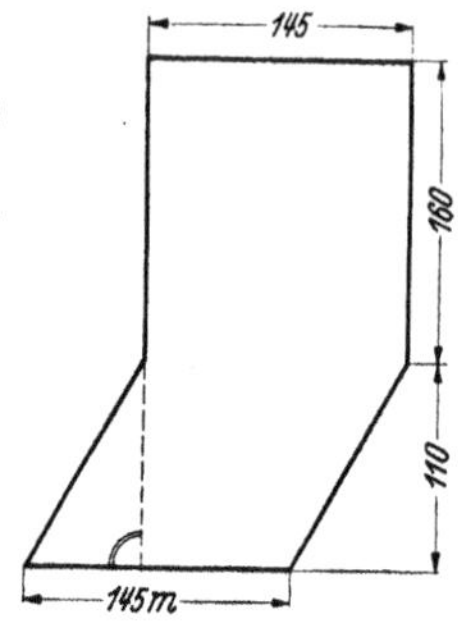

Abb. 72.

73. Eine 65 m breite und 250 m lange rechteckige Kulturfläche ist zu 95% mit 4jährigen, 1jährig verschulten Fichten, zu 5% mit 3jährigen, 1jährig verschulten Lärchen im Quadratverbande mit 1,5 m Pflanzenabstand bepflanzt worden.

Die Bodenarbeit ist im Akkord ausgeführt. Es kosten je Hundert Löcher für die Fichten 1,50 *RM*, für die Lärchen 2,— *RM*. Gepflanzt haben 7 Frauen an 5 Arbeitstagen mit je 8 Stunden bei einem Stundenlohn von 33 *Rpf*.

1. Wieviel Stunden beträgt die reine Arbeitszeit?
2. Wie hoch stellt sich die Kultur von 100 Fichten und von 100 Lärchen?
3. Was kostet die Kultur überhaupt?

74. Auf einer Kulturfläche von 4,8 ha Größe wird eine Fichtenstreifensaat mit 6 kg Samen je ha ausgeführt. Die Hackstreifen sind 0,40 m breit, und zwischen den Streifen bleiben jedesmal 90 cm unbearbeitet liegen (die Streifen sind also .... m von Mitte zu Mitte entfernt). Das kg Fichtensamen hat 135000 Körner und besitzt 60% Keimkraft.

1. Wieviel Saatgut muß beschafft werden?
2. Wieviel Samenkörner kommen auf den lfd. m Hackstreifen, wieviel Keimlinge?
3. Wieviel Pflanzen sind nach 1 Jahr auf dem lfd. m Saatstreifen, wenn man bei 60% Keimkraft nur mit 12% Pflanzen rechnet?
4. Wieviel qm Fläche werden tatsächlich bearbeitet?
5. Wieviel % sind das von der Gesamtfläche?

75. Der rechteckige Kamp der Försterei M. ist 60 m lang und 50 m breit. Auf der Innenseite des Zaunes liegt ein Streifen von 0,50 m Breite als Außenrandpfad. Außerdem wird der Kamp von 2 Wegen, die sich in der Mitte rechtwinklig schneiden und je 2 m breit sind, in 4 gleichgroße Quartiere zerlegt.

Auf dem 1. Quartier sind Fichten im Verbande 15 × 15 verschult.

Auf dem 2. Quartier sind Douglasien im Verbande 20 × 10 verschult.

Auf dem 3. Quartier stehen zur Hälfte Tannen im Verbande 20 × 20, zur anderen Hälfte Kiefern im Verbande 15 × 7,5.

Das 4. Quartier enthält zur Hälfte Lärchen im Verbande 20 × 10, zur Hälfte Saaten.

Die Beete auf den Quartieren sind 1,20—1,30 m breit angelegt, je nach dem Verschulverband der Pflanzenart für 7 Reihen mit dem Abstand 20 cm bei Tannen, Douglasien und Lärchen; für 9 Reihen mit dem Abstand 15 cm bei Fichten und Kiefern; für 11 Reihen mit 12 cm Abstand beim engeren Verband von 12 × 12 oder 12 × 10 für Kiefern und Fichten usw.

Die Jätepfade zwischen den Beeten sind 25—30 cm breit. Sie entnehmen also nochmal etwa 20% der Nutzfläche.

Bestimme:

1. Die Größe der Nutzfläche des Kampes (Größe der 4 Quartiere nach Abzug der Hauptwege)!
2. Die Nutzfläche jedes Quartiers nach Abzug von 20% für Jätepfade!
3. Den Vorrat an verschulten Pflanzen, getrennt nach Kiefern, Fichten, Lärchen, Douglasien, Tannen!
4. Die Saatbeete mögen zu $^1/_4$ Lärchen, Kiefern, Douglasien und Fichten enthalten. Wieviel Saatgut war zu säen, wenn gesät werden im Kamp je a 0,4 kg Kiefern mit 85% Keimkraft,
   0,8 „ Lärchen mit 80—90% Keimkraft,
   0,7 „ Fichten mit 90% Keimkraft,
   0,8 „ Douglasien mit 80% Keimkraft.
5. Wieviel Sämlinge wird man 1jährig den Saatbeeten entnehmen für die Freikultur bzw. Verschulung, wenn man
   vom a Kiefern . . . 20000,
   „ „ Fichten . . . 40000,
   „ „ Lärchen . . . 16000,
   „ „ Douglasien . . 50000 Sämlinge ernten kann?

76. 3,60 ha wurden mit Fichten im Rechteckverband und zwar mit 1,50 m Reihen- und 1,20 m Pflanzenabstand bepflanzt.

Bei der Ausführung der Kultur fehlen die Pflanzen für 0,8 ha, deren Auspflanzung erst im nächsten Frühjahr erfolgen kann. Gleichzeitig mit der Bepflanzung dieser Restfläche wird dann auch die Nachbesserung der ausgeführten Kultur mit $17^1/_2$% durchgeführt.

Die Pflanzen wurden aus einer Baumschule bezogen, und zwar für die Erstkulturen 3jährige, 1jährig verschulte Fichten das Tausend für 17,— *RM* und für die Nachbesserung 4jährige, 1jährig verschulte Fichten das Tausend für 23,— *RM*.

Nach den Feststellungen des Försters pflanzte bei der Neukultur jede Frau 24 Fichten in der Stunde und hackte jeder Mann 25 Pflanzplätze in der Stunde bei einem Frauenstundenlohn von 0,32 *RM* und einem Akkordlohn von 0,60 *RM* für die Männerstunde.

Auf der Nachbesserungsfläche wurde die Handspaltwühlpflanzung angewendet. Die Pflanzen kamen auf die alten Hackplätze. Es arbeiteten 2 Männer und 5 Frauen zusammen, und die Frauen kamen bei der Pflanzung der 4jähr., 1jährig verschulten Fichten auf eine Stundenleistung von 60 Stück.

1. Welche Kosten entstanden für die Erstkultur im 1. Frühjahr?
2. „ „ „ „ „ „ auf der Restfläche?
3. „ „ „ „ „ Nachbesserung?
4. Welche Kulturkosten wurden für die 3,60 ha große Kulturfläche in den beiden Wirtschaftsjahren (getrennt angeben) überhaupt aufgewendet?

77. Auf einer kreisrunden Blitzschlagfläche mit 30 m Durchmesser im Distrikt 54b der Försterei D. wurden nach 2 Jahren folgende Pflänzchen aus Anflug und verschleppten schweren Sämereien gezählt:

Kiefer 48, Birke 46, Lärche 19, Fichte 9, Eiche 2, Buche 1, Vogelbeeren 1, Wildapfel 1.

1. Mit wieviel % sind die einzelnen Holzarten an der natürlichen Verjüngung des Blitzloches beteiligt?
2. Welcher Wuchsraum ergibt sich für jedes Pflänzchen und welchem Quadratverbande würde das entsprechen?

78. Eine Kulturfläche hat die Form eines Rechtecks, dessen Seiten 235 und 70 m lang sind.

Auf der Fläche ist ein kreisrunder Horst von 30jährigen Riesenlebensbäumen mit einem Durchmesser von 36 m.

0,3 ha der Fläche sind bereits im 1,5 m Quadratverbande kultiviert.

a) Wie groß ist die noch zu kultivierende Fläche?
b) Wieviel Pflanzen sind erforderlich, wenn die Kultur im weiteren Verbande mit 1,75 m im Quadrat fertiggestellt werden soll?
c) Auf der ausgeführten Kulturfläche von 0,3 ha sollen 14% nachgebessert werden. Bestimme die Pflanzenzahl für die Nachbesserung und die Größe der Nachbesserungsfläche!

79. Eine im 1,7 m Quadratverbande begründete Fichtenkultur von 2,1 ha Größe hat ausschließlich Sozialzuschlägen, aber einschließlich Pflanzenankauf 402,75 *RM* gekostet.

Der Kaufpreis für die Pflanzen betrug 1,70 *RM* je Hundert Stück frei Wald.

Wie hoch war der Arbeitslohn für Löchermachen nebst Pflanzung für das Hundert Fichten? (Pflanzen auf ganze Hundert abrunden, Kosten auf 2 Dezimalen).

80. Bei einer rechteckigen Fläche mit 1080 m Umfang verhalten sich die Seiten wie 4:5. Größe der Fläche = ... ha.

Bei der Ausführung der Kiefernkultur entstehen folgende Kosten:

a) Bodenbearbeitung:
   1. Hackstreifen, 1,3 m von Mitte zu Mitte entfernt, 0,60 m breit, je lfd. m 0,01 *RM*.
   2. Grabeplätze, 0,6 m voneinander entfernt, $30 \times 30 \times 30$, je Hundert 0,40 *RM*.
b) Ausheben, Auslesen, Zählen; Anbringen und Wiedereinschlagen der Pflanzen je Tausend 1jährige Kiefernsämlinge = (0,13 + 0,10 + 0,06 *RM*) = 0,29 *RM*.
c) Wurzelbeschnitt je Tausend = 0,15 *RM*.
d) Auspflanzen von ..... Hundert 2jährigen, 1jährig verschulten Kiefern einschließlich Zutragen und Wasserholen je Hundert 0,48 *RM*.

Bestimme die Kosten je ha und insgesamt!

81. Nach dem Kulturplan sollen im Frühjahr 12 ha mit 1jährigen und 2 ha Nachbesserungsfläche mit 2jährigen, 1jährig verschulten Kiefern im $1,3 \times 0,5$ m Reihenverbande bepflanzt werden.

Dem Forstamt stehen 4 a Saatkamp und 5 a Verschulungskamp aus dem Vorjahr zur Verfügung.

Reicht der Pflanzenvorrat aus, wenn von 1 a Saatbeet rund 40000 1jährige Kiefern geerntet werden können und die 2jährigen Pflanzen im Verbande 10 × 15 verschult sind?

82. Eine im 1,75 m Quadratverbande angelegte Fichtenpflanzung ist mit 2400 4jährigen, 1jährig verschulten Fichten nachgebessert worden.

Wie groß ist die Nachbesserungsfläche?

Nach den Feststellungen des Forstbeamten waren 12% nachzubessern. Wie groß war also die ganze Kulturfläche?

83. Wie hoch stellen sich die Kosten einer Fichtenkultur mit Lupineneinsaat je ha, wenn

1. die Kulturfläche durch 25—30 cm breite Pflugstreifen mit 1,2 m Pflanzenabstand im Winter verwundet wird (je ha 15,— *RM*);
2. im März etwa 50 kg 40er Kali für 4,40 *RM* und 100 kg Thomasmehl für 4,50 *RM* auf die Streifen gestreut werden (3 Arbeitsstunden);
3. im April gepflanzt wird mit 3jährigen verschulten Fichten auf Hacklöchern, 1,2 m □ Verband, 0,40 □, 0,30 m tief, Hackloch anfertigen und Pflanzen, je Stück 3 *Rpf*;
4. im Juni 60 kg blaue Lupinen zur Gründüngung je kg 0,16 *RM* auf die Streifen eingehackt werden, je ha 24,— *RM*.

84. **Voranschlag für eine Korbweidenkultur (1 ha).**

1. Rigolen durch Umstechen der Fläche im Herbst, 40 cm tief, 21 Arbeitstage.
2. Stecklinge im Verbande 50 × 10 = ... je ha;
3. Stecken: März, 30 Arbeitstage;
4. Pflege: 3mal Hacken im 1. Jahre (1mal in den nächsten Jahren) 3× 25 Tage = ... *RM*;
5. Ernte, Schneiden (Dezember bis Februar), 20 Tage.

Ertrag im 1. Jahre: bis 4000 kg grüne Ruten;
" " 2. " " 7000 " " " = 2300 weiße (geschälte) Ruten;
" ab 3. " " 10000 " " " = 3300 " " Ruten.

Kulturdauer 10—30 Jahre.

Schneiden im 2. Jahre 75 Tage, vom 3. Jahre ab 85 Tage.

Schälen: 1 Arbeiter täglich 60 kg grüne = 20 kg weiße Weiden. Purpur-, Kaspische-, Silber-, Mandel- und Korbweide (Salix purpurea, acutifolia, amygdalina, viminalis).

85. Im Kamp der Revierförsterei M. wurden 300 Hundert 2jährige unverschulte Fichten für die Nachbarförsterei ausgehoben, eingeschlagen und verladen und dafür 42 Frauenstunden je 0,30 *RM* in Rechnung gestellt.

86. Der Bauer N. schreibt eine Rechnung über Fuhrlohn für 45 Hundert 4jährige verschulte Fichten, 8 Gespannstunden je 1,50 *RM*.

87. Die Christine Berg liefert beim Forstamt 44 kg Bucheckern ab und erhält 0,50 *RM* je kg. Die Schule in Obergude ebenso 64 kg.

88. Bei der Nachbesserung der 2jährigen Kulturen in Distrikt 15, 24, 39 werden 300 4jährige, verschulte Fichten für 12,— *RM*, 200 4jährige, verschulte Fichten und 300 3jährige Kiefernballen für 20,— *RM* und 300 2jährige,

verschulte Kiefern und 100 3jährige Kiefernballen für 8,— RM eingebracht. Bestimme die Kosten je Pflanze und die Nachbesserungsfläche bei jeder Position.

89. In 50b wurde die Kultur aus 1931 mit 2,10 Hundert 5jährigen verschulten Fichten nachgebessert und gleichzeitig der Graswuchs beseitigt. 1,75 m Quadratverband. Pflanzkosten 12,48 RM im ganzen. Grasausschneiden 6,— RM je ha. Rechne nur für die Nachbesserungsfläche!

90. Die Nachbesserung auf den Saumschlägen in Distrikt 64 mit 50 Hundert 3jährigen, verschulten Fichten im 1,5 m Quadratverband hat 101,36 RM gekostet. Rechne!

91. Für Igeln von 1,8 ha im Distrikt 7b 17 Gespannstunden (zur Förderung der natürlichen Ansamung der Buchenmast) berechnet der Bauer M. 30,60 RM. Kosten je ha? Arbeitsdauer?

92. In 12a wurden auf 3 ha die Mastbucheln eingehackt für 102,56 RM. Stundenlohn 0,30 RM. Rechne und vergleiche mit Aufgabe 91!

93. Im Distrikt 21 wurden 300 4jährige, verschulte Buchen im 2 m Quadratverband als Unterbau für 8,64 RM eingebracht. Rechne!

94. Die Abtriebsfläche im Distrikt 24 a, Größe 2,1 ha, soll mit 1jährigen Kiefern im $1{,}3 \times 0{,}4$ m Verbande auf 50 cm breiten, durch Abziehen der Bodendecke bis auf den mineralischen Untergrund hergestellten Hackstreifen, unter Beisaat von 2 kg Lärchensamen und gruppen- bzw. horstweisem Beipflanzen von verschulten Buchen und 4jährigen, verschulten Fichten bepflanzt werden. Erforderlich sind: je ha rund 19 Tausend 1jährige Kiefern; 10 Hundert Buchen und 10 Hundert Fichten.

Mache einen Kostenanschlag (165—200,— RM).

95. Die Fehlstellen in der Buchenverjüngung 49a werden mit 5,10 Hundert 5jährigen, 2jährig verschulten Fichten für 18,72 RM nachgebessert. Rechne!

96. 0,6 ha werden mit 27 Hundert 4jährigen, verschulten Fichten für 121,92 RM ausgepflanzt. Rechne!

97. Für das Auspflanzen von Fehlstellen in der Buchenverjüngung 85a mit 1100 3jährigen und 200 4jährigen, verschulten Fichten, sowie Durchsprengung der Buchenhorste mit 800 Stück 2jährigen, unverschulten und 3jährigen, verschulten Lärchen im 1,5 m Quadratverband sind 118,76 RM gezahlt. Rechne!

98. Eine Bohrpflanzung auf der Abtriebsfläche im Distrikt 15b mit 72 Hundert 4jährigen, verschulten Fichten im 1,5 m Quadratverband kostete 222,72 RM.

19. Gatter und Zäune.

1. Das Forstamt Sp. soll eine rechteckige Fläche mit 250 und 360 m langen Seiten zum Schutze gegen Sauen und Rehwild eingattern.

   Gatterlänge: ......; Größe der Fläche: ......

   Die Herstellung und Aufstellung des Gatters wird durch Waldarbeiter vollzogen, deren Stundenlohn 0,50 RM beträgt. Bei der Ermittlung der Gesamtkosten des Gatters sollen 15% von den Löhnen für den Soziallastenanteil der Forstverwaltung eingerechnet werden.

Es werden verwandt: Horden von 4 m Länge und 1,70 m Höhe. Siehe Skizze: Abb. 73.

a) Zu jeder Horde werden gebraucht:
   1. 8 Latten, darunter 2 Langlatten,
   2. 3 Stollen,
   3. 2 Schräglatten,
   4. 2 Stützen,
   5. 32 Nägel.

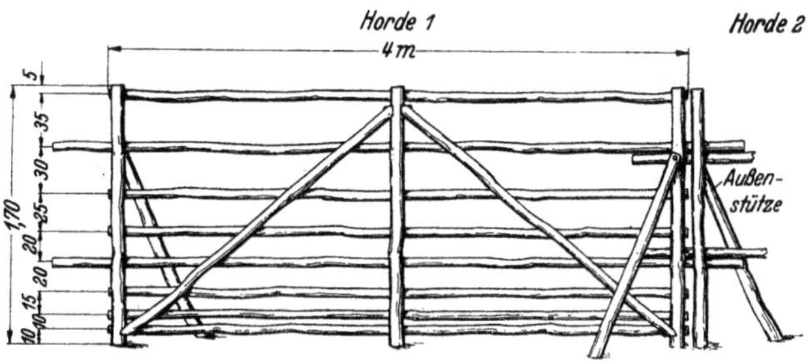

Abb. 73.

b) Aus 1510 Fichtenstangen III.—V. Kl. stellte man 516 laufende m Gatter her.

c) 1510 Fichtenstangen wurden in 3 Tagen von 2 Arbeitern zu Latten, Stollen, Schräglatten und Stützen auf passende Längen zugeschnitten und

d) fünf geübte Arbeiter nagelten in 8stündiger Arbeit im Akkord 49 Horden aus bereits zugeschnittenem Material zusammen und stellten die Horden sofort auf. Sie verdienten dabei 20% mehr als im Zeitlohn.

e) Im 5 kg-Paket 3zölliger Nägel sind 800 Stück, der Preis beträgt je dz 36,— *RM*. Für Vernageln und Verlust von Nägeln dürfen 10% Mehrbedarf angerechnet werden.

f) Für das Werben, Ausputzen und Herantragen der Stangen zu den Arbeitsstellen sollen durchschnittlich 6 *Rpf* je Stange berechnet werden.

g) Wie hoch stellen sich die Kosten
   1. für Material (Nägel),
   2. für Arbeitslöhne,
   3. insgesamt und
   4. je lfd. m Gatter?

2. Zu Hordengatter nach Abb. 74 wurden gebraucht **je lfd. m** an:

a) Holz: 1/4 Pfähle 1,80 m lang, 8—10 cm ⌀ . . . = 1,5 *Rpf*
   1/2 Säule 1,50 „ „ 6—8 „ „ . . . = 1,0 „
   1/2 Strebe 1,50 „ „ 4—6 „ „ . . . = 0,5 „
   2 1/2 Stangen 4,00 „ „ 4—5 „ „ . . . = 12,0 „

b) Nägel: 8 dreizöllige (1 kg = 160 Nägel = 0,40 *RM*) = . . . „

c) Bindedraht: 130 m kosten im Ring (2,5 mm stark) 2,20 *RM*, rund 40 cm . . . . = . . . „

d) Arbeitszeit:
1. Werben des Holzes in angrenzenden Beständen, Herbeitragen = 12 Minuten, je Minute rund 1 Rpf . . . . . . = . . . Rpf
2. Material ausputzen, ablängen, schälen 12 Minuten . = . . . „
3. Horden nageln 6,5 Minuten . . . . = . . . „
4. Horden wegtragen, verteilen 5 Minuten . . . . . . = . . . „
5. Horden setzen 1,5 Minuten . . . . = . . . „

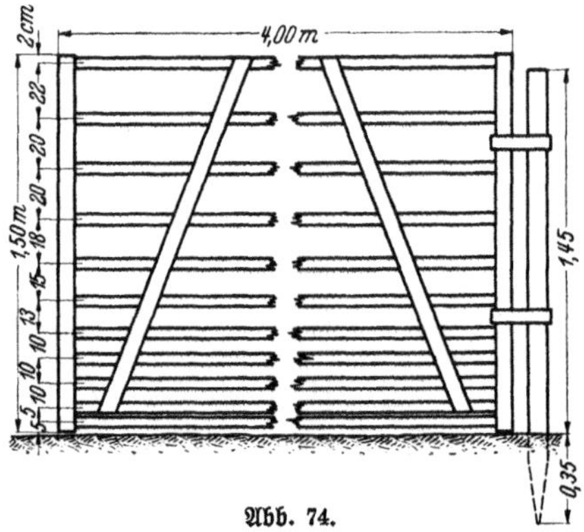

Abb. 74.

Wie teuer kommt hiernach 1 lfd. m Hordengatter? Trenne nach Materialkosten und Arbeitslohn! Berechne die Gatterkosten für die rechteckige Kulturfläche mit 300 und 224 m langen Seiten!

3. In der Försterei W. werden 600 lfd. m Birnersches Buchtengatter aufgestellt (Abb. 75.)

Die nötigen Fichtenreiserstangen wurden im angrenzenden Bestande sofort gewonnen und kaum ausgeputzt, meist ungekürzt aufgestellt und gebunden. Die Drähte wurden in 0,70 und 1,40 m Höhe gespannt.

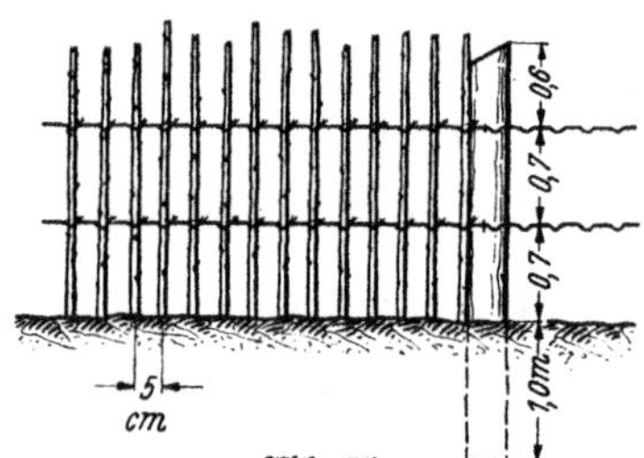

Abb. 75.

An Kosten ergaben sich:
1. Werben und Zurichten der Stangen:
315 Arbeitsstunden je 0,50 RM . . . . = ... RM
124 „ „ 0,48 „ . . . . = ... „
2. Werben der Lärchenpfähle (3 m lang, Mittendurchmesser etwa 14 cm, wie Grubenholz aufgearbeitet, 100 Stück 4,62 fm): je fm 1,80 RM ohne Soziallastenanteil, Entfernung der Pfähle 5 m; nötig sind . . . Pfähle = . . fm = ... „
3. Anfuhr der Pfähle: 12 Stunden je 1,50 RM . . = ... „
4. „ des Drahtes: 2 „ „ 1,50 „ . . . = ... „
5. Aufstellen des Zaunes:
a) Setzen der Pfähle: 84 Std. je 0,50 RM . . . = ... „
b) Ziehen und Befestigen der beiden Drähte: 28 Std. je 0,50 RM . . . . = ... „
c) Binden der Stangen: 90 Std., je 0,50 RM . . = ... „

6. Beschaffung des Buchtenspanndrahtes mit zugehörigen Drahtspangen je lfd. m 2 × 0,15 RM . . . . = ... RM
7. An Krampen 4,20 RM und Nägel 2,50 RM, zus. . = ... „
8. Ein Drahtspanner 3,50 RM . . . . = ... „
9. Soziallastenanteil 15% von . . . . . RM Lohnsumme = ... „

Summe der Ausgaben für 600 lfd. m = ... RM
„ „ „ „ 1 „ „ = ... „

Kalkuliere nach dieser Aufgabe:

a) den Materialbedarf,
b) die Zeiten für die Einzelarbeiten (schwierigeres Stangenwerben weites Herantragen, steinigerer Boden beim Pfählesetzen),
c) die Kosten für 240 lfd. m Birnersches Buchtengatter
„ „ „ 1200 „ „ „ „

Kleinere Arbeitsvorhaben kommen teurer als größere! Schlage bei 240 lfd. m bis 10% auf den lfd. m-Preis von 600 m! Setze bei 1200 lfd. m für den lfd. m etwa 8—10% weniger in die Rechnung ein.

4. Eine quadratische Fläche von 5,76 ha wird eingegattert mit Maschendraht von 1,50 m Höhe. Außerdem wird über dem Maschendraht in 1,70 m Höhe noch ein Spanndraht gezogen. Es werden 2,10 m lange Eichenpfähle mit 14—16 cm Zopfdurchmesser mit 4 m Abstand voneinander gesetzt. Im rm sind rund . . . . . . Stück (Rechne!).

1 qm Maschendraht kostet einschl Krampen frei Wald . . . . 0,27 RM
1 lfd. m Spanndraht „ „ „ 1,5 Rpf
1 rm Eichenpfähle „ „ Werbungskosten und Fuhrlohn 2,80 RM
Gatterlänge: . . . . m.

Materialbedarf:

1. . . . . . . Pfähle = ... rm je 2,80 RM . . . . = ... RM
2. . . . . . . qm Maschendraht, je qm 0,27 RM . . . . . = ... „
3. . . . . . . lfd. m Spanndraht, je m 1,5 Rpf . . . . = ... „
4. Setzen von . . . . . . Pfählen, je 0,15 RM . . . . = ... „
5. Spannen des Maschendrahtes je lfd. m 0,6 Rpf . . . = ... „
6. „ „ Spanndrahtes je lfd. m 0,3 Rpf . . = ... „

. . . . . . lfd. m Zaun kosten . . . . . . RM
1 lfd. m Zaun kostet . . . . . . „

5. Preise für Spanndraht Ia verzinkt:

4,2 mm stark,	Ring 25 kg	= ca. 230 m:	7,50 RM	oder 100 kg	29,— RM
3,1 „ „	„ 5 „	= „ 90 „	1,95 „	„ „	36,— „
2,5 „ „	„ 5 „	= „ 130 „	2,20 „	„ „	40,— „
2,0 „ „	„ 5 „	= „ 200 „	2,30 „	„ „	42,— „
1,2 „ „	„ 2,5 „	= „ 270 „	1,45 „	„ „	50,— „

6. Stacheldraht 1a verzinkt, eng besetzt, 4spitzig, 2,8 mm Drahtstärke, Rolle 25 kg = ca. 200 m: 8,50 RM.

7. In einer Försterei sollen 2 Kulturflächen mit 1,50 m hohem Maschendraht eingezäunt werden.

Die erste Fläche ist quadratisch und 1,44 ha groß.

Die zweite Fläche ist ein schmales Rechteck, 40 m breit und 320 m lang.

Der verzinkte Maschendraht kostet frei Wald einschließlich Krampen:

a) Mit Maschenweite 2 Zoll = 5 cm und Drahtstärke = 1 mm

	50	60	75	100	120	150	200 cm breit
RM	5,10	6,—	7,10	8,90	10,70	13,30	17,70 die Rolle von 50 m.

b) mit Maschenweite 3 Zoll = 7,6 cm und Drahtstärke = 1 mm

	50	60	75	100 cm breit
RM	3,60	4,10	4,80	6,20 die Rolle von 50 m.

c) mit Maschenweite 1 Zoll = 2,5 cm und Drahtstärke 0,9 mm

	30	40	50	60	75	100 cm breit
RM	6,—	7,50	9,20	10,60	12,70	16,50 die Rolle von 50 m.

d) mit Maschenweite 2 Zoll = 5 cm und Drahtstärke = 1,2 mm

	100	120	150 cm breit
RM	12,30	14,80	18,50 die Rolle von 50 m.

Alle 4 m kommt ein 2 m langer Eichenpfahl; 12 solcher Pfähle stecken in 1 rm, der einschließlich Fuhrlohn 4,50 RM kostet. Die Arbeit soll von Waldarbeitern bei 0,54 RM Stundenlohn ausgeführt werden.

Bei einem früheren Gatterbau hatte sich herausgestellt, daß 2 geübte Arbeiter täglich bei 8stündiger Arbeitszeit 54 lfd. m Maschendrahtzaun fertigstellten.

Wie hoch stellen sich die Kosten für die Umzäunung

a) je lfd. m,

b) für die erste Kulturfläche,

c) „ „ zweite „

d) für 1 ha Fläche bei der ersten Kultur,

e) „ 1 „ „ „ „ zweiten „ ?

Den Maschendraht wähle nach eigener Entscheidung der Zweckmäßigkeit!

8. Welche Kosten entstehen für die Umzäunung einer rechteckigen Kulturfläche mit 180 und 140 m langen Seiten? Welches Material muß beschafft werden und wieviel Tagewerke sind für die Eingatterung nötig? (Bedingungen wie in der vorhergehenden Aufgabe.)

9. **Verhältnis des Umfangs zum Inhalt der Flächenfiguren.**

A. Ein Quadrat hat 6 m lange Seiten; ein Rhombus hat eine Grundlinie von 7,2 m und eine Höhe von 5 m; ein Rechteck ist 8 m lang und 4,5 m breit; die Grundlinie eines Rhomboids mißt 9 m, die Breitseite 5 m, die Höhe 4 m.

Welchen Inhalt und welchen Umfang hat jedes dieser Parallelogramme?

B. Lehrsatz: Von allen Parallelogrammen mit gleichem Inhalt hat das Quadrat den kleinsten Umfang.

Von allen Parallelogrammen mit gleichem Umfang umschließt das Quadrat die größte Fläche.

C. Berechne noch den Umfang eines Kreises mit 36 qm Flächeninhalt!

Verallgemeinere den oben ausgesprochenen Lehrsatz!

D. Wie groß sind die Kosten für die Umzäunung eines Kamps von 1 ha Größe
a) bei quadratischer Anlage,
b) bei rechteckiger Anlage 125 × 80 m,
c) bei kreisförmiger Anlage?
Kosten je lfd. m 0,80 RM!

E. Anlage und spätere Unterhaltung des Zaunes um eine Fläche werden am wohlfeilsten bei kreisförmiger Anlage. Diese erschwert aber bei Kämpen die Bewirtschaftung; die quadratische Anlage ist die gebräuchlichste!

10. Nach einem Kostenanschlage für 2500 lfd. m Wildgatter von 1,6 m Höhe war erforderlich:

1.	Werben von 6250 Fichtenstangen V.—VIII. Kl.,	Tagesleistung	60 Stück
2.	„ „ 800 „ II.—III. „	„	25 „
3.	Herantragen der Stangen	„	50 „
4.	Ablängen, Zerschneiden, Ausputzen, Nageln . .	„	30 lfd. m
5.	Nägel im ganzen 175 kg, je kg 0,40 RM		
6.	Aufstellen der Horden	„	50 lfd. m

Stundenlohn 0,50 RM. Rechne!

11. Ein regelmäßiger sechseckiger Kamp soll 1,5 m hoch mit Maschendraht so umzäunt werden, daß alle 3,2 m ein Pfahl zu stehen kommt.

Wieviel m müssen die Maschendrahtrollen liefern und wieviel Pfähle sind nötig, wenn jede Seite des Kampes 25,6 m mißt?

12. Nach einem Kostenanschlage soll die Umzäunung mit 1,5 m hohem Maschendraht 0,80 RM, mit 1,5 m hohen Stangenhorden 0,57 RM, mit 1,5 m hohen rohen Staketen 0,70 RM, mit 1,5 m hohen gehobelten Staketen 1,45 RM je lfd. m kosten. In Frage kommt die Umzäunung einer Dreiecksfläche mit 144, 192 und 240 m Seitenlänge.

13. Nach einem Kostenanschlag für die Eingatterung einer Feldmark-Halbenklave mit 2000 m Grenzlinie wird der 1,20 m hohe Maschendraht mit 6 cm Maschenweite und 2 mm Drahtstärke, gut verzinkt, für 0,48 RM je lfd. m einschl. Krampen angeboten. Darüber sollen 2 glatte Spanndrähte, 2,0 mm stark je lfd. m im Ring 2,3 Rpf, mit 2 Stacheldrähten abwechselnd, je lfd. m an der Rolle 3,6 Rpf, gezogen werden. Die Pfähle kommen alle 4 m und kosten 0,30 RM Werbungskosten und Fuhrlohn je Stück. Für das Setzen der Pfähle und das Ziehen der Drähte sind je lfd. m 0,7 Arbeitsstunden erforderlich. Berechne die Unkosten! (0,50 RM Stundenlohn.)

14. 900 qm viereckig verzinkten Drahtgeflechts, 100 mm Maschenweite, 2,5 m Drahtstärke, 1,50 m hoch, werden angeboten je qm für 32,5 Rpf.

72 kg = 1200 m verzinkten Spanndrahtes, 3,1 mm stark, werden für 36 Rpf je kg angeboten. Rechne!

15. Im Forstamt Sp. brauchte man für 100 lfd. m eines 2 m hohen Hordengatters 25 Stangen III. und 150 Stangen IV. und V. Klasse, deren Werbungskosten sich einschließlich Ausästen auf durchschnittlich 5,4 Rpf stellten.

Auf die Tagesleistung eines Waldarbeiters im Herstellen und Aufstellen der Horden kamen 12 lfd. m Gatter.

Der Tariflohn betrug 0,49 *RM*. Die Leute verdienten im Akkord 20% mehr. Bei den Gestehungskosten des Gatters sind die Soziallastenanteile mit 15% der Lohnsumme anzusetzen.

An Materialkosten sind für Nägel je lfd. m Gatter 8 Stück (170 Nägel = 1 kg = 0,40 *RM*) zu berechnen.

Wie teuer wird die Eingatterung einer rechteckigen Fläche von 200 × 240 m?

Wieviel Tagewerke umfaßt das Arbeitsvorhaben?

16. In einer 3,6 ha großen rechteckigen Abteilung, deren kürzere Seiten 120 m messen, sind 15 kreisrunde Laubholzhorste mit einem Radius von 12 m eingebaut worden. Die Horste sollen durch Eingatterung geschützt werden.

Die Kosten der Eingatterung stellen sich für den lfd. m auf 0,80 *RM*.

a) Was kostet die Eingatterung des einzelnen Horstes, aller 15 Horste?

b) **Ist es vorteilhafter, die ganze Abteilung zu umgattern?**

c) Wie groß ist der Unterschied? Urteile!

17. Der im Forstort Dörnbach gelegene kreisrunde Fischteich mit 80 m Durchmesser soll so mit einem Maschendrahtzaun eingefriedigt werden, daß noch rundum ein 3 m breiter Rasenstreifen mit eingeschlossen wird.

Die Zaunpfähle aus Lärchenholz sollen 16—17 cm stark sein, 30 cm in der Erde stecken und 1,40 m über dem Boden sein und mit 3 m Abstand gesetzt werden. Der Maschendraht soll 1,20 m hoch gespannt werden und über ihm soll noch ein Spanndraht angebracht werden.

Wieviel lfd. m Spanndraht, wieviel qm Maschendraht und wieviel rm Lärchenholz (ungefähr) sind erforderlich?

Welche Kosten entstehen für die Einfriedigung, wenn der 5 kg-Ring Spanndraht 2,5 mm stark = etwa 200 m Ia verzinkt 2,20 *RM* kostet, die Rolle Maschendraht = 50 lfd. m, 1,20 m breit, mit Maschenweite 2 Zoll = 5 cm und 1,2 mm Drahtstärke am Stück verzinkt, 14,80 *RM* kostet und die Werbungskosten für den rm Lärchenpfähle sich auf 1,75 *RM* stellen?

18. **Kampzäune.**

1. Staketenzaun aus Durchforstungsmaterial, 1,6 m hoch.
   Für 10 lfd. m: 4 Stück 2,8—3,0 m lange, 12—14 cm dicke Säulen, 2 Stück je 10 m lange, 6—7 cm dicke Querriegel, 77 Stück 1,6 m lange, 3—4 cm dicke Staketen, 0,5 kg 3″ Nägel. 20—30 Arbeitsstunden.

2. Drahtzaun mit 14 Drähten (Spanndraht oder Stacheldraht) auf 1,56 m Höhe.
   Für 10 lfd. m außerdem: 4 quadratisch behauene, 12,5 cm dicke, 2,25 m lange Pfähle. 20—30 Arbeitsstunden.

3. Drahtzaun mit 1,60 m hohem Drahtgeflecht und 2 Spanndrähten. Für 10 lfd. m (Säulen wie vorher). 12—15 Arbeitsstunden.

4. Derselbe Zaun, kaninchensicher, Drahtgeflecht 2,10 m, davon 0,5 m tief eingegraben. 20—30 Arbeitsstunden.

Die Kosten für Spanndraht, Maschendraht, Nägel ersiehe aus den Preisangaben Seite 159, Aufg. 5—7! Vergleiche auch die Durchschnittssätze bei Aufgabe 12!

20. Waldbau.

I. Ertragstafeln.

Durch die folgenden Aufgaben mit ihrer Durchrechnung soll der Schüler zum verständnisvollen Lesen der Originaltafeln gebracht werden. Die hier gebrachten Auszüge sind teilweise im Interesse der besseren methodischen Verarbeitung abgeändert bzw. willkürlich ergänzt. Zum Vergleich sind stets die „Ertragstafeln der wichtigeren Holzarten" von Prof. Dr. Schwappach, 3. Aufl., Verlag Neumann, Neudamm, 1929, hinzuzuziehen.

1. Nach der Ertragstafel für Kiefer sind auf 1 ha I. Standortsklasse im Alter von (Tab. 1):

Tabelle 1.

Jahren	Bäume	Ausgeschieden mithin Stück	Ausgeschieden mithin %	Die vorhandene Baumzahl umfaßt noch %	Mittelhöhe m	Kreisfläche qm	Mittlerer Brusthöhendurchmesser cm
1	2	3	4	5	6	7	8
25	4380	—	—	100,0 %	10,0	26,0	
40	1570				15,7	30,5	
60	739				21,6	33,0	
80	480				25,4	33,7	
100	342				28,0	33,8	
120	265				30,1	33,3	
140	223				31,5	32,4	

1. Zeichne die Kurve für die Verringerung der Stammzahlen mit zunehmendem Alter!
2. Berechne die Gesamtzahl der bis zum Alter 40, 60, ... 140 ausgeschiedenen Stämme in Spalte 3 und ebenso den prozentualen Stammzahlenabstieg (4380 im Alter 25 = 100,0%) nach Spalte 4 bzw. 5!
3. Berechne den Wuchsraum einer Kiefer in den einzelnen Altersstufen! Wieviel Stämme stehen demnach noch je a, auf einer Probefläche von 50 × 50 m im Alter 140, 120, 100, 80?
4. Zeichne die Höhen- und ebenso die Kreisflächenkurve! Besprich ihren Verlauf!
5. Setze die Mittelhöhe im Alter 25 = 100,0% und lies sofort ab, um wieviel % die Mittelhöhen der einzelnen Altersstufen gewachsen sind! (z. B. bis zum Alter 40 um 57% der Ausgangsstufe im Alter 25!)
6. Stelle den Höhenzuwachs in jeder Altersklasse fest und beziehe ihn auf die Anfangshöhe jeder Altersklasse (z. B. Höhenzuwachs in Altersklasse 100—120 = 2,1 m, das sind $\frac{2,1}{28,0} = 0,075 = 7,5\%$ der Anfangshöhe)!
7. Berechne aus Stammzahl und Kreisfläche (Spalte 2 und 7) den mittleren Brusthöhendurchmesser des „Mittelstammes" jeder Altersstufe! (Die Ertragstafel nennt: 8,7; 15,9; 23,8; 29,9; 35,4; 40,0; 43,1 cm.)

2. Die Originaltafeln beschreiben nun die Derbholz-, Reisholz- und Gesamtmasse im verbleibenden Bestand und im ausscheidenden Bestand. Du hast eben die mittleren Brusthöhendurchmesser jeder Altersstufe errechnet. Du kannst also die Derbholzmasse und die gesamte Baummasse an Derbholz und Reisholz jedes Mittelstammes errechnen, wenn ich dir aus der Original-

tafel noch die Formzahlen für Derbholz und Baum nenne! Z. B. im Alter 25: Formzahl für Derbholz 0,424, für den Baum 0,800.

Wie groß ist also die Derbholzmasse, die Reisholzmasse, die Gesamtmasse des verbleibenden Bestandes je ha?

Du berechnest die letzten Werte schneller aus Kreisfläche, Mittelhöhe und Formzahlen! Vergleiche! Erkläre!

Tabelle 2.

Alter	Verbleibender Bestand							Kreisfläche	Ausscheidender Bestand (Vornutzung)				
	Kreisfläche	Mittelhöhe	Formzahl		Masse				Masse			Summe der Vorerträge	
			Derbholz	Baum	Derbholz	Reisholz	Derbholz und Reisholz		Derbholz	Reisholz	Derb- und Reisholz	Derbholz	Derb- und Reisholz
Jahre	qm	m			fm	fm	fm	qm	fm	fm	fm	fm	fm
1	2	3	4	5	6	7	8	9	10	11	12	13	14
25			424	800				1,6	5	7	12	5	12
40			474	603				3,6	54	27		59	93
60			461	529				2,7	98	24		157	
80			457	507				2,3		13	113		
100					429	41		2,0		12	120		
120					452	39		1,7	93		102		
140					458	36		1,2	75		83		

1. Spalte 2 und 3 ergänze aus Tabelle 1!
2. Errechne die Massen des verbleibenden Bestandes für das Alter 25, 40, 60, 80 für die Spalten 6, 7 und 8!
3. Errechne aus den Angaben in den Spalten 2, 3, 6, 7 und 8 für die Altersstufen 100, 120 und 140 die zugehörigen Formzahlen! (Kleine Abweichungen von den Originaltafeln nach diesen berichtigen!)
4. Bestimme den prozentualen Anteil des Derbholzes an der Gesamtmasse des verbleibenden Bestandes für jede Altersstufe! Beachte den wachsenden Derbholzanteil, das Schwinden des Reisholzanteils!

3. Tabelle 3.

Alter	Gesamtzuwachs an Masse		Hiervon entnehmen die gesamten Vornutzungen		Der durchschnittlich-jährliche Zuwachs				Der laufend-jährliche Zuwachs			
					des verbleibenden Bestandes		der Gesamtmasse		der Gesamtmasse			
	Derbholz	Derbholz u. Reisholz	Derbholz	Derbholz u. Reisholz	Derbholz	Derbholz u. Reisholz	Derbholz	Derbholz u. Reisholz	Derbholz		Derbholz u. Reisholz	
	fm	fm	in %	in %	fm	fm	fm	fm	fm	%	fm	%
1	2	3	4	5	6	7	8	9	10	11	12	13
25	115	220	4,3	5,4	4,4	8,3	4,6	8,8	—	—	—	—
40	286	382	20,6		5,7	7,2	7,2	9,6	11,4	7,8	10,8	5,7
60										3,7		3,4
80										2,2		2,1
100										1,7		1,6
120										1,3		1,3
140										1,0		0,9

1. In Spalte 2 und 3 ist gefragt nach der auf 1 ha Fläche bis zum Alter 25, 40 .... 140 überhaupt erzeugten Holzmasse. Entnimm die Zahlen für den Holzvorrat, das ist die Masse des im Alter 25, 40 .... 140 vorhandenen, „verbleibenden" Bestandes aus Tabelle 2 und ebenso für die bis zur Altersstufe 25, 40 .... 140 entnommenen Vornutzungen und ergänze jetzt Spalte 2 und 3! Z. B. 110 fm Derbholz im verbleibenden Bestande + 5 fm Derbholz Vornutzung = 115 fm Derbholz Gesamtzuwachs in 25 Jahren.

2. Berechne den prozentualen Anteil der Vornutzungen an der bis zum Alter 25, 40 .... 140 überhaupt erzeugten Holzmasse!

   5 fm Derbholz Vornutzung: 115 fm Derbholz Gesamtderbholzzuwachs = 4,3%. Bis zum Alter 25 sind 115 fm Derbholz produziert, davon sind 5 fm = 4,3% dem Bestande durch Vornutzungen entnommen (Spalte 4 und 5).

3. Stelle dir vor, daß vor der Bestandsbegründung gar keine Holzmasse auf der Fläche war, daß in 25 Jahren aber 110 fm Derbholz für den verbleibenden Bestand erzeugt worden sind, d. h. am verbleibenden Bestand ist jedes Jahr mit 110:25 = 4,4 fm Derbholz oder 208:25 = 8,3 fm Derbholz und Reisholz beteiligt (Spalte 6 und 7, 8 und 9).

4. Ermittle die Zuwachsleistung in jeder Altersperiode, also z. B. für die Altersperiode 25—40 $\frac{286 - 115}{15}$ = 11,4 fm jährlicher Derbholzzuwachs oder $\frac{382 - 220}{15}$ = 10,8 fm jährlicher Zuwachs an Derb- und Reisholz.

   Beachte, daß die späteren Perioden 20 Jahre umfassen! (Spalte 10 u. 12). Das laufend-jährliche Zuwachsprozent ist hier als einfacher Durchschnitt aus den in der Original-Ertragstafel für jedes Jahrfünft angegebenen Zuwachsprozenten errechnet, ist darum für den Anfang einer 20jährigen(!) Periode zu niedrig und für das Ende der Periode zu hoch.

4. Besprich nach der Ertragstafel für Kiefer in „Ertragstafeln der wichtigeren Holzarten" von Prof. Dr. Schwappach, Verlag Neumann, Neudamm, 1929 die Stammzahlen für den verbleibenden Bestand auf 1 ha Fläche I. bis V. Standortsklasse:

Alter	Zahl der Stämme auf Standortsklasse				
	I	II	III	IV	V
25	4380	5530	7690	—[1]	—[2]
40	1570	2100	3083	3600	4311
60	739	1005	1388	1816	2545
80	480	601	823	1116	1711
100	342	413	528	736	1228
120	265	303	367	501	866
140	223	240	289	410	—

[1]) Schätzungsweise: 8500.
[2]) „ 9600.

Gib an, wieviel Stämme in jeder Periode ausscheiden!
Gib an, wieviel % der Ausgangsstufe Alter 25 in jeder Altersperiode ausscheiden!
Gib an, wieviel % der Ausgangsstufe Alter 25 in jeder Altersperiode der verbleibende Bestand jedesmal noch besitzt!

5. Stammzahlen bei den Hauptholzarten auf Standortsklasse I je ha des „verbleibenden" Bestandes:

	Im Alter von 40	60	80	100	120	140 Jahren
Fichte . .	2800	1250	770	550	473	
Kiefer . .	1770	924	578	427	348	
Buche . .	2335	1057	672	491	393	
Eiche . .	1250	586	388	281	211	
Tanne . .	3200	1140	645	485	400	
Erle . . .	677	476	405			

a) Stelle die Reihenfolge der Holzarten mit hohen Stammzahlen auf! Licht- bzw. Schattenholzarten!
b) Gib die Reihenfolge der Holzarten für jede Altersstufe an und beobachte das Verhalten der Eiche (Buche, Tanne, Fichte) in diesen Reihen!
c) Setze die Eichenzahl im Alter 120 = 100% und gib die größere Bestandesdichte für die anderen Holzarten in % an!

6. Nach der Ertragstafel für Fichte (1890) und Kiefer (1896) von Schwappach haben beide auf den 5 Standortsklassen in drei verschiedenen Altersstufen folgende Stammzahlen:

Standorts-klasse	Alter bei Fichte 40	80	100	Alter bei Kiefer 40	80	100
I	2800	770	473	1770	578	348
II	3370	980	610	2126	714	406
III	4810	1250	800	2695	883	491
IV	6760	1620	—	3541	1137	610
V	9800	2000	—	9498	1526	—

a) Setze die Stammzahl Fichte (Kiefer) im Alter 40, I. Standortsklasse = 100 und gib das Vielfache der Stammzahlen bei den anderen Standortsklassen an!
b) Gib den prozentualen Stammzahlenabstieg für jede Ertragsklasse Fichte (Kiefer) durch die 3 Altersstufen hindurch an! Vergleiche das Verhalten beider Holzarten bei dem Güteklassenabstieg des Bodens!

7. Der Höhenzuwachs erreicht seinen Höhepunkt bei Fichte

auf Ertragsklasse . .	I	II	III	IV	V
im Alter von . . .	30	35	45	50	60 Jahren
mit jährlich	50	43	36	30	24 cm
das sind	100	74	..	..	... % der Ertragsklassenleistung I

Berechne die prozentuale Verschlechterung der Höhenzuwachsleistung durch Verschiebung des Kulminationspunktes auf ein höheres Alter bei gleichzeitiger Minderleistung! Rechne:

In 30 Jahren 50 cm Zuwachs = 100 %
„ 35 „ 43 „ „ = ... %

$$\frac{100 \cdot 30 \cdot 43}{50 \cdot 35} = 74\,\%$$

8. Der Gesamtzuwachs erreicht seinen Höhepunkt bei Fichte

auf Ertragsklasse . .	I	II	III	IV	V
im Alter von . . .	50	55	55	55	60 Jahren
mit jährlich	21,0	18,0	15,8	12,6	9,6 fm je ha
das sind.	100				... % der Leistung der Ertragsklasse I

Berechne wie oben die prozentuale Verschlechterung!

9. Ein reiner Kiefernbestand lieferte auf II. Standortsklasse mit 140jährigem Umtriebe 760 fm Vornutzungen und 310 fm im Hauptbestande. Ein benachbarter Kiefern-Buchen-Mischbestand gleicher Standortsklasse lieferte 25 % höhere Erträge. Rechne!

10. Flury gibt für die Entwicklung der Pflanzen in der frühesten Jugendperiode folgende Mittelhöhen an:

	Lebensjahr								
	1	2	3	4	5	6	7	8	9
Tanne	3	5	7	11	15	23	29	33	55
Fichte........	5	11	16	24	34	39	57	70	102
Buche........	9	13	20	31	38	51	—	—	—
Eiche	10	18	29	52	77	99	120	—	—
Birke	2	39	102	209	—	—	—	—	—
Schwarzerle...	9	47	217	340	—	—	—	—	—

a) Untersuche die Länge der gemachten Höhentriebe bei jeder Holzart für jedes Lebensjahr und besprich an Hand dieser Reihen das Verhalten langsam- und schnellwüchsiger Holzarten (im Jugendstadium)!

b) Gib für Tanne (Fichte, Buche, Eiche, Birke, Erle) das laufend-jährliche Höhenzuwachsprozent an, z. B.: Tanne 1jährig 3 cm = 100 %, 2 cm Höhenzuwachs = $66^2/_3$ %; Tanne 2jährig 5 cm = 100 %, 2 cm Höhenzuwachs = 40 %; Tanne 3jährig = $\frac{4}{7}$ = 57 %, Tanne 4jährig = $\frac{4}{11}$ = 36 %; Tanne 5jährig = $\frac{8}{15}$ = 53 %; Tanne 6jährig = $\frac{6}{23}$ = 26 %; Tanne 8jährig = $\frac{22}{33}$ = $66^2/_3$ %.

11. Nach Dengler „Ökologie des Waldes", Verlag Julius Springer, Berlin 1930 beträgt der durchschnittliche Höhenzuwachs der mittleren Bestandeshöhe in optimalen Klimalagen und auf besten Böden bei den einzelnen Holzarten im Alter:

im Alter …	1—20 cm	21—40 cm	41—60 cm	61—80 cm	81—100 cm	101—120 cm
bei Fichte ……	30,5	**48,0**	38,0	25,0	17,5	11,5
„ Kiefer ……	**44,5**	40,0	27,0	19,0	14,5	11,5
„ Buche ……	27,5	**40,5**	34,0	27,0	19,0	13,5
„ Eiche …….	**46,5**	45,0	29,5	19,5	14,0	10,0
„ Tanne ……	12,5	**54,0**	48,0	27,5	17,0	11,0
„ Erle ……..	**72,5**	32,0	16,0	7,0	—	—

Lies die Tabelle sinnvoll:

Wann erreicht der Höhenzuwachs einer Holzart seinen Höhepunkt? Welche Holzart leistet in den einzelnen Altersabschnitten am meisten?

12. Der laufend-jährliche Gesamtzuwachs an Derbholz und Reisholz je ha beträgt nach den Ertragstafeln für die I. Ertragsklasse (zusammengestellt von Dengler):

mit	30	40	50	60	70	80	90	100	110	120 Jahren
bei Fichte . .	16,6	20,0	**21,0**	19,8	19,6	19,0	17,4	15,2	13,6	11,6 fm
„ Kiefer . .	**13,2**	12,8	11,6	10,0	8,4	7,4	6,1	5,6	5,0	4,3 „
„ Buche . .	12,0	14,5	**15,2**	14,4	13,4	12,6	11,7	11,0	10,2	9,5 „
„ Eiche . .	10,7	**11,4**	10,7	10,1	9,6	9,3	8,6	8,1	7,6	7,1 „
„ Tanne . .	13,8	**31,0**	30,6	26,6	24,6	18,8	15,8	13,2	11,2	9,8 „
„ Erle . . .	**12,4**	9,8	7,8	5,8	4,4	3,2	—	—	—	—

Gib die Reihenfolge für das Kulminieren des laufend-jährlichen Gesamtzuwachses bei den einzelnen Holzarten an! Ebenso für die einzelnen Altersstufen! Welche Holzarten haben die größte Massenerzeugung auf 1 ha Fläche?

Vergleiche Fichte und Tanne, Kiefer und Eiche in ihren Gesamtzuwachsleistungen!

13. In einem großen Kiefernreviere mit 540 ha 61—80jährigen, 240 ha 81 bis 100jährigen und 160 ha 101—120jährigen Kiefern sollen je ha etwa 160 Stämme bei den 80—100jährigen und 200 Stämme bei den 61 bis 80jährigen Kiefern durch den weißen Farbring bezeichnet werden.

Die Arbeit wird im Akkord für 5,— *RM* je ha ausgeführt. Dafür hat der Arbeiter den Stamm in Brusthöhe zu „ringeln" und die selbstgekaufte, wetterfeste Farbe aufzutragen. Welche Kosten entstehen insgesamt für die Kennzeichnung der Zukunftsstämme im Revier? Wieviel Stämme werden überhaupt bezeichnet. Welchem Quadratverbande entspricht die Auswahl von 160 bzw. 200 Bäumen je ha?

14. Im 90jährigen Buchenbestande werden 120 Zukunftsstämme für 3,50 *RM*, im 80jährigen Fichtenbestande 200 Stämme für 4,50 *RM* bezeichnet.

Was bekommt der Arbeiter für die Kennzeichnung einer Kiefer, Buche, Fichte?

15. Sortimententafel für Fichte.
Annahme: Alles Derbholz kann als Langholz ausgehalten werden, Zahlen sind Richtwertprozente.

Standortsklasse	Alter	Mittlere Bestandeshöhe in m	Stärkeklasse — Mittendurchmesser in cm: 10—14	15—19	20—24	25—29	30—34	35 u. mehr	Reisholz und Derbstangen	Mittlerer Mittendurchmesser des Nadellangholzes in cm
			Prozent							
I	60	23	12	40	24	10	—	—	14	—
	80	28	—	22	33	22	11	—	12	—
	100	32	—	—	17	33	25	16	9	27
II	60	20	28	36	18	2	—	—	16	—
	80	25	15	31	28	12	1	—	13	—
	100	28	—	10	32	23	17	7	11	23
III	60	16	50	23	2	—	—	—	7/18	—
	80	21	24	34	19	8	—	—	15	—
	100	24	8	24	28	18	10	1	11	20
IV	60	12	35	15	—	—	—	—	29/21	—
	80	17	27	28	12	—	—	—	15/18	—
	100	20	14	32	23	12	4	—	15	18
V	60	9	20	2	—	—	—	—	42/36	—
	80	13	35	15	3	—	—	—	25/22	—
	100	16	22	35	19	5	—	—	19	14

Bestimme den Anfall nach Sortimenten, wann in einem 100jährigen Fichtenabtrieb I 826 fm Gesamtmasse anfallen (III. Standortsklasse 540 fm)!

II. Lebensverhältnisse des Baumes.

1. Holten stellte an Rieseneichen in Dänemark, deren Höhenwachstum abgeschlossen war, fest, daß eine Durchmesserzunahme vom 150. bis 200. Jahre von 100 auf 125 cm, vom 200. bis 300. Jahre auf 160 cm, vom 300. bis 400. Jahre auf 190 cm und vom 400. bis 500. Jahre auf 215 cm vorlag.
   a) Ermittle für jeden Zeitabschnitt die Anzahl n der Jahrringe, die auf einen Außenzentimeter entfallen! Der Durchmesser wächst auf 2 Enden!
   b) Berechne wieder den Kreisflächenzuwachs oder die Jahrringfläche für jeden Zeitabschnitt aus $\frac{d \, . \, \pi}{n}$ qcm! Vergleiche und folgere!

2. Nach einer von Dengler angeführten Zusammenstellung über Lebensalter der Waldbäume und erreichten Umfang sollen erreichen:

die Holzarten	ein Höchstalter von Jahren	einen Umfang von m	einen Durchmesser von cm	einen jährl. Durchmesserzuwachs von
Sumpfzypresse	6000	11		
Tanne. . . .	3—400	7—8		
Wacholder . .	2000	$2^1/_2$		
Eibe	2—3000	11—16		

die Holzarten	ein Höchstalter von Jahren	einen Umfang von m	einen Durchmesser von cm	einen jährl. Durchmesserzuwachs von
Lärche	500	7,50		
Fichte	3—400	4,70		
Kiefer	3—431	4—5		
Stieleiche . .	1500—2000	15,20		
Linde	8—1000	14—17		
Ulmen	5—800	13,20		
Edelkastanie .	700	15,20		
Rotbuche . . .	630—930	8,20		
Schwarzpappel	150	5,65		
Hainbuche . .	240	5,90		
Bergahorn . .	600	9,70		

3. Im Alter 100 (40) betragen die Mittelhöhen auf den verschiedenen Standortsklassen:

	I		II		III		IV		V	
	100 j.	40 j.	100 j.	40 j.	100 j.	40 j.	100 j.	40 j.	100 j.	40 j.
bei Eiche . .	26,7	16,2	22,7	12,4	18,9	8,7	—	—	—	—
„ Kiefer .	28,0	15,7	24,1	13,2	20,3	10,7	16,3	8,1	12,5	5,4
„ Buche .	32,0	14,8	27,8	12,4	23,5	9,9	19,2	7,4	14,9	4,9
„ Tanne .	31,8	13,3	27,4	10,6	23,5	8,0	19,4	5,4	15,2	2,9
„ Fichte . .	33,3	16,6	29,3	12,8	25,0	9,3	21,0	6,0	17,2	4,5

Gib die Reihenfolge der Holzarten hinsichtlich der Höhenzuwachsleistung auf den einzelnen Standorten für das Alter 40 und für das Alter 100 an!

Als Durchschnittswerte betrachte den Höhenzuwachs in der III. Standortsklasse und beachte bei beiden Reihen die Stellung der Tanne (Eiche, Kiefer (!), Buche, Fichte)! (Kiefer vorwüchsig in der Jugend gegenüber allen anderen, Tanne und Fichte verbessern ihren Platz in der Reihe, Buche behauptet ihn.)

4. Nach Köhler sollen sich die Stammzahlen gut durchforsteter Fichtenbestände mit zunehmendem Alter umgekehrt verhalten wie die Quadrate der Höhen, und die Kronenlänge soll ständig $^1/_3$, die Kronenbreite $^1/_6$ der Scheitelhöhe betragen.

Welche Werte ergeben sich daraus für die folgende Tabelle (Fichte III. Standortsklasse)?

Alter	Mittelhöhe	Kronen-		Anzahl der Stämme je ha
		länge	breite	
Jahre	m	m	m	Stück
40	9,3			3000
60	16,2			
80	21,2			
100	25,0			
120	28,2			

5. Cieslar hat auf verschieden stark gelichteten 70 jährigen Buchen-Probeflächen festgestellt, daß die vermehrte Lichtabsorption durch die dichtere Belaubung der stärker freigestellten Einzelstämme den Zuwachs nicht im selben Verhältnis erhöht.

	Fläche I stark durchforstet	Fläche II auf 0,8 von Fläche I gelichtet	Fläche III auf 0,65 gelichtet	Fläche IV auf 0,5 gelichtet
Stammzahl	1004	624	404	256
Durchschnittl. Massenzuwachs pro Stamm in 5 Jahren	0,068 cbm	0,133 cbm	0,202 cbm	0,319 cbm
Verhältnis der Zuwachsleistung des Einzelstammes	1,0	. . . .	. . . .	. . . .
Verhältnis der durchschnittlichen Blattmenge dagegen . . .	1,0	2,6	4,5	7,7

Berechne das jedem Lichtungsgrad entsprechende Vielfache der Zuwachsleistung des Einzelstammes! Vergleiche dann die beiden unteren Reihen!

6. Die Höhe von Brennessel-, Weidenröschen- und Kreuzkrautpflanzen ist ein Maßstab für den Stickstoff-(Nitrat-)gehalt des Bodens!

Der Nitratgehalt in 1 l frischem Boden war mg	226	108	80	50	41	1—37
Die kleine Brennessel (U. dioica) erreichte eine Höhe von cm. .	200	225	160	100	80	Pflanze fehlt!

Schätze den Nitratgehalt nach Prozenten, 108 mg = 100% und vergleiche die Entwicklung der Brennessel entsprechend!

7. Nach Wolffs Aschenanalysen sind in 1000 Gewichtsteilen Trockensubstanz an Mineralstoffen (Reinasche) enthalten:

	Blätter ‰	Junge 1—4 j. Pflanzen ‰	Reisholz ‰	Stammholz ‰
Buche . . .	50—70	27	14—18	3—4
Eiche . . .	40—50	—	17—18	2—3
Birke . . .	—	—	7	3
Kiefer . . .	19	26	12	3
Lerche . . .	36	—	—	2
Fichte . . .	26	27	—	2
Tanne . . .	33—37	—	—	2—3

Vergleiche die Zahlen! Ziehe die entsprechenden Folgerungen für Streunutzung, Kampbetrieb, Lese- und Raffholz, Weihnachtsbaumbetrieb usw.!

8. Es beträgt im Durchschnitt je fm bei der Kiefer:

	der Nährstoffentzug an		
	Kali g	Kalk g	Phosphorsäure g
bei Derbholz (altes Holz) . .	166	683	69
bei Reisholz (junges Holz) . .	793	2150	626

Gib jedesmal das Vielfache des Entzugs beim Reisholz an! Folgere!

9. Lufttrockne Eichenspiegelrinde (14—20jährige Stangen unter 10 cm ∅) enthält 16—20% Gerbstoff (um 3—5% von der Wurzel zum Gipfel abnehmend), geputzte Altholzrinde 8—10%, Fichtenrinde enthält 7—13%, Lärchenrinde 10%, Tannenrinde 5%, Birkenrinde 3%, Erlenrinde 16 bis 20%, Weidenrinde 8—13% Gerbstoff.

1 rm Altrinde = 4,5 Ztr. = 0,3 fm . . 1 fm = 15 Ztr.
1 „ Jungrinde = 3 „ = 0,2 „ . . 1 „ = 15 „

1 ha Eichenschälwald mit 12—17jährigem Umtrieb liefert je Jahr auf mittlerem Standort 5 fm Holz und 250 kg waldtrockene Rinde.

Bilde selbst Aufgaben!

10. Eine Schwarzkiefer kann jährlich 3—4 kg Harz liefern, die gemeine Kiefer 2—3 kg je Stamm und Jahr, also bis 1000 kg je ha jährlich.

11. Nach Ebermeyer beträgt das Gewicht der jährlich auf 1 ha abfallenden Blätter bei Buche 3331 kg, Fichte 3007 kg und Kiefer 3186 kg Trockensubstanz, die jährlich erzeugte ganze Holzmasse einschließlich Wurzelholz 3163 kg, 3435 kg und 3233 kg. Berechne die erzeugte Gesamtmasse je ha!

a) Eine Buche mit 37 cm Durchmesser hatte 119000 Blätter und 285 qm Oberfläche (Ober- und Unterseite), eine ebenso starke Fichte mit 20000000 Nadeln hatte 702 qm, eine Tanne mit 20000000 Nadeln aber 930 qm Oberfläche.

b) Eine Buchenversuchsfläche mit 198 Stämmen je ha hatte 23,6 Millionen Blätter und eine totale Blattfläche von 5,6 ha! Ein 55jähriger Fichtenbestand mit 790 Stämmen je ha ergab 4128 Millionen Nadeln mit 12,8 ha totaler Fläche.

Vergleiche die Blattfläche von Buche, Fichte und Tanne (Buche = 100%) zu Beispiel a) und b).

12. Die einseitige Blattfläche von 46 Lindenblättern betrug 0,26 qm, von 10 Eschenblättern mit 66 Fiederblättchen 0,0188 qm, von 17 Hainbuchenblättern 0,0161 qm und von 30 Rotbuchenblättern 0,0230 qm. Bei Esche entfallen auf den qmm 321—367, bei Linde 173—272 Spaltöffnungen.

Berechne die Durchschnittsgröße eines Linden-, Eschen-, Hainbuchen- bzw. Rotbuchenblattes und die Zahl seiner Spaltöffnungen!

13. Der Wasserverbrauch je qm Blattfläche beträgt bei Rotbuche 50—58 l jährlich, die Blattfläche macht normal das 3fache des Standraumes aus. Rechne!

14. 50% der Jahresniederschläge (meist 600—700 mm) entfallen auf die Vegetationszeit von Mai bis September. 20% der Niederschläge werden bei

Laubholz vom Kronendach zurückgehalten, 30% des zum Boden gelangenden Wassers verdunsten noch an der Bodenoberfläche. Das oberflächlich abgeleitete Wasser kann man sich durch die Zufuhr von Grundwasser ersetzt denken.

Wieviel mm Niederschläge sind also für den Buchenwald mindestens nötig?

15. Ein rechteckiger Garten ist 25 m lang und 20 m breit. Nach einem Regenfall zeigt der Regenmesser 6 mm Regenhöhe an.

Wieviel Regen kam auf die Gartenfläche und wieviel Eimern zu je 12 l entspricht diese Wassermenge?

16. 1 ha Buchenhochwald verdunstet an einem trockenheißen Sommertage rund 30000 l Wasser.

Welcher Regenhöhe in mm entspricht diese verdunstete Wassermenge?

17. Das Forstamt Sp. bedeckt im ganzen 3838 ha Staatswaldfläche. Die mittlere Niederschlagsmenge beträgt für das Jahr 690 mm.

Wieviel cbm Wasser (Schnee, Hagel, Niederschläge überhaupt) kommen also auf Spangenberger Revierfläche zur Abregnung?

18. Zum Gut Wollstein gehört eine Waldfläche, die aus fünf Einzelflächen mit 109,20; 29,70; 9,20; 1,30 und 0,70 ha besteht. Im Juli 1935 ergibt sich für den Gutswald die folgende Altersklassenverteilung:

Holzart	121 bis 140j. ha	101 bis 120j. ha	81 bis 100j. ha	61 bis 80j. ha	41 bis 60j. ha	21 bis 40j. ha	1 bis 20j. ha	unbestockt ha	zus. ha
Fichte				0,3	1,6	81,8	8,0		
Kiefer				5,4					
Weymouthskief.						3,0			
Lärche						0,6			
Eiche	6,3		7,0	12,4	3,9				
Buche				0,2	5,9	8,0			
Esche						1,7			
Birke						1,1			
Blößen								2,9	
Holzboden zus. .									

1. Ergänze die Zusammenstellung!
2. Berechne den Anteil der einzelnen Holzarten an der Gesamtfläche!
3. Berechne bei jeder Holzart den Anteil der einzelnen Altersklassen!

19. Ein Kostenanschlag für den Arbeitsdienst sieht das Aufästen der Zukunftsstämme in 50 ha Fichtenbeständen zur Erzielung astreinen Wertholzes vor. Es sollen je ha 400 Stämme 8 m hoch aufgeästet werden. Tagesleistung 20 Stück. Rechne! 1 Tagewerk = 2,— *RM*!

20. Außerdem sollen 10000 Stämme versuchsweise durch Anstrich mit Lehmbrei und Leinöl gegen Schälen durch Rotwild geschützt werden. 1 Tagewerk = 2 *RM*! Material 30 *RM*! Tagesleistung 50 Stämme.

21. Im Distrikt 142 stocken 1932 auf 10,7 ha II. Standortsklasse 111jährige Buchen mit 28,7 m Mittelhöhe.

An Hiebsmaßnahmen waren durchgeführt:

1916 ein Vorbereitungsschlag	mit	56	fm Ernte je ha
1919 ein Samenschlag	„	50	„ „ „ „
1921 der 1. Lichtungshieb	„	35	„ „ „ „
1924 Reglung der Schlagstellung	„	19	„ „ „ „
1927/31 noch 3 Lichtungshiebe	„	52	„ „ „ „

1916—1931 Nutzung je ha überhaupt ... fm
„ „ „ und Jahr ... „
„ „ „ und Hieb ... „

Nach der Ermittlung des Vorrats im Jahre 1923 waren auf der Gesamtfläche vorhanden 275 fm je ha.

Nach dem Lichtungshiebe 1931 waren ebenfalls noch 275 fm je ha Gesamtfläche vorhanden.

Genutzt ist also in den Jahren 1923—1931 einschl. nur der Zuwachs = ... fm je ha überhaupt = ... fm je ha und je Jahr.

22. Im Distrikt 127b, 12,6 ha Fichten II/III (24,1 m Höhe), 96jährig, sind für die angestrebte Naturverjüngung Kulissenhiebe NO—SW vorgesehen.

Der leichten Verwertung des Holzes wegen soll zunächst ein Sortimentshieb die schwächsten Stämme auf der ganzen Fläche als Papierholz = 45 fm je ha entnehmen. Die stehende Masse ist gleich 370 fm je ha vor der Hauung. Welche Festmasse fällt überhaupt an und wieviel % entnimmt der Hieb dem Bestande?

23. Im Jahre 1932 bietet der Distrikt 115 das Bild einer schlecht gelungenen Buchenverjüngung mit 38 fm je ha Restbestand an 134jährigen Buchen auf 14,7 ha IV./V. Standortsklasse.

Bei der Vorratsermittlung 1903 stockten auf der Fläche je ha 171 fm ..... jähriger Buchen.

1923 waren bedeckt:

7,1 ha mit 277 fm je ha Altholz (..... jährige Buchen),
5,6 „ mit 20jähriger Verjüngung,
2,0 „ unbestockt.

Mastjahre waren: 1900, 1909, 1918, 1924.

Hiebmaßnahmen erfolgten: 1905, 1909—1914 und 1917—1922 alljährlich, und zwar wurden 1905—1922 entnommen 142 fm je ha, also je Hieb und je ha ..... fm.

Weitere Hiebe folgten: 1924, 1925, 1927, 1928, 1929, 1931. Entnommen wurden 1924—1931: 84 fm je ha, also je Hieb und je ha ..... fm.

Berechne die Leistung des Bestands seit 1903 je ha:

1905—1922	fm
1924—1931	„
Vorhandener Bestand 1932	„
Erzeugt überhaupt	fm
Vorrat 1903	„
Leistung in 30 Jahren	fm
„ je Jahr rund	„

24. Nach dem Hauungsplan ist für Distrikt 55b, Größe 5,4 ha, eine mäßige Durchforstung des 100jährigen Kiefern-Buchen-Mischbestandes mit einer Entnahme von 35 fm Derbholz je ha vorgesehen.

Es fallen voraussichtlich an: 30 fm Kiefer, davon 85% Nutzholz (Stämme 2a—3a mit 14 cm Zopf, 1b mit 12 cm Zopf, 1a als Grubenlangholz mit 8 cm Zopf, Nu scheite und -knüppel), 5 fm Buche, kein Nutzholz (nur Scheite und Knüppel) und 3 fm Reis III.

Wieviel fm fallen überhaupt an, getrennt nach Kiefern- und Buchen-Nutzholz, Brennderbholz und Reisig?

25. Nach dem Vorschlag für den Hauungsplan ist die Räumung des 110jährigen Buchen- und Eichenbestandes auf 1,5 ha Hiebsfläche im Distrikt 84c vorgesehen. Voraussichtlicher Derbholzanfall 110 fm, davon Eichennutzholz 10 fm, Eichenbrennholz 15 fm, Buchennutzholz 15 fm, Buchenbrennholz 70 fm und Reisig III 25 fm.

Gesamtmasse je ha? Derbholz %, Nutzholz %.

26. Mit welcher Fläche erscheint der vorhergehende Bestand bei den einzelnen Altersklassen des Betriebswerkes und wie groß ist die Fläche der I. Periode?

Vorhandene Masse Derbholz abzügl. Fällverlust	Tafelmasse je ha	Abzüglich 10% Ernteverlust	Davon Schluß 0,9	Also Altholz Sp. 1 : Sp. 4
1	2	3	4	5
Buche 85 fm . .	296 fm	266 fm	240 fm	. . . . ha
Eiche 25 „ . .	220 „	. . . „	. . . „	. . . . „
			Altholz zus. .	. . . . ha

Altholz . . . . ha VI. Altersklasse
Jungwuchs . . . ha I. Altersklasse } zus. = 1,50 ha.

21. Forstschutz.

1. Sammeln der Maikäfer: Nach dem Bericht der Pflanzenschutzstelle Harleshausen wurden im Maikäferjahr 1934 im Regierungsbezirk Kassel 166376 l Maikäfer gesammelt. Im Liter sind 455 Käfer durchschnittlich.

Wieviel Käfer sind überhaupt gesammelt? 1 l Maikäfer wiegt 495 g. Wieviel kg, 15 t-Waggons sind im Kasseler Bezirk gesammelt? Die Höchstleistung erreichte der Schüler Aschenbrenner mit 127 l gesammelter Käfer.

Ein Maikäfer ♀ legt 60—80 Eier. Nimm das Geschlechtsverhältnis 1:1 an und berechne auch die Anzahl der ausgeschalteten Engerlinge!

2. Eine Maikäferfangsektion aus 7 Personen: dem Führer, dem Schüttler mit Steigeisen, dem Träger mit Käfereimer und 4 Mädchen mit dem Fangtuch haben an 6 Tagen an Bestandsrändern täglich von 4—9 Uhr und von 15—20 Uhr gesammelt: 184, 293, 383, 236, 154 51 l, im ganzen also . . . . . l = ... Käfer.

Berechne die Kosten: Männerstunde 0,49 *RM*, Frauenstunde 0,29 *RM*. Das Sammeln im Akkord je Liter für 0,15 *RM* hatten die Leute abgelehnt. Rechne!

3. Am 1. März werden um eine 4,4 ha große quadratische Fichtenkultur Rüsselkäferfanggräben, 15 cm breit und 30 cm tief, alle 10 m ein tieferes Loch, ausgehoben. Für das Ausheben der Gräben wird 1 *Rpf* je lfd. m bezahlt. Für das regelmäßige Absammeln der Käfer erhält der Haumeister 25,— *RM* (März bis September). Für Auffrischen der Gräben im 2. und 3. Jahre ist jedesmal 0,2 *Rpf* je lfd. m nötig. Sammellohn bleibt.

4. Zur Feststellung des Befalles durch die Nonne arbeiteten 2 Männer und 6 Frauen zusammen. Es konnten täglich 6 starke Stämme oder 20 Stangen auf Tücher gefällt und nach Eiern abgesucht werden. Kosten für 1 Arbeitstag, je Baum mit 80 Eiern? 1600—1700 Nonneneier wiegen 1 g.

5. In einem 80jährigen Kiefernbestande von 14 ha Größe (350×400 m) schrieb der das Probesammeln am 2. Dezember durchführende Forstbeamte die Zahl der Kiefernspinnerraupen für 11 Einzelstämme wie folgt auf: 36, 14, 45, 27, 37, 55, 63, 79, 67, 72, 56.

   Da der Bestand schon im Vorjahre durch Fraß geschädigt war, nahm man von 2000 Stämmen je ha rund 400 noch heraus und führte Ende Januar bis Anfang Februar das Leimen der Reststämme durch.

   1 Arbeiter rötete in 8 Arbeitsstunden rund 360—400 Stämme in Brusthöhe mit dem Reifmesser, ein zweiter strich bei diesem Tiefleimen einen 4 cm breiten und rund 4—5 mm dicken Leimring bei 250—320 Bäumen auf.

   Um das Abwandern der Raupen auf die angrenzenden, nicht befallenen Kulturen und Dickungen zu verhindern, wurden 20 m breite Grenzgassen aufgehauen und rund um den Altholzbestand außerhalb seines Kronenrandes noch Fanggräben, 15—20 cm breit, 40 cm tief, ausgehoben und auf die Grabensohle außerdem noch oberseits geleimte Stangen vom Aufhieb der Grenzgassen gelegt, Kosten je lfd. m 2 *Rpf*, Stundenlohn 0,54 *RM*. Leimverbrauch: 75 kg je ha, 100 kg = 80 *RM*, Grenzgassenaufhieb und -säuberung 15 Arbeitstage.

   Berechne die gesamten Kosten (außer Probesammeln)!

5a. Bei der Rechnung über Vertilgung schädlicher Insekten erscheint bei der Revierförsterei Obergude folgender Posten:

   Hauen und Legen von Kiefernfangknüppeln 10,40 *RM* (80 Knüppel je ha) und Sammeln und Vertilgen von 6024 Stück Rüsselkäfern 8,80 *RM*.

6. Um die Kiefernspanner- und Forleulenpuppen vor einer drohenden Kalamität zu vernichten, brachte man im Dezember in einen 1,5 ha großen 60jährigen Kiefernbestande die gesamte Streu mit Breithaue und Eisenrechen auf Haufen, $1 \times 1 \times 0{,}6$ m, zusammen und brauchte mit Festtreten der Haufen im ganzen 270 Männer- und 450 Frauenstunden. Kosten der Forstschutzmaßnahme?

Wildverbiß.

7. Nach einem Kostenanschlag erfordert das Werben, Zurichten und Setzen von Schutzpfählen (Selheimsche Lärchenschutzpfähle) gegen Wildschäden an Lärche und Douglasie je Pflanze 5 Minuten Arbeitszeit.

   Berechne die Anzahl der 8stündigen Tagewerke und die Kosten für diesen Schutz für 10000 Pflanzen bei Ausführung der Arbeit durch den Arbeitsdienst mit 2,— *RM* Grundförderung täglich zu Lasten der Forstverwaltung!

8. Das Bestreichen der Endtriebe bei Fichten mit Kalk und Leinöl als Verbißschutz erforderte für 20000 Pflanzen für 50,— *RM* Material bei 600 Pflanzen Tagesleistung je Arbeiter. Berechne die Gesamtkosten beim Stundenlohn von 0,50 *RM*, die Kosten für das Hundert Fichten!

9. Im Stadtwald St. suchte man im Mai 1930 auf 3 Probeflächen in einer 4jährigen Fichtenpflanzung den Wert der folgenden 3 Mittel gegen den Verbiß und das Fegen von Rehböcken in Fichtenkulturen festzustellen:

1. Anbringen von Blenden in der Mitte der Stämmchen:
500 Blenden kosteten . . . . 1,94 *RM*
7 Arbeiterinnen brauchten im Anschluß an Kulturarbeiten
40 Minuten zum Anbringen. Stundenlohn 0,36 *RM* = . . . „
Gesamtkosten = ... *RM*

2. Bestreichen der Stämmchen mit Franzosenöl:
2 l Franzosenöl kosteten . . . . 3,90 *RM*
7 Arbeiterinnen haben wie vor zum Bestreichen 50 Minuten
gebraucht, also = ... „
Gesamtkosten = ... *RM*

3. Bestreichen der Stämmchen mit Teer:
2,5 kg Teer kosteten . . . . 1,50 *RM*
7 Arbeiterinnen brauchten 50 Minuten, also = ... „
Gesamtkosten = ... *RM*

Der Erfolg war auf allen Probeflächen gleich gut!

10. Andere Wildverbißmittel mit Zahlenangaben:

a) Webers Wildverbißfett 150 g und	7	Arbeitsminuten	für 100	Pflanzen
b) „ Baumteer 200 g, 13 kg = 8,45 *RM* und	12	„	„ 100	„
c) Wildfraßfett 175 g und	22	„	„ 100	„
d) Werg ohne Petroleum	31	„	„ 100	„
e) Kornitol 10 kg 13 *RM*.				

Stelle eigne Berechnungen an!

Zum Teeren der Nadelholzkulturen wurden im Distrikt 64 für 1,5 ha 4,80 kg Baumteer, im Distrikt 65 für 1,7 ha 5,20 kg und im Distrikt 68 für 0,8 ha 3,00 kg verwendet für insgesamt 8,45 *RM*.

Berechne die Kosten für 100 Pflanzen, wenn 12 Arbeitsminuten zum Teeren dafür nötig waren (Frauenstunde = 0,30 *RM*) und je ha rund 10000 Pflanzen geteert wurden.

11. Gegen die **Kiefernschütte** spritzte man am 10. August 1931 bei trockenem Wetter von $^1/_2 9$—$^1/_2 17$ Uhr mit rund 300 l Bordelaiser Brühe je ha.

Es handelte sich um eine 3jährige, dichte Streifensaat mit geringem Graswuchs. Die Streifen waren 1,3 m von Mitte zu Mitte entfernt. Die Entfernung zum Wasser betrug 2 km. Verwendet wurde die Platzsche Weinbergspritze mit 15 l Fassungsvermögen.

An Kosten entstanden für 1 ha Fläche:

1. 10 kg Kupfervitriol je 1,50 *RM* (Apothekenpreis!) = ... *RM*
   und 10 kg Ätzkalk je 0,03 „ . . . . = ... „
2. Für Fuhrlohn für Wasser und Spritzgeräte 4 Std. je 1,20 *RM* . . . . = ... „
   1 Mann zum Einfüllen 4 × 0,61 *RM* . . . . . . = ... „
3. Für die Zubereitung der Brühe 4 Std. je 0,61 *RM* = ... „
4. Für 1 Männertag Spritzen je ha ohne Sozialzuschläge 8 × 0,61 *RM* . . . . = ... „

Kosten je ha Sa. . . = ... *RM*
Darin Kosten für Chemikalien . . = ... „

Einsicht: Je größer die Fläche, desto geringer der Kostenanteil je ha, desto geringer die Verlustzeiten, der Chemikalienankauf billiger, der Anfuhranteil erheblich niedriger.

12. Üblich ist zu spritzen mit 800 l je ha.

Kosten: 16 kg Kupfervitriol + 32 kg Kalk = 16 × 0,30 = 4,80 + rd. 2,— . . . . = 6,80 *RM*
7 Gespannstunden für Wasser + Gerätfahren, je 1,50 . . . . = rd. 10,— „
10—25 Std. Arbeitszeit . . . . = rd. 15,— „

Kosten je ha . = rd. 31,80 *RM*

Kupfervitriol 98—99% krist. kostet bei Abnahme

von	1	25	50	100	250 kg
je kg	0,35	0,33	0,32	0,30	0,28 *RM*

Staubkalk, feinst gemahlen, als Zusatz zur Kupferkalkbrühe:
Papiersack 40 kg = 2,60 *RM*.

Vogelschutz.

13. Unsere kleinsten insektenfressenden Vögel brauchen täglich soviel Nahrung, wie sie selber wiegen.

Name	Gewicht g	Jährlicher Nahrungsverbrauch je Vogel kg	je Vogelpaar kg	je Familie kg
Goldhähnchen . .	6			
Zilpzalp	7,5			
Zaunkönig . . .	10			
Blaumeise . . .	12			
Kohlmeise	16,5			

Zu einer Familie rechne 2 Altvögel je 365 Tage und mindestens 10 (Meise 12 und mehr und 2 Bruten) Junge zu 220 Tagen jährlich.

14. Es wiegen
   1620 Nonneneier . . . . 1,00 g,
   4000 Frostspannereier . . . . 1,00 g,
   100 kleine Kiefernspinnerräupchen . 12,00 g,
   100 Stubenfliegen . . . . 1,44 g,
   100 Mehlwürmer . . . . 17,00 g.
   Wieviel Nonneneier (Frostspannereier) brauchte ein Weidenlaubsänger als tägliche Nahrung?
15. Die Magen- und Gewöllruntersuchungen von 516 Turmfalken ergaben: 642 Mäuse, 1 Ratte, 21 Singvögel, 3 Spitzmäuse, 1 Junghase. Bestimme den Prozentsatz der schädlichen und nützlichen Tiere!
16. Bei 449 Sperbern ergaben dieselben Beobachtungen: 81 Mäuse, 475 Kleinvögel, 4 Rebhühner, 1 Taube, 2 Spitzmäuse, 1 Fledermaus! Rechne wieder! Vergleiche Turmfalken und Sperber!
17. 1230 Steinkauzgewölle enthielten: 7 Spitzmäuse, 1 Fledermaus, 16 Kleinvögel, 2 Haustauben, 1 Ratte, 1 Hamster, 93 Mäuse, 1053 Wühlmäuse. Rechne! Urteile!
18. 6257 Gewölle der Waldohreule enthielten: 2 Hamster, 1 Siebenschläfer, 1545 Mäuse, 8615 Wühlmäuse, 6 Junghasen, 41 Maulwürfe, 65 Spitzmäuse, 171 Vögel.
   Berechne die Anzahl der schädlichen und nützlichen Tiere!
   Bestimme den Prozentsatz! Urteile!

22. Jagd.

1. Berechne den Jahreswert der deutschen Jagd:
   18543090 kg Wildbret mit 28344850,— *RM* Geldwert. Rauchzeug (Wilddecken, Schwarten und Hasenbälge sind beim Wildbret eingerechnet) 2980000,— *RM*.
   Jagdpachtgelder 40000000,— *RM*, Jagdsteuern und -abgaben 10435000,— *RM*, Jagdscheine 10013900,— *RM*, Gehälter der Jagdbeamten 28000000,— *RM*, Jagdhundhaltung 5216300,— *RM*, Jagdindustrie (Gewehre, Optik usw.) 24137300,— *RM*, Jagdpresse 1000000,— *RM*, Wildtransport, Treiberlöhne, Gatter, Versicherung, Wildäcker, Fütterung usw. 17000000,— *RM*, Wildschaden abzusetzen 3549827,— *RM*.
2. Durch die Einbeziehung mehrerer Enklaven bzw. Halbenklaven vergrößert sich ein Jagdbezirk um 49,3513 und 4,1614 und 3,50 und 10,20 ha auf 718,6345 ha. Welche Pacht erhalten die Grundbesitzer, wenn für die größte Enklave 2,— *RM*, für die kleinere Flächen 1,80 *RM* je ha bezahlt werden. Die ganze Jagd kostet nach der Abrundung 1440,— *RM*. Rechne!
3. Die Jagd in G. ist 206 ha groß und bringt 240,— *RM* Jahrespacht. Der Fiskus ist mit 14,40 ha an der Fläche beteiligt. Auf wieviel *RM* hat er Anspruch?
4. Der Spangenberger Jagdbezirk I war 997 ha groß und brachte 2560,— *RM* Pacht jährlich. 1934 wurden davon wieder 1254,35 *RM* für Wildschaden gezahlt. Berechne den Reinerlös und den Anteil der Forstverwaltung mit 0,9450 ha Grundbesitz in diesem Bezirk.
5. Ein kleiner Spangenberger Jagdbezirk brachte 450,— *RM* Pacht für 146 ha. Rechne!

6. Kostenanschlag für die Anlage von 4 Wildäckern bzw. Wildwiesen je 0,5 ha je Wiese:

A. Lohnkosten.

1. Roden der Stubben: 2,5 Stubben je Tagewerk.
   Auf 0,5 ha etwa 250 Stubben . . . . = ... Tagewerke
2. Abziehen der toten Bodendecke, Bodenbearbeitung 20 cm tief, je Tagewerk 25 qm
   0,5 ha = ... qm . . . . = ... „
3. Bau des Hordengatters einschl. Werben der Stangen, Schneiden, Nageln, Aufstellen, je Tagewerk 16 lfd. m; . . . . . lfd. m . . . . = ... „
4. Aufbringen des Düngers auf 0,5 ha . . . . = 10 „

je Wildwiese . . . . = ... Tagewerke
für 4 Wildwiesen . . . = ... „

Jedes Tagewerk kostet der Landesforstverwaltung bei Ausführung der Arbeiten durch den Arbeitsdienst 2,00 ℛℳ.

Die Kosten für . . . . . Tagewerke stellen sich also für die Forstverwaltung auf . . . . . × 2,00 ℛℳ . . . . . . = ... ℛℳ

B. Sächliche Kosten.

1. Nägel: je lfd. m Hordengatter 8 dreizöllige Nägel, 170 je kg, 1 kg kostet 0,35 ℛℳ, für . . . . lfd. m = ... „
2. Düngung: a) mit 30 Ztr. gemahlenem Ätzkalk je ha, also für 4 Wildwiesen = ... ha = ... Ztr., 1 Ztr. gemahlener Ätzkalk kostet 1,20 ℛℳ . . . . = ... „
   b) mit 6 Ztr. 40% Kali je ha, für . . . . . ha also . . . . Ztr., je 4,40 ℛℳ . . . = ... „
   c) mit 12 Ztr. Thomasmehl je ha, für . . . . . ha also . . . . . Ztr., je 2,20 ℛℳ = ... „
3. Anfuhr von . . . . . . Ztr. Ätzkalk,
   . . . . . . „ Kali und
   . . . . . . „ Thomasmehl

   Zus. . . . . . . Ztr. Kunstdünger = ... Fuhren (6 km weit), je Fuhre . . . . ℛℳ = ... „
4. Eggen, Einsäen, Walzen der Saatfläche je ha 44,00 ℛℳ = ... „
5. Beschaffung des Saatgutes, je ha:
   6 Pfd. Timothegras
   12 „ Wiesenschwingel
   32 „ Deutsches Weidelgras
   12 „ Wiesenrispe
   12 „ Rotschwingel
   2 „ Gelbklee
   2 „ Hornschotenklee

   Zus. . . . Pfd. je ha
   für 2 ha also . . . „
   durchschnittlich 0,65 ℛℳ je Pfd. . . . . = ... „

Kosten für 4 Wildwiesen . . . = ... ℛℳ

7. Zweiter Kostenanschlag:

Kosten für 4 Wildwiesen je 0,5 ha = 2,0 ha:

Stubbenroden ..... Tagewerke (wie in Aufg. 6)			. = ... RM
Bau des Gatters ..... Tagewerke (wie in Aufg. 6)			. = ... „
je ha Pflügen	30,00 RM,	im ganzen	. = ... „
„ „ Abschleppen	6,00 „	„ „	. = ... „
„ „ 2 × Eggen	15,00 „	„ „	. = ... „
„ „ Säen und Nacheggen	15,00 „	„ „	. = ... „
„ „ Walzen	8,00 „	„ „	. = ... „
			= ..... RM
Dazu Nägel und Düngung wie im vorigen Kostenanschlag			= ..... „
Kosten insgesamt ...			= ..... RM

8. Ein Überläufer wog 24 kg. Der Beamte A. übernimmt die Verteilung und legt den Wildbretpreis auf die einzelnen Bezieher von Wildbret um. Er hat als Marktpreis an die Forstkasse je kg Gesamtgewicht 0,76 RM und für Trichinenschau 1,25 RM zu zahlen. Für die Schwarte erhält er vom Schuhmachermeister N. je kg 0,24 RM.

Bei der Verteilung erhält:

A	3,100 kg	Keule	je 3 Einheiten	= .... Einheiten	= ..... RM
B	3,250 „	„	„ 3 „	= .... „	= ..... „
C	1,675 „	Rücken	„ „	= .... „	= ..... „
D	2,200 „	„	„ „	= .... „	= ..... „
	1,925 „	Blatt	„ „	= .... „	= ..... „
E	1,300 „	„	„ „	= .... „	= ..... „
	1,650 „	Federn	„ „	= .... „	= ..... „
F	1,400 „	„	„ „	= .... „	= ..... „
G	2,000 „	Hals	„ „	= .... „	= ..... „
	3,200 „	Kopf	„ „	= .... „	= ..... „
	..... kg	Wildbret	......	= .... Einheiten	= ..... RM
				1 Einheit	= ..... „

Bei der Verteilung des Wildbrets sollen Keule und Rücken mit **3** Einheiten, Blatt und Hals bei Schwarzwild mit **2** Einheiten je kg, der Kopf mit **0,5** Einheiten je kg und das übrige Wildbret mit **1** Einheit je kg bewertet werden.

1. Welcher Betrag ist an die Forstkasse zu zahlen?
2. Welcher Betrag ist noch für Wildbret vom Verteiler umzulegen?
3. Wieviel hat jeder an den Verteiler zu zahlen?
4. Wieviel vom Gesamtgewicht entfällt überhaupt und prozentual auf die einzelnen Bewertungsgruppen?
5. Wieviel RM entfallen überhaupt und prozentual auf die einzelnen Bewertungsgruppen?

9. Am 12. Dezember kam ein Hirschkalb unter die Beamten des Forstamts zur Verteilung, das aufgebrochen 33,5 kg wog.

Es erhielten die Beamten:

A 5,4 kg Keule; B 4,2 kg Keule und 2,2 kg Rippen; C 3,6 kg Hals; D 3,8 kg Rücken und 1,6 kg Rippen; E 4,2 kg Blatt; F 2,6 kg Blatt und 1,2 kg Hals; zusammen ...kg Wildbret + ...kg Kopf, Decke und Läufe = ... kg Gesamtgewicht mit ... Einheiten = ... *RM*; 1 Einheit = ... *RM*; 1 kg Keule = ... *RM*; 1 kg Blatt = ... *RM*; 1 kg Kochwildbret = ... *RM*.

Kopf, Decke und Läufe wogen 4,5 kg. Für die Decke wurden 1,20 *RM* vereinnahmt. Der Marktpreis betrug 0,64 *RM* pro kg des ganzen aufgebrochenen Stückes.

Bei der Bewertung des Wildbrets sollen Keule und Rücken mit 3 Einheiten je kg, das Blatt mit 2 Einheiten je kg und das übrige Wildbret nur mit 1 Einheit je kg angerechnet werden.

1. Welcher Betrag ist an die Forstkasse abzuführen?
2. Wieviel hat jeder an den Verteiler zu zahlen?
3. Wieviel kg vom Gesamtgewicht entfallen überhaupt und prozentual auf die einzelnen Bewertungsgruppen:

a) Keule und Rücken	kg = ...	%
b) Blatt	„ = ...	„
c) Kochwildbret	„ = ...	„
d) Kopf, Decke und Läufe	„ = ...	„
Gesamtgewicht . .	33,5 kg =	100,0%

10. Ein Hirschkalb wog 54 kg. Die Decke brachte 0,86 *RM*. Der Marktpreis beim Wildbrethändler 0,63 *RM* je kg. Der Verteiler legt auch die Transportkosten für das Stück mit 1,50 *RM* auf die Wildbretbezieher um.

Bei der Verteilung erhalten:

G 9,2 kg Keule; P 9,0 kg Keule und 1,7 kg Rippen; S 4,3 kg Blatt und 1,7 kg Rippen; Sch 3,4 kg Rücken und 1,4 kg Rippen; St 3,5 kg Rücken und 0,5 kg Hals; A 4,2 kg Blatt; J 2,1 kg Rippen.

Führe dieselbe Berechnung wie bei der vorhergehenden Aufgabe durch.

11. Am 10. 12. 1930 wurde ein Hirschkalb verteilt, das 31 kg wog. Der Marktpreis betrug 0,90 *RM* je kg. Die Decke blieb unberechnet dem Verteiler überlassen.

Es erhielten:

A 5,0 kg Keule; B 5,2 kg Keule und 1,6 kg Rippen; C 2,9 kg Hals; D 3,3 kg Rücken und 1,8 kg Rippen; E 2,0 kg Blatt zerschossen; F 2,3 kg Blatt.

Bei der Bewertung rechnet man Keule zerschossen nur 2 Einheiten, Blatt zerschossen nur mit 1 Einheit je kg an!

12. Ein Rotwildkalb mit 20,5 kg Gewicht teilten sich 4 Forstbeamte wie folgt:

A 3,9 kg Kochwildbret und 5,0 kg Keule; B 0,4 kg Kochwildbret und 2,5 kg Keule; C 0,3 kg Kochwildbret und 1,5 kg Blatt; D 0,4 kg Kochwildbret und 1,5 kg Blatt.

Der Marktpreis war 0,90 *RM* je kg.

13. Der am 10. 7. geschossene Bock mit 26 Pfd. Gesamtgewicht kam zur Verteilung.

Es erhielten:

A $4^1/_4$ Pfd. Keule und $1^1/_2$ Pfd. Hals; B $1^3/_4$ Pfd. Blatt und $3^3/_4$ Pfd. Federn; C $4^2/_3$ Pfd. Keule; D $1^2/_3$ Pfd. Blatt und $1^3/_4$ Pfd. Hals; E $3^1/_2$ Pfd. Rücken.

Beim Rehwild bewertet man Keule und Rücken wieder mit 3 Einheiten, das Blatt mit 2 Einheiten, alles übrige nur mit 1 Einheit. Kopf, Decke und Läufe bleiben unberechnet. Der Marktpreis für Rehwild betrug im Juli 1931 1,10 *RM* je kg.

14. Ein Rothirsch (Spießer) mit 126 Pfd. Gewicht (Marktpreis je Pfd. 0,36 *RM*) wird verteilt.

Es erhält:

A 5 Pfd. Rücken; B $2^1/_2$ Pfd. Rücken, $4^4/_5$ Pfd. Hals und $1^4/_5$ Pfd. Federn; C $11^1/_4$ Pfd. Blatt und $5^3/_4$ Pfd. Hals; D $42^2/_3$ Pfd. Keulen, $12^1/_4$ Pfd. Rücken, $20^2/_3$ Pfd. Federn und 19,32 Pfd. Kopf, Decke und Läufe (= 0,00 Einheiten).

15. Ein Hirschkalb mit 36 kg Gewicht (Marktpreis 0,72 *RM* je kg) wird verteilt.

Es erhält:

A 5,5 kg Keule; B 5,7 kg Keule und 2,6 kg Rippe; C 3,2 kg Hals; D 4,0 kg Rücken und 1,8 kg Rippe; E 4,5 kg Blatt; F 2,8 kg Blatt. Die Decke ist unverkäuflich.

16. Ein Stück Schwarzwild mit 60 kg Gesamtgewicht wird verteilt:

Linke Keule . . .	6,500 kg	Kammstück	4,600 kg
Rechtes Blatt. . .	4,000 „	„	3,650 „
Linkes Blatt . . .	3,750 „	Mittelrücken . . .	3,350 „
Rechte Keule . . .	6,750 „	Rücken	4,500 „
Rechtes Rippenstück .	5,500 „	Kopf	5,400 „
Linkes „ .	5,000 „		

An die Forstkasse sind 0,90 *RM* je kg Gesamtgewicht zu zahlen. Die Trichinenschaugebühr beträgt 1,20 *RM*. Der Transport kostet 1,50 *RM*. Die Schwarte wird für 0,20 *RM* je kg verkauft. Was hat der Verteiler noch für Wildbret einzuziehen, wenn er Keule, Rücken und Kammstück mit $^3/_3$, das Blatt mit $^2/_3$, die Rippen mit $^1/_3$ und den Kopf nur mit $^{0,5}/_3$ Einheiten je kg bewertet?

17. Am 20. 8. wird ein Rehbock mit 14,5 kg Gewicht, je kg 1,10 *RM* verteilt. Die Decke wird für 0,90 *RM* verkauft. Es erhält:

A	2,3 kg	Keule	D	0,9 kg	Blatt
	1,1 „	Rippen		0,2 „	Rippen
B	1,7 „	Hals	E	1,1 „	Blatt
	0,7 „	Rücken		0,8 „	Rippen
C	1,4 „	„	F	2,0 „	Keule

18. Ein Rehbock mit 13 kg Gesamtgewicht soll zerwirkt und verteilt werden. Es erhält der Revierförster 4 kg, der Hilfsförster 3 kg und der Haumeister 3 kg. Für das kg Gesamtgewicht sind 1,20 *RM* an die Staatskasse zu zahlen. Kopf, Decke und Läufe wiegen .... kg und kommen nicht mit zur Verteilung.

a) Welcher Gesamtbetrag muß an die Staatskasse gezahlt werden?

b) Wie verteilt sich dieser Gesamtbetrag auf die einzelnen Abnehmer, wenn das Wildbret nur nach Gewicht, nicht nach der Güte der einzelnen Stücke bewertet wird?

19. Auf der Hubertusjagd der Forstschule kommen 3 Überläufer zur Strecke, die 43, 44 und 50 Pfd. wiegen. Die Trichinenschau kostet 3 × 0,90 *RM*. Für das kg Schwarzwild werden vom Wildhändler 0,90 *RM* geboten.

Verteilt werden:

58,5 Pfd. Keule + Rücken, 33,0 Pfd. Blatt und Hals, 16,0 Pfd. Federn und sonstiges Kochwildbret.

Die 3 Köpfe wiegen 16 Pfd. und werden für 0,50 *RM* je Stück verkauft. Die Schwarten mit .... Pfd. Gewicht waren unverkäuflich.

20. Von einem Hirsch mit 54,5 kg Gewicht, je kg 0,64 *RM* Marktpreis, wurden verteilt:

9,2 kg Keule, 9,0 kg Keule, 4,2 kg Blatt, 4,3 kg Blatt, 3,4 kg Rücken, 3,5 kg Rücken, 2,1 kg Rippen, 1,7 kg Rippen, 1,7 kg Rippen, 1,4 kg Rippen, 5,0 kg Hals, 9,0 kg Kopf, Decke und Läufe (bleiben unberechnet).

21. Von einer Ricke mit 13 kg Gewicht (Marktpreis je kg 1,04 *RM*) erhielten: A 2,10 kg Keule; B 2,55 kg Keule und 1,70 kg Kochwildbret; C 1,10 kg Rücken, 1,10 kg Blatt und 0,85 kg Kochwildbret; D 1,00 kg Rücken und 1,10 kg Blatt.

22. Von einem Bock mit 15,5 kg Gewicht, je kg 1,20 *RM* Marktpreis, erhalten: A 2,45 kg Keule; B 2,75 kg Keule; C 2,55 kg Rücken; D 1,15 kg Blatt; E 1,15 kg Blatt, F 1,15 kg Hals und 0,80 kg Rippen.

23. A übernimmt die Verteilung eines Rehbockes mit 14,5 kg Gewicht bei einem Marktpreis von 1,20 *RM* je kg und verkauft die Decke für 1,— *RM*.

Es erhalten:

A 2,5 kg Keule, 0,8 kg Blatt und 0,6 kg Rippen; B 2,1 kg Keule und 1,2 kg Rippen; C 1,1 kg Blatt und 1,8 kg Hals; D 1,6 kg Rücken.

24. Ein Rehbock wiegt 12 kg und kostet je kg 1,06 *RM*.

Zur Verteilung kommen:

1,685 kg Rücken, 1,010 kg Hals, 1,030 kg Blatt, 0,980 kg Blatt, 2,060 kg Keule, 1,990 kg Keule, 0,610 kg Federn, 0,600 kg Federn und 0,435 kg Kopf.

25. Ein Schmaltier wiegt 92 Pfd. und kostet je Pfd. 0,40 *RM*.

Zur Verteilung kommen:

Rechte Keule 6,8 kg, Linke Keule 6,5 kg, Rücken 9,0 kg, Rechtes Blatt 3,6 kg, Linkes Blatt 3,7 kg, Rechtes Rippenstück 2,7 kg, Linkes Rippenstück 2,7 kg, Hals 2,7 kg, Schloß 1,0 kg, Kopf 2,7 kg, Decke und Läufer 4,6 kg. Kopf, Decke und Läufer erhält der Verteiler unberechnet.

26. Von einem Rotwildkalb mit 59 Pfd. Gewicht und 0,40 *RM* je Pfd. Marktpreis erhalten:

A 9,0 Pfd. Keule; B 9,0 Pfd. Keule und 4,5 Pfd. Blatt; C 3,0 Pfd. Hals und 4,0 Pfd. Vorderrücken; D 3,5 Pfd. Flanke und 6,0 Pfd. Rücken; E 3,0 Pfd. Flanke und 4,5 Pfd. Blatt. Kopf, Decke und Läufer bleiben unberechnet dem Verteiler.

27. Ein Überläufer wiegt 33 kg und kostet je kg 0,68 *RM*. Die Schwarte bringt 0,45 *RM*, der Kopf wird für 0,50 *RM* verkauft. Trichinenschaugebühr 0,90 *RM*.

Verteilt werden:

4,020 kg Ziemer, 4,450 kg Keule, 4,270 kg Keule, 2,665 kg Blatt, 3,020 kg Blatt, 2,150 kg Hals, 1,835 kg Federn, 2,060 kg Federn, 2,945 kg Kopf und 5,885 kg Schwarte.

28. Ein andrer Überläufer wiegt 19 kg, kostet je kg 0,76 *RM*. Die Schwarte bringt 0,30 *RM*, der Kopf 0,50 *RM*. Trichinenschaugebühr 0,90 *RM*.

Verteilt werden:

2,305 kg Ziemer, 2,355 kg Keule, 2,155 kg Keule, 1,405 kg Blatt, 1,435 kg Blatt, 1052 kg Federn, 1,157 kg Federn, 1,337 kg Hals, 1,712 kg Kopf und 4,087 kg Schwarte.

29. Der dritte Überläufer, der zur Strecke kam, wog 31 kg, je kg 0,76 *RM*. Die Schwarte brachte 0,46 *RM*, der Kopf 0,50 *RM*. Trichinenschaugebühr 0,90 *RM*.

Verteilt wurden:

3,700 kg Ziemer, 3,710 kg Keule, 4,080 kg Keule, 2,080 kg Blatt, 2,210 kg Blatt, 1,915 kg Federn, 1,625 kg Federn, 1,860 kg Hals, 2,695 kg Kopf, 0,720 kg Kochwildbret, 6,405 kg Schwarte.

30. Ein Rehbock, am 14. 8. 1930 geschossen, wog 13 kg. Der Wildhändler bezahlte als Marktpreis 1,20 *RM* je kg. A übernimmt die Verteilung und verkauft die Decke für 1,20 *RM*.

Es erhalten:

A 2,1 kg Keule und 0,7 Rippe; B 1,7 kg Hals, 1,6 kg Rücken und 0,9 kg Blatt; C 0,2 kg Rücken, zerschossen, nur Kochwildbret und 0,9 kg Blatt; D 0,8 kg Rippen und 1,8 kg Keule.

31. Ein Bock vom 6. 8. 1932 wog auch 26 Pfund, kostete aber nur 0,90 *RM* je kg. Forstsekretär S. übernimmt seine Verteilung und gibt ab an: A 4,25 Pfd. Keule und 3,00 Pfd. Kochwildbret; B 1,75 Pfd. Blatt; C 2,00 Pfd. Blatt; D 4,20 Pfd. Rücken; E 4,25 Pfd. Keule und F 2,30 Pfd. Hals.

Die Decke ist unverkäuflich und verbleibt wie der Kopf dem Verteiler.

23. Landwirtschaft.

1. Die preußische Staatsforstverwaltung hat in den Jahren 1880—1896 2715,056 ha Wiesenmoore für 766017,13 *RM* kultiviert und dadurch ihren Reinertrag von 32837,79 *RM* auf 118213,98 *RM* jährlich aus der Verpachtung erhöht.

   Berechne den Kostenaufwand je ha!

   den durchschnittlichen Reinertrag je ha vor und nach der Melioration!

2. Ein Ackerplan, an dem die Forstverwaltung mit 4,60 ha beteiligt ist, wird drainiert; die Kosten kommen auf rund 250,— *RM* je ha. Der Ernteertrag steigt von 16 dz Weizen und 24 dz Stroh auf 28 dz Weizen und 50 dz Stroh. Lege die Tagespreise zugrunde und berechne den Ertragswert vor und nach der Verbesserung! Vergleiche! Wie verzinst sich das

aufgewendete Kapital? Um welchen Betrag erhöht sich der Anrechnungswert des Dienstlandes, wenn die Inhaber das Meliorationskapital mit $2^1/_2\%$ jährlich verzinsen sollen?

3a. Die Gemeinde B. entwässert eine 14 ha große Wiesenfläche und zahlt für Erdarbeiten 4648,32 *RM*, für Drainagerohre, Wehre und Schleusen 1510,— *RM* und für Planung und Aufsicht 536,— *RM*.

Stelle die Gesamtkosten fest, auch je ha!

Berücksichtige einen Ernteausfall von 800,— *RM* im Baujahre!

3b. Eine Wiese, die für 3466,— *RM* angekauft ist, wird einem Revierförster als Dienstwiese überwiesen. Als jährliches Nutzungsgeld sollen $2^3/_4\%$ vom Kaufpreis und $4^1/_2\%$ der in Höhe von 740,— *RM* aufgewendeten Meliorationskosten gezahlt werden.

Wieviel Nutzungsgeld ist jährlich zu zahlen?

3c. Eine Wiesenfläche ist 1,64 ha groß und soll drainiert werden. Es sind im ganzen 960 m Saug- und Zuführungsstränge und 280 m Ableitungsstränge nötig.

Die Saugrohre haben 5 cm, die Ableitungsrohre 0,125 m Durchmesser. Auf den lfd. m gehen 3 Rohrlängen.

Für das Ausheben der Gräben werden je lfd. m 8 *Rpf* bezahlt, für das Bereiten des Rohrbettes und das Einlegen der Rohre je Hundert 3,00 *RM*. Das Zuschütten und teilweise Einebnen kostet je lfd. m 4 *Rpf*. Die Saugrohre kosten 15,— *RM*, die größeren Ableitungsrohre 24,— *RM* je Tausend.

Nach einem völligen Umbruch der Wiesenfläche, ihrer Neuaussaat und Düngung, für die insgesamt noch 360,80 *RM* aufgewendet werden, erntet man auf der Fläche 70 dz gutes Wiesenheu, den dz zu 5,— *RM*, während früher vom ha 50 dz minderwertiges, saures Schilfheu mit einem Werte von 2,40 *RM* je dz geerntet wurden.

Welche Verzinsung ergibt sich für das aufgewendete Meliorationskapital?

4. L. bietet mir eine Fuhre, rund 20 Ztr. mäßig verrotteten Stallmist an. Welche Mengen N, P, K, Ca und Humus sind darin enthalten, wenn solcher Mist im Durchschnitt 0,5% N, 0,25% P, 0,63% K, 0,53% Ca und 19,5% Humus enthält (Rest = Wasser)?

5. Darf ich 7,50 *RM* für die Fuhre zahlen, wenn das kg Stickstoff 0,86 *RM*, Phosphorsäure 0,40 *RM*, Kali 0,20 *RM*, Kalk 2 *Rpf* kostet und der Humus unberechnet bleibt?

6. Gewöhnliche Jauche enthält 2‰ N, 0,1‰ P (!), 5,5‰ K und 0,3‰ Ca (!) Welchen Wert hat 1 Faß mit 7,2 hl Jauche?

7. Durch Gründüngung mit Lupinen wurden nach wissenschaftlichen Beobachtungen 179 kg N je ha gesammelt. Rechne!

8. Wieviel kg reines Kali sind in einer Ladung von 15 t 40%igem Kalidüngesalz enthalten?

9. Bauer J. will einem Acker 420 kg reines Kali geben. Welche Mengen muß er bei 15%igem Kainit, 22%igem, 30%igem, 40%igem Kalidüngesalz streuen?

10. Die Bauernschaft in J. bezieht 15000 kg Thomasmehl mit 15% löslicher Phosphorsäure und zahlt 0,26 RM je kg-%. Die Lieferung erfolgt in Papiersäcken, die mit $1^1/_4$ Rpf je kg-% berechnet werden. Die Fracht ab Aachen-Rote Erde kostet 119,70 RM.

Wie teuer wird die ganze Ladung, 1 Sack = 1 dz Thomasmehl? Gewebesäcke würden 3 Rpf je kg-% kosten. Verteuerung je dz?

11. Einige Bauern bestellen gemeinsam eine Ladung mit 20000 kg Thomasmehl mit 15% Phosphorsäure, je kg-% 0,26 RM. Sie lassen sich keine Gewähr für den richtigen Gehalt leisten und erhalten ein Thomasmehl, das wohl 18% P_2O_5, aber nur 13% zitronensäure**lösliche** P_2O_5 enthält. Welchen Schaden erleiden sie?

12. Bauer Z. säte je Morgen = $^1/_4$ ha mit der Hand 90 Pfd. Weizen, 80 Pfd. Roggen, 95 Pfd. Gerste bzw. 100 Pfd. Hafer. Nach dem Kauf einer Drillmaschine sät er je Morgen 70 Pfd. Weizen, 65 Pfd. Roggen, 80 Pfd. Gerste bzw. 84 Pfd. Hafer, also wieviel % weniger jedesmal?

Die Sämaschine kostet 300,— RM. Gesät werden jedes Jahr 16 Morgen Roggen, 8 Morgen Weizen, 4 Morgen Gerste, 9 Morgen Hafer. Rechne! Z. pflanzt 4 Morgen Kartoffeln und braucht je Morgen 10 Ztr. Saatkartoffeln. Er erntet je Morgen bei einer mittleren Ernte 90 Ztr.

13. Auf den Rat des Försters sät der Haumeister auf 1 Morgen Roggen 80 Pfd. Saatgut eigner Ernte (1 Ztr. = 8,20 RM) und auf 1 Morgen angekaufte Originalsaat; davon sät er nur 70 Pfd., zahlt nach einem Zentnerpreis von 13,50 RM. Er erntet bei vollständig gleicher Düngung von der Originalsaat 18,72 Ztr., 4,86 Ztr. mehr als vom eignen Saatgut. Außerdem kann er die ganze 1. Absaat für einen Mehrpreis von 2,40 RM an die Nachbarn verkaufen. Rechne!

14. Trockenbeize „Höchst“ kostet 4,80 RM je kg und reicht für 10 Ztr. Saatgut. Berechne die Beizkosten für den Saatgutbedarf für 6 Morgen Roggen, 2 Morgen Weizen, 1 Morgen Gerste und $^3/_4$ Morgen Hafer!

15. Ein Feldmäusepaar kann jährlich 360 Nachkommen haben. Eine Feldmaus kann einen Schaden anrichten, der gleich dem Werte von 5 Pfd. Brotgetreide ist. Rechne!

16. Eine Wiese liefert je Morgen 25 Ztr. Heu beim 1., und 15 Ztr. Grumt beim 2. Schnitt, je Ztr. 3,— RM. Die Fläche ist 1,8 ha groß. Ein Mäher mäht an einem Morgen (3—9 Uhr etwa) etwa 1 Morgen ab und verdient 4,50 RM. Rechne!

17. 1 Mäher mit 2 Frauen zum Abraffen mäht täglich in 10 Stunden rund 50 a Weizen bzw. Roggen ab. Stundenlöhne für Landarbeiter 30,5 bzw. 19,5 Rpf! Stundenlohn der Waldarbeiter bei landwirtschaftlichen Arbeiten für den Förster ......! Rechne, vergleiche!

18. 1 Mähmaschine mit 1 Mann Bedienung schafft 2—2,5 ha täglich, dazu kommen etwa 3 Mann zum Garbenaufstellen. Rechne! Gespannstunde 2,50 RM.

19. Zur Düngung der Kunstwiesen in Bi. wurden 195 Ztr. Kali für 699,66 RM und 185 Ztr. Thomasmehl für 441,23 RM gekauft. An Fracht wurden bezahlt für Kali 74,88 RM, für Thomasmehl 166,32 RM, für Anfuhr 48,75

bzw. 55,50 RM. Gestreut wurden auf Plan Nr. 10 = 100 Ztr. Kali und 100 Ztr. Thomasmehl, auf Plan Nr. 11 50 Ztr. bzw. 40 Ztr., auf Plan Nr. 12 25 Ztr. bzw. 25 Ztr. und auf Plan Nr. 14 20 Ztr. bzw. 20 Ztr. Das Mischen, Ausfahren und Streuen kostete bei Plan Nr. 10 0,85 RM, Nr. 11 0,72 RM, Nr. 12 0,75 RM und bei Nr. 14 0,73 RM je Ztr. Kunstdünger. Berechne die Gesamtkosten der Düngung, jeder Plannummer, je Ztr. Kali bzw. Thomasmehl im Durchschnitt!

20. Für 1 Pferd rechne täglich 3 kg Stroh als Einstreu, je Ztr. 1,20 RM. Die Futterration beträgt etwa 5 kg Hafer, 5 kg Heu, 2 kg Häcksel, mit den Grundpreisen 8,—, 3,—, 2,— RM je Ztr.
Futterkosten fürs Jahr? Pferdehaltungskosten je Jahr?

21. Zur Erzeugung von 1 l Milch gehören 60 g Eiweiß und 250 g Stärkewert (Fett umgerechnet in Stärke). Eine Kuh mit 12 Ztr. Lebendgewicht braucht als Erhaltungsfutter 300 g Eiweiß und 3,000 kg Stärkewert.

A. Der Bauer K. füttert seine Kuh so:

Nahrung	Eiweiß	Stärkewert
30 kg Rüben	0,030 kg	2,220 kg
6 „ Wiesenheu	0,300 „	1,572 „
5 „ Haferstroh	0,050 „	0,850 „
Futterwert	....	....
ab Erhaltungsfutter	0,300 kg	3,000 kg
*Wert des Leistungsfutters . . .	....	....

Die Kuh könnte bilden: 1 bis 2 l Milch bzw. 6 bis 7 l Milch, gibt aber, da das Eiweiß nur für 1 bis 2 l Milch ausreicht, nur 1 bis 2 l (Liebigsches Gesetz).

B. K. gibt nun Leistungsfutter aus der eigenen Wirtschaft als Zulage:

1 kg Weizenkleie	0,111 kg	0,481 kg
1 „ Haferschrot	0,072 „	0,597 „
1 „ Gerstenschrot	0,061 „	0,720 „
1 „ Roggenschrot	0,087 „	0,713 „
Dazu Wert des Leistungsfutters*	0,080 „	1,642 „
Futterwert	....	....

Die Kuh könnte bilden: .... l, ... l, gibt aber nur .... l, weil das Futter zu eiweißarm ist.

C. Nun tauscht K. Roggen und Gerste gegen Sojaschrot und Erdnußmehl um und füttert:

1 kg Sojaschrot (Süßlupine)	0,384 kg	0,747 kg
1 „ Erdnußmehl (Bohnenschrot)	0,387 „	0,757 „
1 „ Weizenkleie	0,091 „	0,426 „
1 „ Haferschrot	0,072 „	0,597 „
Dazu Wert des Leistungsfutters*	0,080 „	1,642 „
Futterwert	....	....

Eiweiß und Stärkewerte reichen jetzt zur Bildung von .... l Milch aus. Die Fütterung ist richtig!

22. Berechne nun die Futterkosten zu A, B und C je Tier und Tag. Rüben 1,— *RM*, Heu 3,— *RM*, Stroh 1,— *RM*, Weizenkleie 7,20 *RM*, Roggenschrot 9,— *RM*, Gerstenschrot 9,50 *RM*, Haferschrot 8,— *RM*, Sojaschrot 9,35 *RM*, Erdnußmehl 12,— *RM* je Ztr.

Vergleiche die Kosten der Milchproduktion!

23. Roggen enthält 8,6%, die Sojabohne 26,3% verdauliches Eiweiß. Vergleiche den Eiweißgehalt mit den Preisen! „Eiweiß ist der Motor im ganzen Betrieb".

24. Eine Kuh wiegt 12 Ztr. und gibt als gute Milchkuh das 5fache ihres Lebendgewichts an Milch mit 3,5% Fettgehalt. Rechne!

25. Simmentaler lieferten Milch mit 3,76% Butterfett, Harzer Rotvieh sogar 4,2%; Niederungsvieh mit 2,8—3,4% Butterfett. Die fettärmste Milch soll mit 12 *Rpf* je l bezahlt werden. Was müßte dann die fettere Milch entsprechend kosten?

26. Kuhmilch enthält im Mittel 87,7% Wasser, 3,4% Fett, 3,5% Käsestoff und Eiweiß, 4,6% Milchzucker und 0,7% Salze. Berechne die einzelnen Anteile am 1 Milch!

27. Eine Kuh gibt beim Bauer M. jährlich 2800 l Milch, die deutsche Rekordkuh „Gertrud" aber in 365 Tagen 13819 kg Milch mit 4,44% = ... kg Milchfett.

28. Ich beobachtete, daß 12,5 l Milch gerade 1 Pfd. Butter in meiner väterlichen Wirtschaft lieferten. (Butter ist nicht alles Fett, enthält noch mindestens 11% Wasser und 3% Käsestoff usw.!) Welchen Fettgehalt müßte demnach die Milch gehabt haben? (rund 3,4%).

29. Bei der Geflügelzählung am 1. Dezember 1927 wurden rund 64 Millionen Hennen im Deutschen Reichsgebiet gezählt mit einem Durchschnitt von 75 Eiern je Huhn!

30. Aus guten Legestämmen brachte das beste Huhn 217, das schlechteste 127. Die Futterkosten betragen bei beiden täglich je 2 *Rpf*, das Ei kostet durchschnittlich 8 *Rpf*. Rechne!

31. Der genau durchgeführte Fütterungsversuch bei guten Leghornstämmen brachte folgende Ergebnisse: Ertrag im 1. Jahr = 430, im 2. Jahr = 311, im 3. Jahr = 150 bei gleichem Futter. Folgere daraus für das Altwerden der Hennen!

32. Eine gute Futtermischung für Hennen:
35 g Gerste, 15 g Hafer, 10 g Weizenkleie, 10 g Haferschrot, 15 g Gerstenschrot, 15 g Fleischmehl, 10 g Keimhafer. Preise je Ztr. selbe Reihenfolge: 9,—; 8,40; 7,00; 9,40; 10,—; 20,—; 10,— *RM*.

Berechne Futterkosten je Tag und Jahr! Wieviel Eier muß das Huhn zu 8 *Rpf* mindestens legen, um die Futterkosten zu bringen?

33. Bei der Hühneraufzucht rechnet man 75% Befruchtung, 70% Schlüpfen, 20% Verlust bei der Aufzucht, 50% Hähne. Wieviel Junghennen erhält man demnach aus 100 zur Brut ausgesuchten Eiern?

34. Der Bauer S. hat zwei mittelschwere Pferde (jedes etwa 12 Ztr.). Er füttert bei schwerer Arbeit je Tier und Tag

10 Pfd. gutes Klee-, Luzerne- oder Wiesenheu, 12 Pfd. Hafer und 2 Pfd. Häcksel aus gutem Roggenstroh; bei mittlerer Arbeit: 15—20 Pfd. Heu, 6 Pfd. Hafer, 2 Pfd. Bohnenschrot und 2 Pfd. Häcksel.

Berechne die Futterkosten nach Tagespreisen aus dem Marktbericht!

35. An Milchkühe verfüttert er täglich: 60 Pfd. Rüben, 15 Pfd. Heu, 15 Pfd. Sommerhalmstroh, 4 Pfd. Weizenkleie, 4 Pfd. Rapskuchen oder 80 Pfd. Rüben, 12 Pfd. Haferstroh, 10 Pfd. Kleeheu, 3 Pfd. Weizenkleie, 2 Pfd. Rapskuchen oder Sojaschrot, 2 Pfd. Erdnußmehl oder Sojaschrot. Setze die Tagesmarktpreise ein und rechne!

36. Auf den Ztr. Lebendgewicht rechnet er bei wachsenden Schweinen (Schnellmast) 1 kg Kraftfuttergemisch aus 60% Roggen- oder Gerstenschrot, 30% Bohnen- oder Sojaschrot und 10% Fischmehl, dazu 3 kg gekochte Kartoffeln. Bei älteren Tieren füttert er täglich 2,3 kg Gersten- und Roggenschrot je zur Hälfte, 3 l Magermilch und 4,5 kg Kartoffeln und stellt eine tägliche Gewichtszunahme von 0,900 kg fest. Bei der Schweinemast will er mit 3,6 kg Kraftfutter 1 kg Gewichtszunahme erreichen. Berechne die Futterkosten, die Produktionskosten für 1 kg Lebendgewicht!

24. Fischerei.

1. In einem sehr guten Forellenbach beträgt die Jahresausbeute 16—32 kg je km. Berechne den Wert eines Baches mit 3,4 km Länge und Durchschnittserträgen (1 kg = 1,80 *RM*)!

2. Bei der Forelle sind 410 Tagesgrade zur Entwicklung nötig, also bei 4° C = 102 Tage. Wieviel Tage bei 5° (3,6; 4,7; 3,8; 4,1°) C?

3. Auf 40—50 l Fassungsraum rechne 5000 Brütlinge (Dottersackfischchen mit $^1/_3$ Dottersack) für den Versand, 5—10 auf 1 qm Teichfläche zum Aussetzen, auf 1 km Bachuferlänge 1000—2000 Stück oder 100—200 Stück Sömmerlinge. Rechne!

4. Gute Setzlingsteiche erhalten im Frühjahr 20—25 Stück Bachforellenbrut oder 25—30 Regenbogenforellen- bzw. Saiblingsbrut je qm Fläche, davon lassen sich 35—40% einsömmerige Bachforellen im Herbst abfischen.

   Der Dörnbachteich mißt 20 × 25 m. Die einsömmerige Forelle wiegt 10—25 g.

5. Auf 1 a Forellenteich rechnet der Forellenzüchter rund 100—300 Setzlinge oder 20—40 zweisömmerige als Besatz, er füttert mit 33% Fischmehl, 33% Fleischmehl und 34% Roggenmehl, 0,5 Pfd. Mischung je a bei einer Fütterung. Seine Teiche sind 1,6 a; 3,4 a; 5,1 und 3,8 a groß in der einen Terrasse. Rechne!

6. Eine Portionsforelle hat bei der Bachforelle in $2^1/_2$ Jahren etwa 125 g Gewicht. Rechne!

7. Ein Mastteich soll etwa 6—8 m breit, 20—25 m lang und durchschnittlich 1 m (beim Mönch 1,5 m) tief sein und je qm mit 5—10 einsömmerigen Forellen besetzt werden. Es soll $^1/_2$ m³ Wasser pro Minute zufließen.

   Berechne: Die Wasserfläche und -masse! Die Dauer der vollständigen Wassererneuerung. Den Setzlingsbedarf!

8. Der Karpfenteich soll nur 0,5 m tief sein (am Ablauf 1—1,5 m). Je a können 200 Stück Dottersackbrut bzw. 10 Stück vorgestreckte Brut oder 3—4 einsömmerige oder 1—1,2 zweisömmerige Karpfen eingesetzt werden, je nach Fütterung auch bis zum Dreifachen!
9. Der Karpfenteich beim Schloß W. ist ein großer Halbkreis mit 50 m Durchmesser. Rechne! (1 m tief.)

Dort füttert man 100 kg gelbe Lupinen und 40 kg Kleie in Mischung und erwartet auf Grund der Erfahrung davon 25 + 5 = 30 kg Karpfenzuwachs.

10. Zuwachs an Gewicht und Länge etwa:

Alter	Karpfen		Forelle	
	Länge	Gewicht	Länge	Gewicht
Jahre	cm	g	cm	g
1	6—15	15—50	8—10	10—25
2	20—25	200—500	12—15	100—160
3	25—35	1000—1500	18—24	300—400
4	30—40	2500—3000	—	500

25. Beiträge zur Forstvermessung.

Die im Anhang beigegebenen Vermessungsblätter stellen eine Verarbeitung der von Forstschülern in einfachen Vermessungsübungen gewonnenen Zahlen und Größen dar.

Alle Wiedergaben von Flächen, alle Karten überhaupt sind verkleinerte Abbilder der wirklichen Flächen und Größen. Bei der Vermessung schreibt man sich sämtliche Zahlen, die für Strecken ermittelt werden, in seine Feldskizze. Aus der Feldskizze entwickelt sich dann das Vermessungsblatt mit einem bestimmten Maßstab. Dieser Maßstab bezeichnet stets das Maß der benutzten linearen Verkleinerung (Vergrößerung). Auf einer Karte mit dem Maßstab 1:100 ist jede Länge auf den 100sten Teil verkürzt. Für die Größe des Flächenbildes ergibt sich deshalb eine Verkleinerung von $^1/_{100} \cdot {}^1/_{100} = {}^1/_{10000}$ der natürlichen Flächengröße. Die Verkleinerung der Fläche wächst also mit dem Quadrate des Maßstabes!

1. Gib die Flächenverkleinerung an für den Maßstab 1:200, 1:250, 1:500, 1:1000, 1:2500!
2. In welchem Maßstabe müßte eine Karte von Deutschland (1914 = 540 000 qkm) gezeichnet werden, wenn sie so groß werden soll wie der Bodensee (540 qkm)?
3. Wie groß müssen die natürlichen Längen 50; 70; 120; 175; 240; 360; 480; 154,20; 234,75; 384,91; 405,62; 634,80; 367,36; 109,14 m auf einer Karte mit dem Maßstab 1:100, 1:200, 1:250, 1:500, 1:750, 1:1000, 1:2500, 1:5000, 1:25 000 eingezeichnet werden?
4. Wie groß sind die Strecken in der Wirklichkeit, wenn sie auf der Karte 1:250 (1:1000, 1:1250, 1:2000, 1:5000, 1:10 000, 1:25 000, 1:100 000): 1, 2 .... 9, 10, 12, 24, 30, 45, 50, 60, 64, 72 mm lang sind?

Wer ein Vermessungsergebnis kartieren will, muß einen passenden Maßstab wählen und dann die natürlichen Größen in Bild oder Kartengrößen umrechnen. Das ist mühevoll! Um nicht jedesmal rechnen zu müssen, wie lang die Strecken im verkleinerten Maßstabe werden müssen, zeichnet man sich auf das Vermessungs-(Karten-)blatt vor der Kartierung einen passenden Linearmaßstab oder für genaueres Zeichnen einen Transversalmaßstab hin und benutzt den gezeichneten Maßstab zu einer mechanischen Übertragung der gewünschten Längen in die Zeichnung. Umgekehrt „greift" man unbekannte Längen der Karte auf dem Maßstabe ab.

5. Linearmaßstäbe sind auf Blatt 5 verwendet, Transversalmaßstäbe auf den Blättern 1—4. Unterscheide, erkläre, zeichne, denke an den Strahlensatz!
6. Die bekanntesten Kartenwerke sind die Meßtischblätter (1:25 000) und die Generalstabskarten (1:100 000), bearbeitet vom „Reichsamt für Landesaufnahme" bzw. Generalstab. Erkläre!
7. Im preußischen Forstbetriebe verwendet man die Spezialkarte oder Urkarte 1:5000; die Wirtschaftskarte, die Bestandes-, die Wege-, die Schwarzdruck- oder Blankettkarte 1:25 000, die Grenzkarte des Revierförsters 1:5000 (Blatt 6).

   Beschaff dir diese Karten leihweise gegen Empfangsquittung vom Geschäftszimmer des Forstamts, erkläre und besprich sie!
8. Welche wirkliche Fläche stellt ein qmm auf der Karte 1:100, 1:250, 1:500, 1:1000, 1:5000, 1:25 000, 1:100 000 dar?
9. Was stellst du dir unter Planquadrat F 16, F 17, F 18, G 1, G 2 usw. vor?
10. Benutze ein durchsichtiges Papier mit Millimeterquadratchen (Planimeter) und zähle die Quadratchen aus, die gerade eine unregelmäßig begrenzte Distriktsfläche, eine Abteilungs-, Hiebs- oder Kulturfläche bedecken und ermittle die Größe dieser Flächen! Maßstab 1:5000 (1:25 000)!
11. Wieviel Millimeterquadrate bedeuten ein ha Fläche auf der Karte 1:5000, 1:25 000, 1:100 000?
12. Zeige auf Blatt 1 die Standlinie, die durchlaufende Messung mit dem doppeltunterstrichenen Endergebnis, die senkrechten Abschläge! Alle Krümmungspunkte des Baches sind auf die Standlinie rechtwinklig „eingebunden"! Berechne die Fläche!
13. Besprich nach Blatt 2 das Dreiecksverfahren! Vergl. auch Abb. 32 und 34 auf Seite 68! Berechne die Flächen!
14. Erkläre auf Blatt 3 die Festlegung der Standlinie durch die Winkelmessung! Berechne die Fläche!
15. Beschreibe nach Blatt 4 die Aufnahme des Wegezuges mit der Bussole! Besprich die Tabelle, die Vorbereitung der Kartierung durch die Winkeleintragung auf der Windrose, die Zeichnung des Wegezuges durch Parallelverschiebung!
16. Erkläre die Feldskizze zum Nivellement auf Blatt 5! Rechne die Tabelle durch! Unterscheide Längen- und Höhenmaßstab am Längsprofil!
17. Beschreibe nach Blatt 6 die Grenzkarte! Ermittle die Länge der Grenze zwischen Grenzstein 106 und 157!

Blatt 1

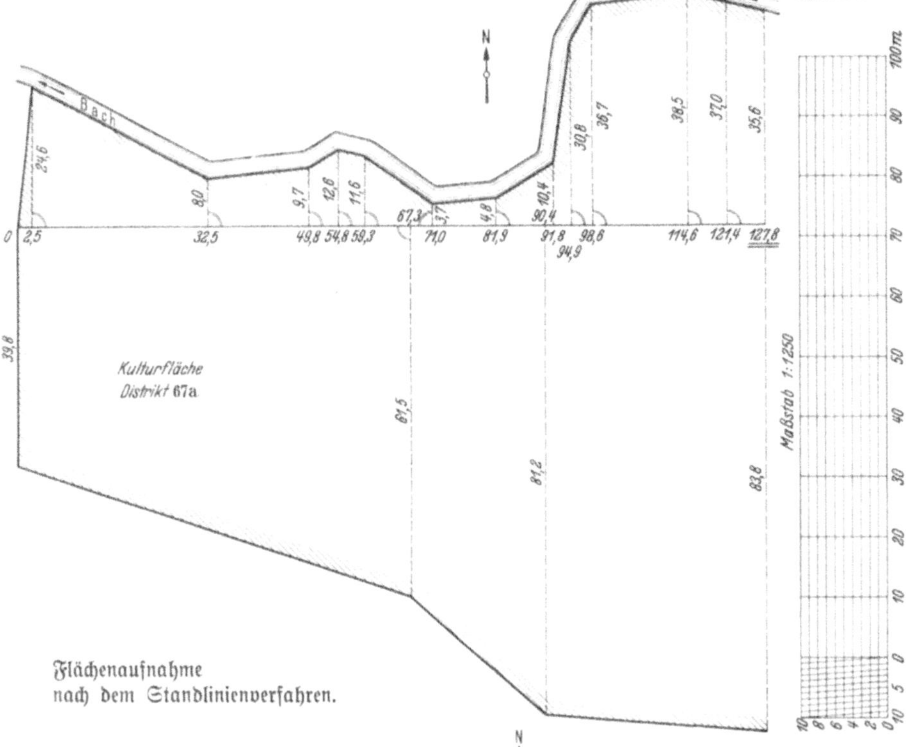

Flächenaufnahme
nach dem Standlinienverfahren.

Blatt 2

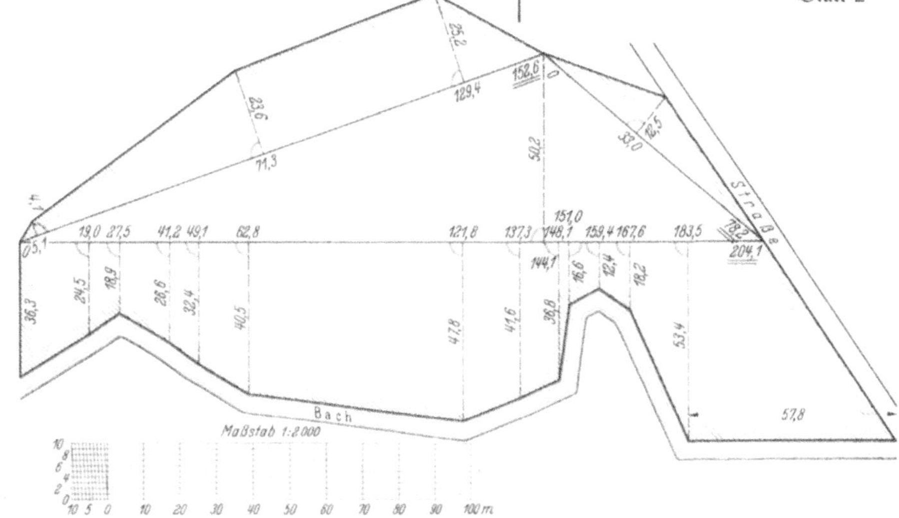

Flächenaufnahme nach dem kombinierten Dreiecks- und Standlinienverfahren.

Blatt 3

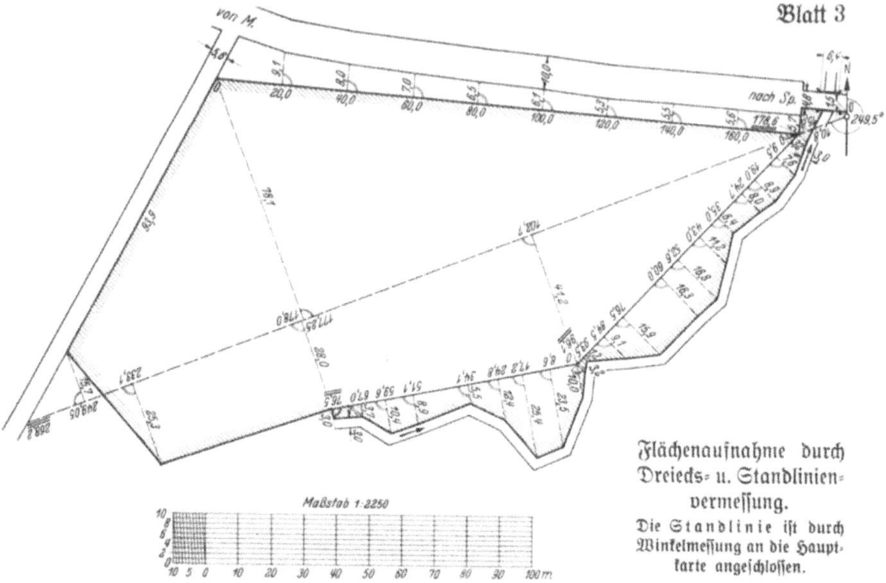

Flächenaufnahme durch Dreiecks- u. Standlinienvermessung.

Die Standlinie ist durch Winkelmessung an die Hauptkarte angeschlossen.

Blatt 4

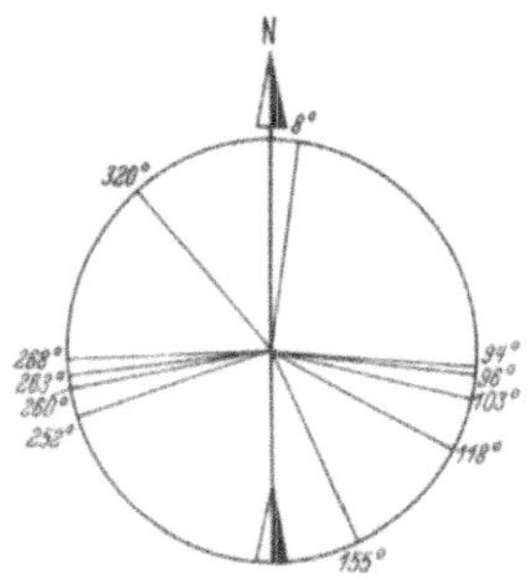

Standpunkt	Zielpunkt	Azimut östl.	Entfernung m
1	2	118°	45
1	3	252°	15
1	4	8°	48
5	4	260°	28
5	6	155°	30
7	6	320°	55
7	8	103°	20
9	8	263°	33
9	10	96°	17
9	11	94°	35
12	11	268°	14

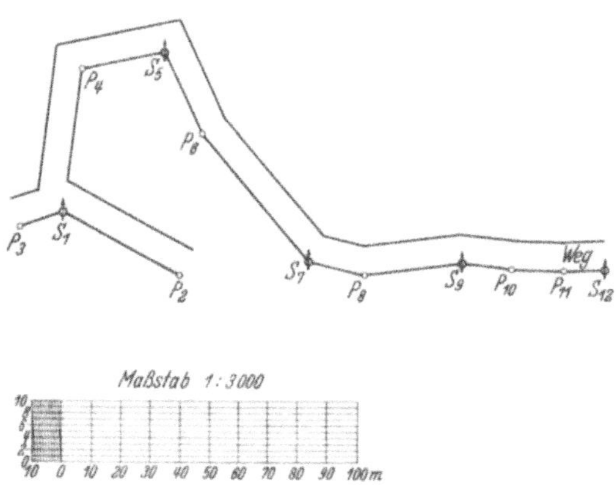

Aufnahme eines Wegezuges mit der Fernrohrbussole.

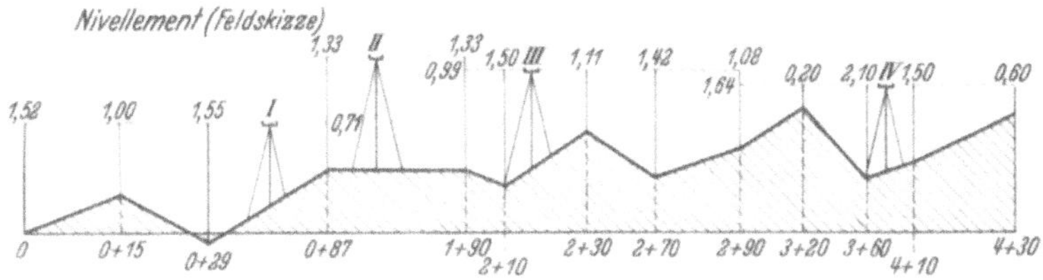

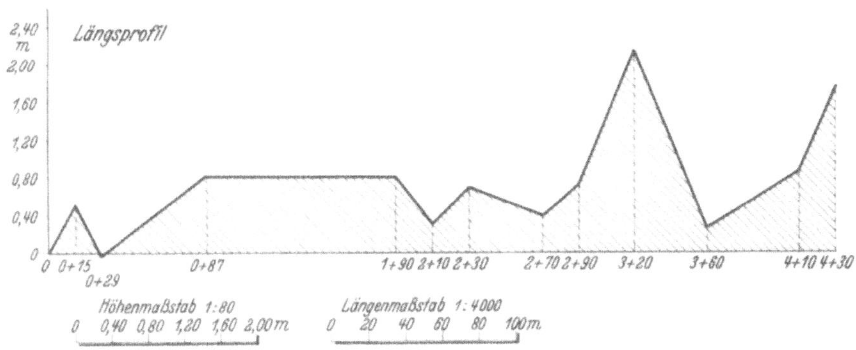

Tabelle für das Nivellement

	1	2	3	4	5	6	7
	Nummer der Station	Ablesung rückwärts	Ablesung Mitte	Ablesung vorwärts	Oberfläche steigt	Oberfläche fällt	Höhe des Punktes ü. d. Horizont
	0	1,52					0
I	0+15		1,00		0,52		+0,52
I	0+29		1,55			0,55	−0,03
I	0+87			0,71	0,84		+0,81
II	0+87	1,33					+0,81
II	1+90			1,33			+0,81
III	1+90	0,99					+0,81
III	2+10		1,50			0,51	+0,30
III	2+30		1,11		0,39		+0,69
III	2+70		1,42			0,31	+0,38
III	2+90			1,08	0,34		+0,72
IV	2+90	1,64					+0,72
IV	3+20		0,20		1,44		+2,16
IV	3+60		2,10			1,90	+0,26
IV	4+10		1,50		0,60		+0,86
IV	4+30			0,60	0,90		+1,76
		5,48		3,72	5,03	3,27	
		1,76			1,76		

Aufnahme eines Steigungsverlaufes mit dem Nivellierinstrument.

Wirtschafts-figur	Stein, Hügel oder Pfahl	Grenzzeichen-nummer	Länge d. Grenze in m, dm	Bemerkungen
60b	Stein	106		
	"	107	41,5	
	"	108	91,6	
	"	109	37,1	
	"	110	53,2	
	"	113	25,2	
	"	114	31,0	
	"	115	12,0	
	"	116	11,0	
	"	117	69,0	
	"	118	22,6	
	"	119	30,9	
	"	119a	35,9	
	"	120	29,2	
61a	"	121	11,0	
	"	122	18,0	
	"	123	22,0	
	"	124	40,0	
	"	125	20,0	
	"	126	54,0	
	"	131	53,7	
	"	132	28,0	
	"	133	33,0	
	"	134	35,0	
	"	135	33,0	
	Läufer		20,2	
	Stein	136	41,0	
	"	137	47,0	
	"	138	43,0	
	"	139	33,0	
	"	140	18,0	
	"	141	33,0	
	"	142	39,0	
	"	143	5,0	
	"	144	38,0	
	"	145	280	
	"	146	36,0	
	"	147	78,0	
	"	148	30,0	
	"	149	21,0	
	"	150	26,4	
	"	151	25,0	
	"	152	28,0	
	Läufer			
	Stein	152a	20,0	
	"	153	17,0	

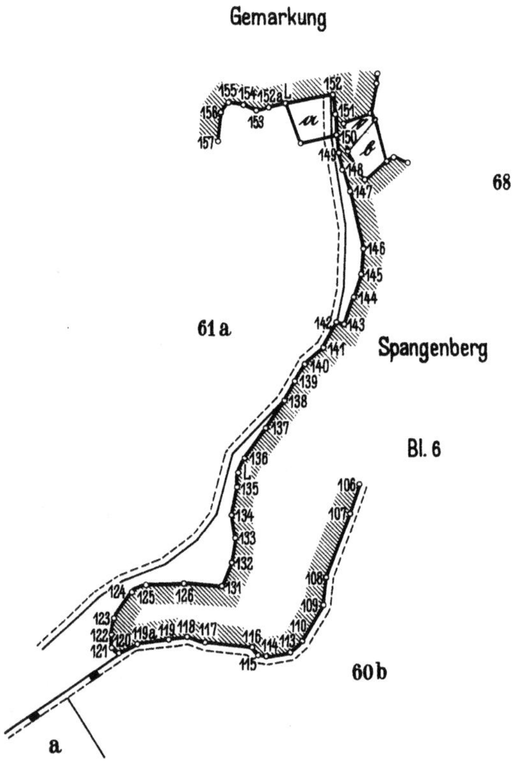

Blatt 5
der
Grenzkarte der Revierförsterei Dörnbach.

Maßstab 1 : 5000
(hier nur 1/2 der natürlichen Größe).

— F. 933 —

Jütte, Fritz, Forstschul-Oberlehrer in Spangenberg: Forstliches Rechnen. Ein Übungs- und Aufgabensammlungsbuch für angehende Forstleute. Mit 75 Textabb. und 6 Vermessungsblättern im Anhang. Berlin 1936. Verlag: Julius Springer. 196 S. Preis RM 6,60.

Für den Unterricht der Forstanwärter im Rechnen hatte Otto Grothe im Jahre 1881 eine Sammlung „Forstlicher Rechenaufgaben" veröffentlicht, die eine ganze Reihe von Neuauflagen erfahren hat. Das vorliegende Buch stellt eine gradlinige, und zwar wesentlich verbesserte Fortbildung jener „Forstlichen Rechenaufgaben" dar und beruht auf einer achtjährigen Unterrichtstätigkeit des Verfassers an der Forstschule in Spangenberg.

Wer den Forstberuf ergreift, der tut es meist aus Begeisterung für die Natur und aus Liebe zu Wald und Wild. Mit einer solchen Gefühlseinstellung ist aber gewöhnlich die Neigung zu mathematischen und statistischen Beschäftigungen von Haus aus nicht gepaart. Die Lehrer in diesen Fächern haben daher zunächst bei ihren Schülern gewisse gefühlsmäßige Hindernisse aus dem Wege zu räumen. Das wird ihnen am ersten gelingen, wenn sie solchen Unterricht unmittelbar aus dem lebendigen forstlichen Interesse der jungen Männer herauswachsen lassen und alle lebens- und waldfernen Abstraktionen soweit wie möglich vermeiden.

Diese Aufgabe hat der Verfasser in einer geradezu meisterhaften Art und Weise gelöst. Sein Buch führt den Forstanwärter nicht nur an die in überaus mannigfaltigen Formen auftretenden forstlichen Rechenaufgaben heran, sondern es vermittelt ihm dabei auch eine Fülle von forstlicher und allgemeiner Bildung.

Es ist daher dem vorliegenden Buch eine möglichst weite Verbreitung zu wünschen. Daß es im Unterricht an den Forstschulen seinen Platz finden wird, ist sicher. Es wird aber auch im Lehrjahr der Anwärter für den Forstverwaltungsdienst nützliche Anwendung finden, wie auch dem kleinen und mittleren Waldbesitzer manche Anregung geben können.

Lemmel.

GPSR Compliance

The European Union's (EU) General Product Safety Regulation (GPSR) is a set of rules that requires consumer products to be safe and our obligations to ensure this.

If you have any concerns about our products, you can contact us on ProductSafety@springernature.com

In case Publisher is established outside the EU, the EU authorized representative is:

Springer Nature Customer Service Center GmbH
Europaplatz 3
69115 Heidelberg, Germany

Batch number: 10682323

Printed by Printforce, the Netherlands